中高职衔接规划教材

机械制图

聂辉文　主　编
彭湘蓉　聂俊红　副主编
金　方　主　审

化学工业出版社
·北京·

本书根据新时期中、高等职业院校机电类专业《机械制图教学大纲》要求与模块式教学方式编写，采用最新《技术制图》和《机械制图》标准。

本书主要讲述了制图的基本知识与技能、绘制物体三视图、绘制基本几何体的三视图、绘制轴测图、绘制截交线和相贯线、组合体、识读与绘制机件视图、识读与绘制标准件和常用件、识读与绘制零件图、识读与绘制装配图、识读与绘制焊接结构图、识读与绘制第三角视图、识读与绘制化工设备图、识读与绘制展开图等内容。

本书与《机械制图习题集》配套出版，主要适用于中、高等职业院校机电一体化、数控技术、模具设计与制造、焊接技术与自动化、化工装备技术、电工电子技术、电气自动化技术、生产过程自动化技术等机、电类专业的制图教学，也可作成人教育和其他培训教材或教学参考书。

图书在版编目（CIP）数据

机械制图/聂辉文主编．—北京：化学工业出版社，2015.8（2022.10重印）
中高职衔接规划教材
ISBN 978-7-122-24608-0

Ⅰ.①机… Ⅱ.①聂… Ⅲ.①机械制图-中等专业学校-教材 Ⅳ.①TH126

中国版本图书馆 CIP 数据核字（2015）第 156720 号

责任编辑：高　钰　　　　　　　　　　　　文字编辑：陈　喆
责任校对：王素芹　　　　　　　　　　　　装帧设计：刘丽华

出版发行：化学工业出版社（北京市东城区青年湖南街 13 号　邮政编码 100011）
印　　装：北京虎彩文化传播有限公司
787mm×1092mm　1/16　印张 19¼　字数 480 千字　2022 年 10 月北京第 1 版第 7 次印刷

购书咨询：010-64518888　　　　　　　　售后服务：010-64518899
网　　址：http://www.cip.com.cn
凡购买本书，如有缺损质量问题，本社销售中心负责调换。

定　价：39.00 元　　　　　　　　　　　　　　　　　　　　版权所有　违者必究

前　言

本书共分为十四个教学模块，是湖南省教育厅"机电专业中高职衔接课程体系研究"项目成果之一。本书融合了各位编、审者多年的教学经验，是根据新时期中、高等职业院校机电类专业《机械制图教学大纲》的要求编写的，具有较强的时代性和实用性。针对当前中、高等职业院校学生的认知水平及个体差异，本书在内容安排上有如下几个特点：

采用最新《技术制图》和《机械制图》标准。

采用模块式教学方式编排，每一个模块、每一个项目都直接提出了知识目标与技能目标，教师与学生能更好地捕捉到知识的重点与难点。

根据教师多年教学经验，将学习中容易混淆的知识或难以掌握的内容通过提问、提示的形式总结在书上，便于教师的教学与学生的自学。

针对职业岗位对职业院校学生提出的读图要求，书中着重阐述了识图与绘图的基本理论和方法，突出以识图为主、读画结合、学以致用的特点，将读图贯穿于全书，使学生的识图能力与空间想象能力逐步提高。

考虑到中、高职衔接的教学特点，精心安排内容，由易至难，难易兼顾，重点突出理论联系实际，书中的零件图与装配图选择与生产、生活联系紧密的内容，讲解尽量突出以图为主。＊号内容为选学内容。

本书增加了第三角画法的内容，以提高学生的适应能力。

本书增加了针对焊接、冷作加工专业需求的展开图训练及焊接结构图识读训练；增加了对化工设备图的识读训练，教学内容上各单位可根据学生的专业及层次情况有所选择。

本书由聂辉文主编，彭湘蓉、聂俊红任副主编，金方主审。具体编写分工为：聂辉文编写绪论、模块七及附录；谭倩编写模块一、模块八；彭湘蓉编写模块二～模块六；陈慧玲编写模块九、模块十；聂俊红编写模块十一、模块十二、模块十四；熊放明编写模块十三。

本书与《机械制图习题集》同时出版，配套使用。

由于编者水平有限，不足之处在所难免，恳请读者批评指正。

编者
2015 年 6 月

目　　录

绪论 ·· 1
模块一　制图的基本知识与技能 ·· 3
　项目一　绘图工具及其使用 ·· 3
　项目二　国家标准《技术制图》的基本规定 ··· 5
　　任务一　图纸幅面和格式 ··· 5
　　任务二　比例 ··· 9
　　任务三　字体 ·· 10
　　任务四　图线 ·· 12
　项目三　尺寸标注 ··· 15
　　任务一　识读尺寸标注 ·· 15
　　任务二　常见的尺寸标注 ··· 17
　项目四　绘制几何图形 ·· 20
　　任务一　线段的等分法 ·· 20
　　任务二　圆的等分法 ··· 21
　　任务三　圆弧连接 ·· 22
　　任务四　椭圆的画法 ··· 24
　　任务五　斜度和锥度 ··· 25
　项目五　绘制复杂平面图形 ··· 27
　　任务一　分析平面图形 ·· 28
　　任务二　绘制复杂平面图形 ··· 29
　项目六　徒手画图的基本方法 ·· 29
模块二　绘制物体三视图 ·· 32
　项目一　绘制简单形体的三视图 ··· 32
　　任务一　学习正投影及基本性质 ·· 32
　　任务二　学习三视图的形成及投影规律 ·· 34
　　任务三　绘制简单形体的三视图 ·· 37
　项目二　识读和绘制点的投影 ·· 37
　　任务一　学习点的投影方法 ··· 38
　　任务二　绘制点的三面投影 ··· 39
　　任务三　判断两点的相对位置 ··· 40
　项目三　识读和绘制直线的投影 ··· 43
　　任务一　绘制一般位置直线的三面投影 ·· 43
　　任务二　识读和绘制特殊位置直线的三面投影 ·· 44

任务三　判断两直线的相对位置 ··· 46
　　*任务四　求作直线上点的投影 ··· 47
　项目四　识读和绘制直线的投影 ··· 48
　　任务一　绘制一般位置平面的三面投影 ·· 48
　　任务二　识读和绘制特殊位置平面的三面投影 ································· 49
　　*任务三　求作平面上点和直线的投影 ··· 51

模块三　绘制基本几何体的三视图 ·· 53
　项目一　绘制平面体的三视图 ·· 53
　　任务一　绘制直棱柱的三视图并在棱柱表面上找点 ························· 53
　　任务二　绘制棱锥的三视图并在棱锥表面上找点 ···························· 55
　　任务三　绘制棱台的三视图并在棱台表面上找点 ···························· 56
　项目二　绘制回转体的三视图 ·· 57
　　任务一　绘制圆柱的三视图并在圆柱表面上找点 ···························· 58
　　任务二　绘制圆锥的三视图并在圆锥表面上找点 ···························· 59
　　任务三　绘制圆台的三视图并在圆台表面上找点 ···························· 61
　　任务四　绘制圆球的三视图并在圆球表面上找点 ···························· 62
　　*任务五　绘制圆环的三视图并在圆环表面上找点 ··························· 63

模块四　绘制轴测图 ·· 65
　项目一　认识轴测图 ·· 65
　项目二　绘制正等测图 ·· 66
　　任务一　绘制平面体的正等测图 ·· 67
　　任务二　绘制回转体的正等测图 ·· 68
　　任务三　绘制简单组合体的正等轴测图 ··· 70
　项目三　绘制斜二等轴测图 ·· 71
　　任务一　绘制平面体的斜二轴测图 ··· 72
　　任务二　绘制回转体的斜二轴测图 ··· 72
　　任务三　绘制简单组合体的斜二轴测图 ··· 73

模块五　绘制截交线和相贯线 ·· 75
　项目一　绘制平面体的截交线 ·· 75
　　任务一　绘制直棱柱的截交线 ·· 76
　　任务二　绘制棱锥（棱台）的截交线 ··· 77
　项目二　绘制回转体的截交线 ·· 78
　　任务一　绘制圆柱的截交线 ·· 78
　　任务二　绘制圆锥（台）的截交线 ··· 80
　　任务三　绘制圆球的截交线 ·· 82
　项目三　绘制相贯线 ·· 83
　　任务一　绘制平面体与回转体的相贯线 ··· 83
　　任务二　绘制正交两圆柱的相贯线 ··· 83
　　任务三　绘制其他情况相贯线 ·· 86

模块六　组合体 ·· 89

项目一　组合体的形体 ································· 89
　　　　任务一　认识组合体 ····························· 89
　　　　任务二　组合体表面连接方式的表达 ··············· 90
　　项目二　绘制组合体三视图 ··························· 92
　　　　任务一　绘制叠加类组合体的三视图 ··············· 93
　　　　任务二　绘制切割类组合体三视图 ················· 94
　　　　任务三　绘制综合类组合体三视图 ················· 95
　　项目三　标注组合体尺寸 ····························· 96
　　　　任务一　识读组合体尺寸 ························· 96
　　　　任务二　标注组合体尺寸 ························· 98
　　项目四　识读组合体三视图 ·························· 102
　　　　任务一　用形体分析法分析组合体视图 ············ 103
　　　　任务二　用线面分析法分析组合体视图 ············ 105
模块七　识读与绘制机件视图 ·························· 109
　　项目一　识读与绘制视图 ···························· 109
　　　　任务一　识读与绘制基本视图 ···················· 109
　　　　任务二　识读与绘制向视图 ······················ 109
　　　　任务三　识读与绘制局部视图 ···················· 109
　　　　任务四　识读与绘制斜视图 ······················ 111
　　项目二　识读与绘制剖视图 ·························· 112
　　　　任务一　认识剖视图 ···························· 112
　　　　任务二　识读与绘制全剖视图 ···················· 114
　　　　任务三　识读与绘制半剖视图 ···················· 115
　　　　任务四　识读与绘制局部剖视图 ·················· 116
　　　　任务五　识读与绘制不同剖切面的剖视图 ·········· 117
　　项目三　识读与绘制断面图 ·························· 119
　　　　任务一　识读与绘制移出断面 ···················· 120
　　　　任务二　识读与绘制重合断面 ···················· 121
　　项目四　识读与绘制其他规定画法 ···················· 122
　　　　任务一　识读与绘制局部放大图 ·················· 122
　　　　任务二　识读与绘制其他简化画法 ················ 123
　　*项目五　识读与绘制轴测剖视图 ···················· 127
　　*项目六　机件表达方法综合应用 ···················· 129
　　*项目七　读视图、剖视图和断面图的综合举例 ········ 131
模块八　识读与绘制标准件和常用件 ·················· 135
　　项目一　识读与绘制螺纹 ···························· 135
　　　　任务一　认识螺纹 ······························ 136
　　　　任务二　螺纹的规定画法 ························ 140
　　项目二　识读与绘制螺纹紧固件 ······················ 141
　　　　任务一　认识螺纹紧固件 ························ 141

任务二　螺栓连接的画法 142
　　　任务三　螺柱连接的画法 143
　　　任务四　螺钉连接画法 144
　项目三　识读与绘制键、销连接 145
　　　任务一　普通平键连接的画法 145
　　　任务二　花键连接的画法 147
　　　任务三　销连接的画法 149
　项目四　识读与绘制齿轮 149
　　　任务一　认识齿轮 150
　　　任务二　识读与绘制圆柱齿轮 152
　　　任务三　识读与绘制圆锥齿轮 153
　　　任务四　识读与绘制蜗杆蜗轮 154
　项目五　识读与绘制滚动轴承 155
　　　任务一　认识滚动轴承 155
　　　任务二　滚动轴承的画法 157
　项目六　识读与绘制弹簧 158
　　　任务一　认识弹簧 159
　　　任务二　螺旋弹簧的规定画法 160

模块九　识读与绘制零件图 162
　项目一　识读零件图 162
　　　任务一　认识零件图 162
　　　任务二　选择零件图视图 164
　项目二　识读与标注零件图尺寸 166
　　　任务一　识读零件图尺寸 166
　　　任务二　标注零件图尺寸 168
　项目三　识读与标注零件图技术要求 170
　　　任务一　识读与标注零件图的表面粗糙度 170
　　　任务二　识读与标注零件图的尺寸公差 178
　　　任务三　识读与标注零件图的几何公差 186
　项目四　认识并绘制零件的工艺结构 191
　项目五　识读零件图 193
　项目六　测绘零件图 199

模块十　识读与绘制装配图 203
　项目一　认识装配图 203
　项目二　识读并掌握装配图的规定画法和特殊画法 204
　　　任务一　识读并掌握装配图的规定画法 204
　　　任务二　识读并掌握装配图的特殊画法 205
　项目三　识读并标注装配图的尺寸、技术要求、序号和明细栏 207
　　　任务一　识读并标注装配图的尺寸和技术要求 207
　　　任务二　识读并绘制装配图的零件序号及明细栏 208

项目四　认识并绘制装配的工艺结构 209
　　项目五　识读并绘制装配图 211
　　　任务一　识读装配图并拆画零件图 211
　　　任务二　识读并测绘装配图 217
*模块十一　识读与绘制焊接结构图 228
　项目一　焊接及相关工艺方法代号 228
　项目二　识读并掌握焊缝的表示法 229
　项目三　识读并掌握焊缝符号的标注方法 234
　项目四　识读焊接结构图 236
模块十二　识读与绘制第三角视图 238
　项目一　认识第三角视图 238
　项目二　绘制第三角视图 239
*模块十三　识读与绘制化工设备图 242
　项目一　认识化工设备及化工设备图 242
　　任务一　认识化工设备及识读化工设备图 242
　　任务二　熟悉化工设备图的表达特点 246
　　任务三　认识化工设备常用的标准化零部件 251
　项目二　识读并绘制化工设备图 258
　　任务一　绘制化工设备图 258
　　任务二　识读化工设备图 263
模块十四　识读与绘制展开图 267
　项目一　认识展开图 267
　项目二　绘制展开图 267
　　任务一　识读并绘制直角弯头表面展开图 268
　　任务二　识读并绘制正圆锥的表面展开图 269
附录 271
参考文献 300

绪　　论

一、工程图样的性质与用途

图样自古以来就是人类用来表达思想的基本工具之一。在工程技术中，为了准确地表达机器、仪器、建筑物等的形状、结构、大小及技术要求，根据投影原理、标准或有关规定表示工程对象的图，统称为工程图样。建筑工程中使用的图样称为建筑图样，水利工程中使用的图样称为水利工程图样，机械制造业中使用的图样称为机械图样。

在现代工业生产中，工程图样的运用极为广泛，设计者通过图样来表达设计意图；制造者通过图样来了解设计要求、组织制造和指导生产；使用者通过图样来了解机器设备的结构和性能，进行操作、维修和保养。工程图样是传递和交流技术信息和思想的重要工具，被称为工程技术界的"技术语言"。作为一名工程技术人员，必须很好地掌握这门语音，否则将没有办法进行正常的生产和工作。

二、本课程性质、学习内容和目标

1. 课程性质

本课程是研究识读和绘制机械图样的一门学科，有很强的实践性，应用平面图形来表达立体零件，以及根据现有的图样来想象零件的形状是本课程学习的主要内容，是机电类专业中一门非常重要的专业基础课程。

2. 学习内容

- 基本知识部分——介绍制图工具的使用和维护方法、制图国家标准的基本规定。
- 几何作图部分——学习平面几何图形的基本作图法。
- 投影作图部分——学习识图和绘图的基本原理和方法。
- 机械制图部分——学习识读、绘制机械图样的规则和方法。

3. 学习目标

- 掌握正投影法的基本原理和方法。
- 掌握正确使用绘图工具的方法。
- 熟悉制图国家标准的基本规定。
- 掌握识图和绘图技巧，能绘制中等复杂程度的零件图和装配图。
- 培养耐心细致的工作作风和严肃认真的工作态度，为日后学习专业技术知识和进一步提高技术水平奠定良好基础。

三、学习方法和注意点

《机械制图》是一门实践性较强的专业基础课程，因此，在学习过程中不仅要重视理论部分的学习，更要认真对待实践性的环节（看图与画图）。应在弄清基本理论的基础上多想图物之间的转化，多做题目。通过"图物对照、由物画图、由图想物"的反复练习，逐步掌握绘制一般机械的零件图和阅读不太复杂的装配图的基本知识。

学习中应做到以下几点：

- "练"——动手练绘图的技能和技巧，动脑练分析能力和空间想象能力。
- "勤"——认真预习，专心听讲，及时复习和按时完成作业，不会就学，不懂就问。

- "严"——严格按照制图国家标准中有关规定和老师提出的要求,不断提高绘图质量和识图能力。
- "细"——每次作业或练习要做到认真细致,精益求精,一丝不苟。

模块一　制图的基本知识与技能

- 知识目标：
1. 掌握各种绘图工具的使用方法。
2. 掌握国家标准《技术制图》的基本规定。
- 技能目标：能正确使用绘图工具。

项目一　绘图工具及其使用

- 知识目标：
1. 了解各种绘图工具。
2. 掌握各种绘图工具的使用方法。
- 技能目标：能正确使用绘图工具。

一、图板

（1）作用。用来铺放和固定图纸。

（2）结构。一般由胶合板制成，四周镶有硬木边。

（3）使用。图板的工作表面必须平坦、光洁，左右导边必须光滑、平直，如图1-1所示。

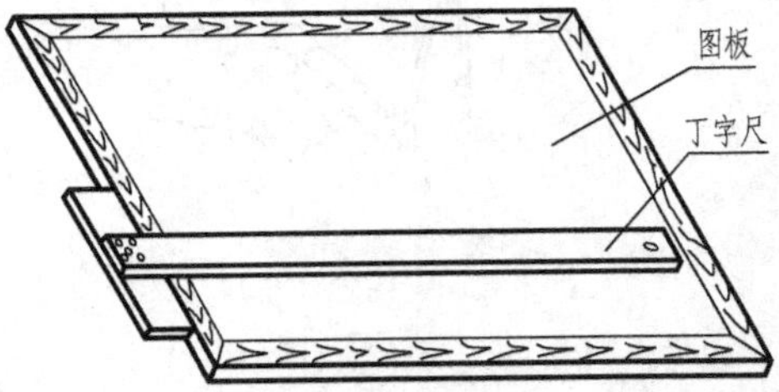

二、丁字尺

（1）作用。画水平线以及与三角板配合画垂直线或各种15°倍角的斜线，如图1-2所示。

（2）结构。用木材或有机玻璃等制成，由尺头和尺身两部分垂直相交构成丁字形。

（3）使用。画图时应使尺头靠紧图板左侧的工作边。

图1-1　图板和丁字尺

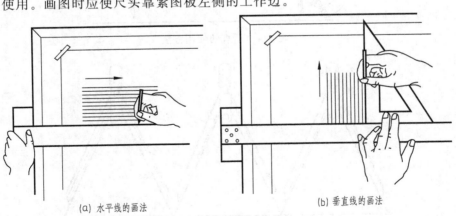

(a) 水平线的画法　　(b) 垂直线的画法

图1-2　丁字尺的使用方法

三、三角板

与丁字尺配合画出一系列不同位置的铅垂线，还可画出与水平线成30°、45°、60°，以及15°倍数角的各种倾斜线，是手工绘图的主要工具，如图1-3所示。

四、圆规和分规

圆规：主要用来绘制圆和圆弧，如图1-4所示。

使用时应先调整针脚，使针尖略微长于铅芯，且插针和铅芯脚都与图纸大致保持垂直。

画大圆时，可加上延伸杆。

分规：主要用来量取线段和等分线段或圆弧，如图1-5所示。

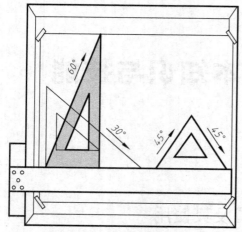

图1-3　三角板与丁字尺配合画特殊位置直线

分规的两腿均装有钢针，分规两脚合拢时，两针尖应合成一点。

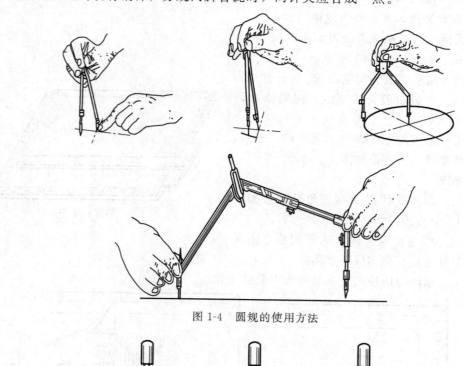

图1-4　圆规的使用方法

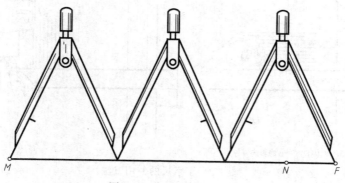

图1-5　分规的使用方法

五、曲线板

主要用于绘制非圆曲线。曲线板的使用方法如图 1-6 所示。

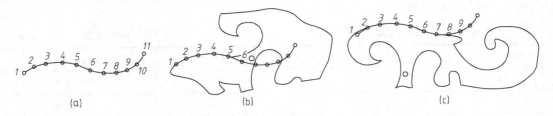

图 1-6　曲线板的使用方法

（1）将需要连接的各点求出来，徒手用细线顺次连接起来。

（2）由曲线曲率半径较小的部分开始，选择曲线板上曲率适当的位置，逐段描绘。每次连接至少四个点，并留下一段下次再描。

（3）描下一段时，其前面应有一段与上次所描的线段重复，后面应留下一段，等待第三次再描。

（4）按照上述的方法逐段描绘，直到描完曲线为止。

六、铅笔

根据铅芯的软硬程度分为软（B）、中性（HB）、硬（H）三种。

绘制图线的粗细不同，所需铅芯的软硬也不同。通常画粗线可采用 HB、B、2B，画细线可采用 2H、H、HB。

铅笔的削法如图 1-7 所示。

七、其他用品

绘图纸和透明胶带：绘图纸要求质地坚实，符合 GB 规定的幅面尺寸。透明胶带专用于固定图纸。

绘图橡皮：用于擦除铅笔线，清除图中污迹。

擦图片：在擦图时，用来保护应有图线不会被擦去。

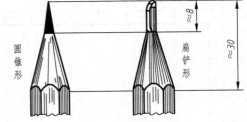

图 1-7　铅笔的削法

小刀和砂纸：用于削磨铅笔。

刀片：用于刮除描图纸上的墨线和污迹。

项目二　国家标准《技术制图》的基本规定

- 知识目标：掌握国家标准《技术制图》的基本规定。
- 技能目标：会应用国家标准《技术制图》的基本规定。

任务一　图纸幅面和格式

图幅和图框应符合 GB/T 14689—2008 的规定。

一、图纸的尺寸

基本图幅（表 1-1）应优先选用，必要时，也允许选用加长图幅，加长图幅应优先选用

表 1-2，加长图幅的尺寸是由基本图幅的短边成整数倍的增加后得出。但由于 A0×2（1189mm×1682mm）；A0×3（1189mm×2523mm）已超过晒图机的规格，即宽边已超过 1051mm，所以不应使用。

表 1-1 基本图幅   mm

幅面代号	尺寸 $B×L$
A0	841×1189
A1	594×841
A2	420×594
A3	297×420
A4	210×297

表 1-2 加长图幅   mm

幅面代号	尺寸 $B×L$
A3×3	420×891
A3×4	420×1189
A4×3	297×630
A4×4	297×841
A4×5	297×1051

二、图幅的分区

(1) 必要时，可以用细实线在图纸周边内画出分区，如图 1-8 所示。

(2) 图幅分区数目按图样的复杂程度确定，但必须取偶数。每一分区的长度应在 25～75mm 之间选择，用大写拉丁字母从上至下顺序编写，沿水平方向用阿拉伯数字从左到右顺序编写。

(3) 在图样中标注分区代号时，分区代号由拉丁字母和阿拉伯数字组成，字母在前、数字在后并排书写，如 B3、A2。当分区代号与图形名称同时标注时，则分区代号写在图形名称之后，中间空出一个字母的宽度，如：A E2、D C4。

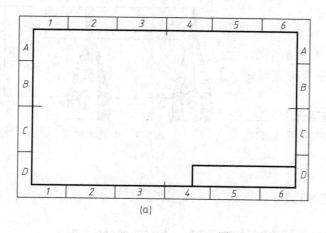 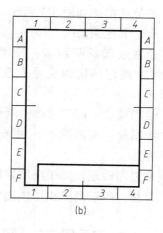

图 1-8 图幅分区

三、图框

1. 图框格式

在图纸上必须用粗实线画出图框。图框有两种格式：不留装订边和留装订边。同一产品中所有图样均应采用同一种格式。

不留装订边的图纸，其图框格式如图 1-9 (a)、(b) 所示。

留有装订边的图纸，其图框格式如图 1-9 (c)、(d) 所示。

2. 图框尺寸

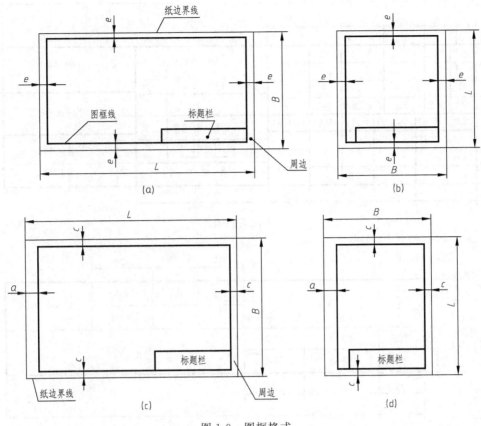

图 1-9 图框格式

不留装订边的图纸,其四周边框的宽度相同(均为 e);留有装订边的图纸,其装订边宽度一律为 25mm,其他三边一致(均为 c),具体尺寸见表 1-3。

表 1-3 基本幅面的图框尺寸   mm

幅面代号	A0	A1	A2	A3	A4
$B×L$	841×1189	594×841	420×594	297×420	210×297
e	20			10	
c	10			5	
a	25				

四、标题栏和明细栏

国家标准 GB/T 10609.1—2008《技术制图 标题栏》、GB/T 10609.2—2009《技术制图 明细栏》对标题栏与明细栏的基本要求、内容、尺寸与格式作了明确规定,其格式如图 1-10(a)、(c)所示。标题栏一般应位于图纸的右下角。学生作业可用简化标题栏,如图 1-10(b)所示。

五、对中符号和看图方向

为了使图样复制和缩微摄影时定位方便,应在图纸各边长的中点处分别画出对中符

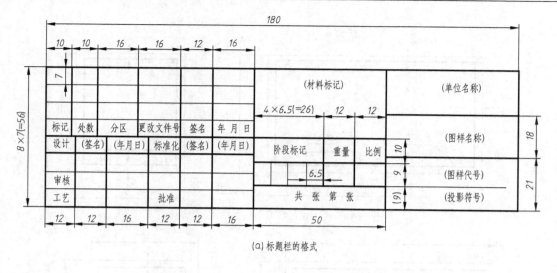

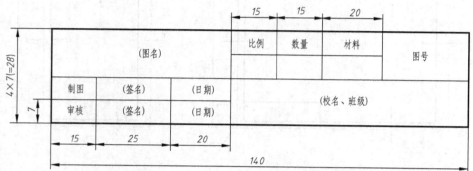

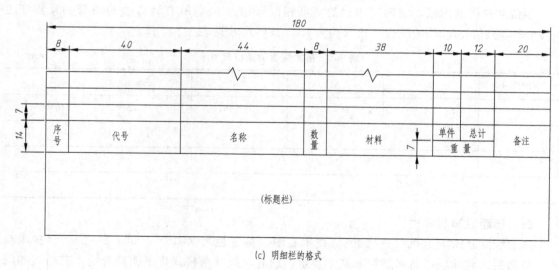

图 1-10 标题栏与明细栏的格式

号。对中符号用粗实线绘制，线宽不小于 0.5mm，长度从纸边界开始至伸入图框内约 5mm，如图 1-11（a）所示。当对中符号处在标题栏范围内时，则伸入标题栏部分省略不画,如图1-11(b)所示。同时为了明确绘图和看图方向,在图纸下边对中符号处画出一个方向符号,方向符号是用细实线绘制的等边三角形,其大小、位置如图1-11(c)所示。

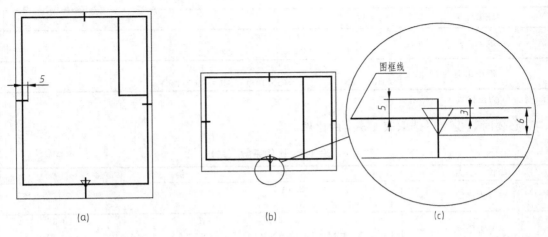

图 1-11 对中符号和方向符号

任务二 比例

比例是指图中图形与实物相应要素的线性尺寸之比(GB/T 14690—1993)。

比例按其大小分为:

(1) 原值比例。比值为1的比例,即1∶1。

(2) 放大比例。比值大于1的比例,即2∶1等。

(3) 缩小比例。比值小于1的比例,即1∶2等。

无论采用何种比例,图样中所注的尺寸数值,均应为物体的真实大小。

图 1-12 表示了同一物体采用不同比例绘制的图形。

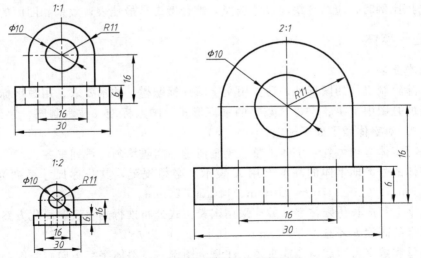

图 1-12 采用不同比例绘制的图形

绘制图样时，应优先选用表 1-4 中规定的比例系数。

表 1-4　比例系数（一）

种　类	比　例		
原值比例	1∶1		
放大比例	5∶1 $5\times10^n\colon1$	2∶1 $2\times10^n\colon1$	$1\times10^n\colon1$
缩小比例	1∶2 $1\colon(2\times10^n)$	1∶5 $1\colon(5\times10^n)$	1∶10 $1\colon(10\times10^n)$

注：n 为正整数。

必要时，也可以选取表 1-5 中的比例。

表 1-5　比例系数（二）

种　类	比　例				
放大比例	4∶1 $4\times10^n\colon1$	2.5∶1 $2.5\times10^n\colon1$			
缩小比例	1∶1.5 $1\colon(1.5\times10^n)$	1∶2.5 $1\colon(2.5\times10^n)$	1∶3 $1\colon(3\times10^n)$	1∶4 $1\colon(4\times10^n)$	1∶6 $1\colon(6\times10^n)$

注：n 为正整数。

一、标注方法

（1）比例符号应以"∶"表示。比例的表示方法如 1∶1、1∶50、10∶1 等。

（2）比例一般应标注在标题栏中的比例栏内，必要时可以作如下处理：

$$\frac{\text{I}}{2\colon1} \qquad \frac{A}{1\colon10} \qquad \frac{B-B}{5\colon1}$$

二、选择比例的原则

（1）当表达对象的形状复杂程度和尺寸适中时，一般采用原值比例 1∶1 绘制。

（2）当表达对象的尺寸较大时应采用缩小比例，但要保证复杂部位清晰可读。

（3）当表达对象的尺寸较小时应采用放大比例，使各部位清晰可读。

（4）尽量优先选用表 1-4 中的比例。

（5）选择比例时，应结合幅面尺寸选择，综合考虑其最佳表达效果和图面的审美价值。

任务三　字体

一、基本要求

图样上除绘制机件的图形外，还要用文字填写标题栏、技术要求、用数字标注尺寸等。字体指的是图中文字、字母、数字的书写形式。国家标准《技术制图　字体》（GB/T 14691—1993）对字体做了如下规定。

（1）书写字体必须做到：字体工整、笔画清楚、间隔均匀、排列整齐。

（2）字体的号数即字体的高度（用 h 表示）必须规范，其公称尺寸系列为：1.8mm、2.5mm、3.5mm、5mm、7mm、10mm、14mm、20mm。

（3）汉字应写成长仿宋体字，并应采用国家正式公布推行的《汉字简化方案》中规定的简化字。汉字的高度 h 不应小于 3.5mm，其字宽一般为 $h/2$。

（4）字母和数字可写成斜体或直体，注意全图统一。斜体字字头向右倾斜，与水平基准线成 75°。

(5) 用作指数、分数、极限偏差、注脚等的数字及字母一般应采用小一号的字体。

(6) 图样中的数学符号、物理量符号、计量单位符号以及其他符号、代号，应分别符合国家的有关法令和标准的规定。

(7) 在同一图样上，只允许选用一种形式的字体。

二、字体示例

1. 长仿宋体汉字书写示例

长仿宋体汉字书写示例如图 1-13 所示。

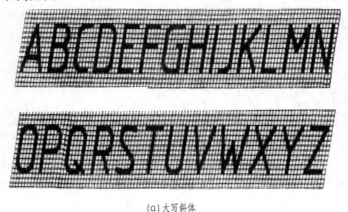

图 1-13　长仿宋体汉字

2. 拉丁字母书写示例

拉丁字母书写示例如图 1-14 所示。

图 1-14　拉丁字母

3. 阿拉伯数字书写示例

阿拉伯数字书写示例如图 1-15 所示。

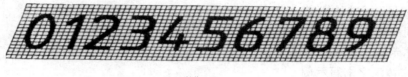

(a) 斜体

(b) 直体

图 1-15 阿拉伯数字

4. 罗马数字书写示例

罗马数字书写示例如图 1-16 所示。

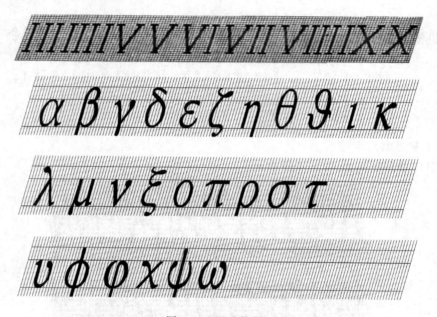

图 1-16 罗马数字

5. 其他应用示例

其他应用示例如图 1-17 所示。

$$R3 \quad 2\times45° \quad M24\text{-}6H \quad \phi 60H7 \quad \phi 30g6$$
$$\phi 20^{+0.021}_{0} \quad \phi 25^{-0.007}_{-0.020} \quad Q235 \quad HT200$$

图 1-17 字体综合应用

任务四　图线

绘制图样时，应遵循国家标准 GB/T 17450—1998《技术制图　图线》、GB/T 4457.4—

2002《机械制图　图样画法　图线》的规定。GB/T 4457.4—2002 则根据 GB/T 17450—1998 具体规定了绘制机械图样的各种线型及应用。

一、机械图样中的线型及其应用

机械图样中常用图线的代号、线型及用途见表 1-6。

表 1-6　机械图样中的线型及其应用（摘自 GB/T 4457.4—2002）

图线名称	图线形式	宽度	一般应用
粗实线	———————	d	可见轮廓线 可见过渡线 相贯线 螺纹牙顶线 螺纹长度终止线 齿顶线
虚线	– – – – – – –	$d/2$	不可见轮廓线 不可见过渡线
细实线	———————	$d/2$	尺寸线 尺寸界线 剖面线 引出线 重合断面的轮廓线 螺纹的牙底线及齿轮的齿根线 分界线及范围线 辅助线 不连续的同一表面连线 成规律分布的相同要素连线
波浪线	～～～～～	$d/2$	断裂处的边界线 视图和剖视的分界线
细点画线	— · — · — · —	$d/2$	轴线 对称中心线 分度圆线 剖切线
双折线	—/\—/\—	$d/2$	断裂处的边界线 视图和剖视的分界线
双点画线	— ·· — ·· —	$d/2$	相邻辅助零件的轮廓线 可动零件的极限位置的轮廓线 成形前轮廓线 轨迹线 中断线 毛坯图中制成品的轮廓线
粗点画线	— · — · — · —	d	有特殊要求的线或表面的表示线

二、图线的尺寸

所有线型的图线宽度（d）应按图样的类型和尺寸大小在下列数系中选择：0.13mm、0.18mm、0.25mm、0.35mm、0.5mm、0.7mm、1.0mm、1.4mm、2.0mm。

绘制机械图样的图线分粗、细两种。粗线的宽度 d 可在 0.5～2mm 之间选择（练习时一般用 0.7mm)，细线的宽度为 $d/2$。

各种图线的部分应用如图 1-18 所示。

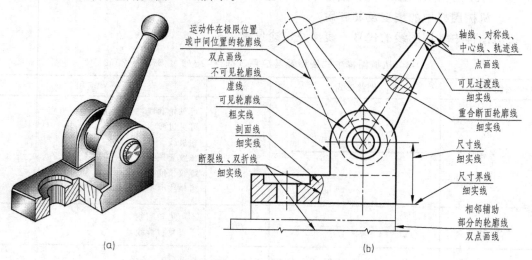

图 1-18　图线的部分应用示例

三、图线的画法

1. 间隙

除非另有规定，两条平行线之间的最小间隙不得小于 0.7mm。

2. 相交

虚线以及各种点画线相交时应恰当地相交于线，而不应相交于点或间隔，如图 1-19 所示。

3. 图线接头处的画法

主要介绍虚线与粗实线、虚线与虚线、虚线与点画线相接处的画法，如图 1-20 所示。

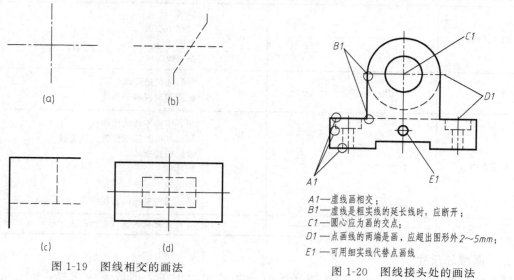

图 1-19　图线相交的画法　　　　图 1-20　图线接头处的画法

4. 图线重叠时的画法

当两种或两种以上图线重叠时，应按以下顺序优先画出所需的图线：可见轮廓线，不可见轮廓线，轴线和对称中心线，双点画线。

画线时注意事项：

（1）点画线和双点画线的首末两端应为"线段"而不应为"点"。

（2）绘制圆的对称中心线时，圆心应为"画"的交点。首末两端超出图形外2～5mm。

（3）在较小的图形上绘制细点画线和细双点画线有困难时，可用细实线代替。

（4）虚线、点画线或双点画线和实线相交或它们自身相交时，应以"线"相交，而不应为"点"或"间隔"。

（5）虚线、点画线或双点画线为实线的延长线时，不得与实线相连。

（6）图线不得与文字、数字或符号重叠、混淆。不可避免时，应首先保证文字、数字或符号清晰。

项目三 尺寸标注

• **知识目标**：掌握常见的尺寸标注。
• **技能目标**：熟练掌握常见的尺寸标注方法。

尺寸是图样上重要内容之一，是制造、检验零件的依据。在图样上，图形只表示物体的形状。物体的大小及各部分相互位置关系，则需要用标注尺寸来确定。标注尺寸时，必须严格按机械制图标准中有关尺寸注法的规定进行标注。国家标准GB/T 4458.4—2003《机械制图 尺寸标注》、GB/T 16675.2—1996《技术制图 简化表示法 第2部分：尺寸注法》规定了图样中尺寸的注法。

图样上标注尺寸基本要求：

正确——尺寸注法要符合国家标准的规定。

完全——尺寸必须注写齐全，不遗漏，不重复。

清晰——尺寸的布局要整齐清晰，便于阅读查找。

合理——所注尺寸既能保证设计要求，又便于加工、装配、测量方便。

任务一 识读尺寸标注

一、基本规则

（1）机件的真实大小应以图样上所标注的尺寸数值为依据，与图形的大小及绘图的准确度无关。

（2）图样中（包括技术要求和其他说明）的尺寸，以毫米为单位时，不需标注单位符号（或名称），如采用其他单位，则应注明相应的单位符号。

（3）图样中所标注的尺寸，为该图样所示机件的最后完工尺寸，否则应另加说明。

（4）机件的每一尺寸，一般只标注一次，并应标注在反映该结构最清晰的图形上。

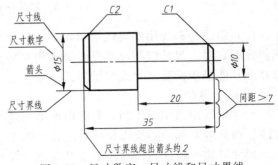

图1-21 尺寸数字、尺寸线和尺寸界线

二、尺寸界线、尺寸线、尺寸数字

一个标注完整的尺寸应标注出尺寸数字、尺寸线和尺寸界线。尺寸数字表示尺寸的大小,尺寸线表示尺寸的方向,尺寸界线表示尺寸的范围,如图 1-21 所示。

1. 尺寸数字

尺寸数字的注写方向如表 1-7 所示。

表 1-7 尺寸数字的注写方向

项目	说 明	图 例
尺寸数字	线性尺寸的数字一般注在尺寸线的上方,也允许填写在尺寸线的中断处	
	线性尺寸的数字应按右栏中左图所示的方向填写,并尽量避免在图示 30°范围内标注尺寸。竖直方向尺寸数字也可按右栏中右图形式标注	
	数字不可被任何图线所通过。当不可避免时,图线必须断开	

2. 尺寸线

尺寸线用细实线绘制,用以表示所注尺寸的方向。尺寸线的终端结构有两种形式——箭头和斜线两种。

（1）箭头。如图 1-22（a）所示。适用于各种类型的图样。

图 1-22 尺寸线的两种终端形式

（2）斜线。斜线用细实线绘制,其方向和画法如图 1-22（b）所示。当尺寸线的终端采用斜线形式时,尺寸线与尺寸界线必须相互垂直。当尺寸线与尺寸界线相互垂直时,同一张图样中只能采用一种尺寸线终端形式。

3. 尺寸界线

尺寸界线用细实线绘制,并应由图形的轮廓线、轴线或对称中心线处引出,也可利用轮廓线、轴线或对称中心线作尺寸界线,如图 1-23 所示。

尺寸界线一般应与尺寸线垂直并略超过尺寸线（通常以 3～4mm 为宜）；在特殊情况下也可以不相垂直,但两尺寸界线必须相互平行,如图 1-24 所示。

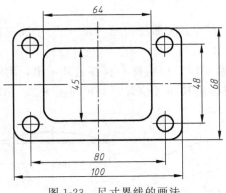
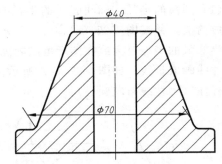

图 1-23　尺寸界线的画法　　　　　　　　图 1-24　特殊情况下尺寸界线的画法

任务二　常见的尺寸标注

一、线性尺寸标注

线性尺寸的标注要求见表 1-7。在具体标注时还应同时考虑标注的合理性，使相邻尺寸的尺寸线对齐，并尽量避免尺寸界线与尺寸线相交，如图 1-25 所示。

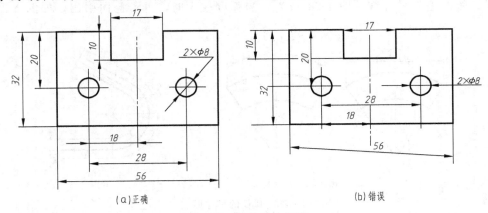

图 1-25　线性尺寸标注

二、圆的尺寸标注

标注圆的直径时，应在尺寸数字前加注符号"ϕ"，表示这个尺寸的值是直径值，尺寸线的终端应画成箭头，并按图 1-26 所示的方法标注。

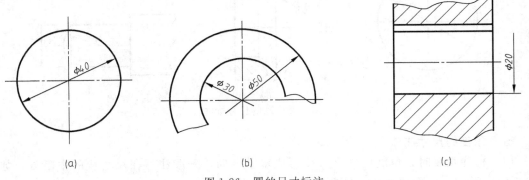

图 1-26　圆的尺寸标注

三、圆弧的尺寸注法

（1）圆弧的半径。标注圆弧的半径时，应在尺寸数字前加注符号"R"，尺寸线的终端应画成箭头，并按图1-27（a）、（b）所示的方法标注。

当圆弧的半径过大或在图纸范围内无法标出其圆心时，可将圆心移在近处示出，将半径的尺寸线画成折线，如图1-27（c）所示。若不需要标出其圆心位置时，可按图1-27（d）的形式标注（尺寸线指向圆心）。

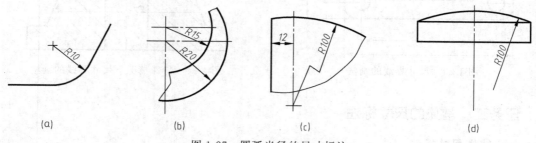

图1-27 圆弧半径的尺寸标注

（2）圆弧的长度。标注弧长时，应在尺寸数字上方加注符号"⌒"。弧长的尺寸界线应平行于该弦的垂直平分线［图1-28（a）］，当弧度较大时，可沿径向引出，如图1-28（b）所示。

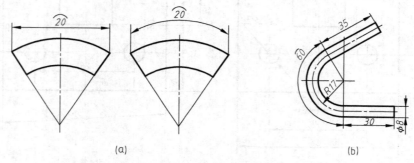

图1-28 弧长的尺寸标注

四、球的尺寸注法

标注球面的直径或半径时，应在符号"ϕ"或"R"前加注符号"S"，如图1-29所示。

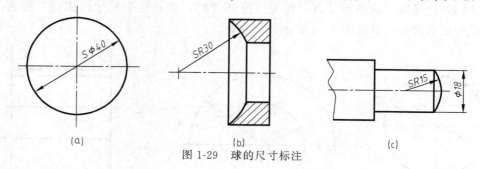

图1-29 球的尺寸标注

五、角度的尺寸注法

（1）标注角度时，角度的数字一律写成水平方向，一般注写在尺寸线的中断处，如图1-30（a）所示。必要时也可以按图1-30（b）的形式标注。

(2) 标注角度时，尺寸界线应沿径向引出，尺寸线应画成圆弧，其圆心是该角的顶点，如图 1-30 所示。

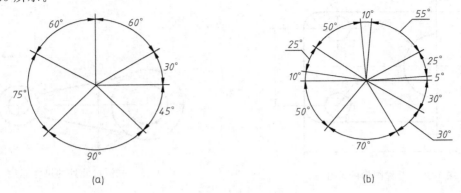

图 1-30　角度尺寸数字的标注

六、小尺寸的标注

小尺寸的标注见图 1-31。

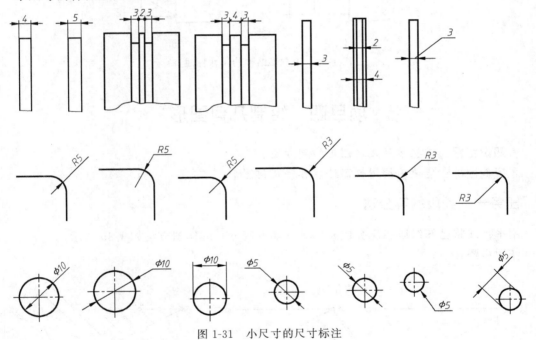

图 1-31　小尺寸的尺寸标注

七、对称图形尺寸注法

对称图形尺寸注法见图 1-32。

八、光滑过渡处的尺寸注法

在光滑过渡处标注尺寸时，应用细实线将轮廓线延长，从它们的交点处引出尺寸界线，如图 1-33 所示。

九、正方形结构的尺寸注法

标注断面为正方形结构的尺寸时，可在正方形边长尺寸数字前加注符号"□"，如图 1-34 所示（符号"□"是一种图形符号，表示正方形）。

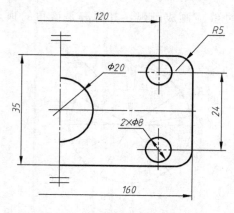

图 1-32 对称图形的尺寸标注

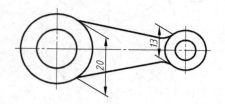

图 1-33 光滑过渡处的尺寸标注

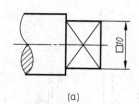

图 1-34 正方形结构的尺寸标注

项目四　绘制几何图形

- 知识目标：掌握常见几何图形绘制方法。
- 技能目标：能使用绘图仪器绘制各种几何图形。

任务一　线段的等分法

用平行线将已知线段 AB 分成 n 等分（如五等分）的作图方法如 1-35 所示。

作图步骤：

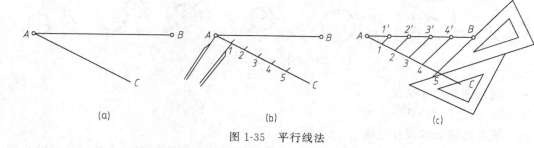

图 1-35 平行线法

(1) 过端点 A 作直线 AC，与已知线段 AB 成任意锐角；

(2) 分规在 AC 上以任意长度作等长取得 1、2、3、4、5 各等分点；

(3) 连接 5、B 两点，并过 4、3、2、1 各点作 5-B 的平行线，在 AB 上即得 $4'$、$3'$、$2'$、$1'$ 各等分点。

任务二 圆的等分法

一、圆的六等分

（1）利用三角板和丁字尺配合作，分圆为六等分，如图1-36所示。

（2）利用圆规分圆为六等分，如图1-37所示。

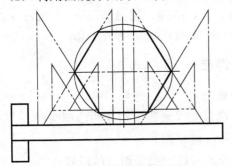

图 1-36 利用三角板与丁字尺作正六边形

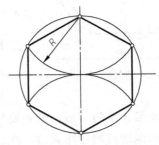

图 1-37 利用圆规作正六边形

二、圆的五等分及作为圆内接正五边形

圆的五等分的作图步骤：

（1）作 OB 的垂直平分线交 OB 于点 P；

（2）以 P 为圆心，PC 长为半径画弧交直径于 H 点；

（3）CH 即为五边形的边长，等分圆周得五等分点 C、E、G、K、F；

（4）连接圆周各等分点，即成正五边形，如图1-38所示。

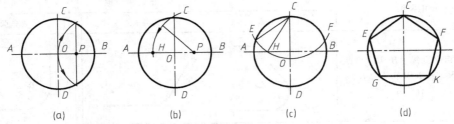

图 1-38 圆的五等分

三、圆的几等分及作为圆内接正几边形

利用查表的方法将已知圆分成任意几等分。首先利用等分系数表1-8查出等分系数 k，根据边长计算公式计算出边长，再作图。

边长计算公式：
$$a = kD$$

式中 a——边长；

k——等分系数；

D——圆的直径。

表 1-8 圆周等分系数

圆周等分数 n	3	4	5	6	7	8	9
等分系数 k	0.8660	0.7071	0.5878	0.5000	0.4339	0.3827	0.3420
圆周等分数 n	10	11	12	13	14	15	16
等分系数 k	0.3090	0.2817	0.2588	0.2393	0.2225	0.2079	0.1951
圆周等分数 n	17	18	19	20	21	22	—
等分系数 k	0.1837	0.1736	0.1646	0.1564	0.1490	0.1423	—

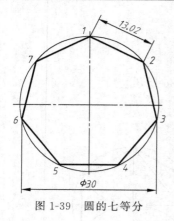

图 1-39 圆的七等分

[例 1-1] 已知直径为 φ30mm 的圆周，试七等分圆周，并作正七边形。

解：(1) 已知圆周等分数为 $n=7$，查圆周等分系数表得弦长 $a=0.434D$。

(2) 计算得出弦长 $a=0.434×30=13.02$mm。

(3) 画直径为 φ30mm 的圆，用弦长 $a=13.02$mm 在圆上依次截取七个等分点，则得所求，见图 1-39。

任务三　圆弧连接

一、圆弧连接的概念

圆弧连接：用一圆弧光滑地连接相连两已知线段。

(1) 圆弧连接的实质：就是要使连接圆弧与已知线段相切。

(2) 圆弧连接的作图关键：找连接圆弧的圆心及其与已知线段切点的位置。

二、作图方法及步骤

(1) 求连接圆弧的圆心；

(2) 找出连接点即切点的位置；

(3) 在两连接点之间作出连接圆弧。

两直线之间的圆弧连接见表 1-9。

表 1-9　两直线间的圆弧连接

作图说明	作图步骤		
	锐角弧	钝角弧	直角弧
已知两相交直线 AB、BC 和连接弧半径 R。要求用半径为 R 的圆弧连接两已知直线 AB 和 BC			
①定圆心 分别作 AB、BC 的平行线，距离为 R，得交点 O，即为连接弧的圆心			
②找连接点（切点） 自点 O 向 AB 及 BC 分别作垂线，垂足 1 和 2 即为连接点			
③画连接弧 以 O 为圆心，O-1 为半径，作圆弧 1-2 把 AB、BC 连接起来，这个圆弧即为所求			

直线与圆弧间的圆弧连接：用已知半径 R 的圆弧外接一已知直线和一已知圆弧的作图步骤见表 1-10。

表 1-10　直线与圆弧间的圆弧连接

作图说明	作图步骤
已知连接圆弧半径 R、直线 AB 和半径为 R_1 的圆弧。要求用半径为 R 的圆弧，外切已知直线 AB 和已知半径为 R_1 的圆弧	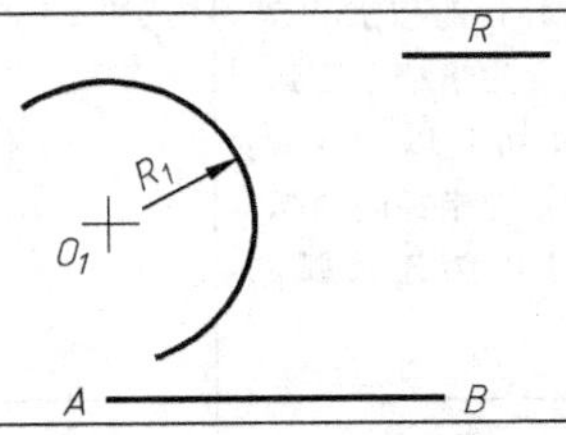
①定圆心 作直线 AB 的平行线，距离为 R；以 O_1 为圆心，以 $R+R_1=R_2$ 为半径画圆弧；圆弧与平行线的交点 O，即为连接圆弧的圆心	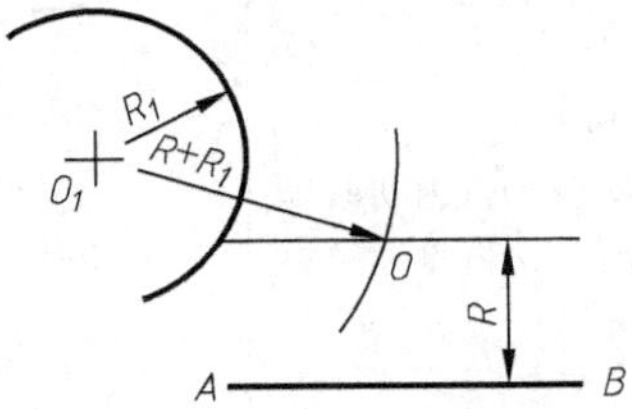
②定连接点（切点） 过点 O 作 AB 的垂线得交点 1，画连心线 OO_1 得交点 2，2 即为圆弧连接的两个切点	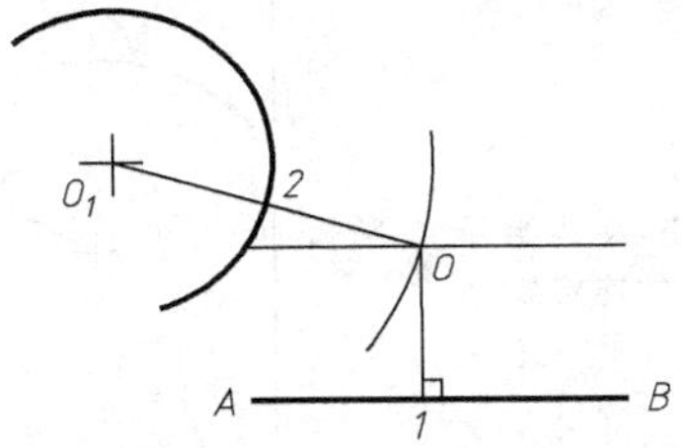
③画连接弧 以 O 为圆心，R 为半径，画圆弧 1-2，即为所求的连接弧	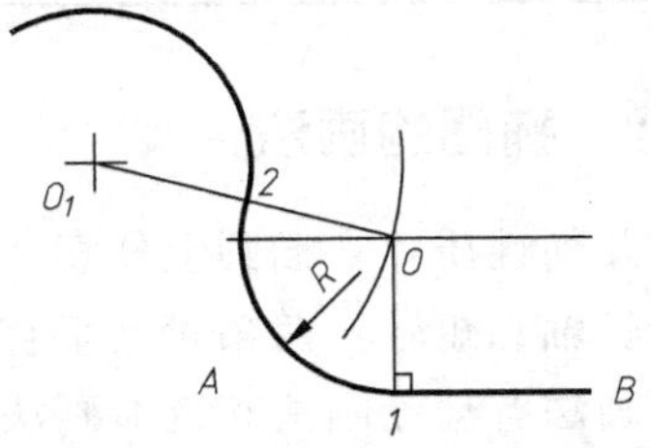

两圆弧间的圆弧连接：用已知半径 R 的圆弧连接两圆弧，有外连接和内连接两种，作图方法见表 1-11。

表 1-11　圆弧与圆弧间的圆弧连接

作图说明	作图步骤	
	外连接	内连接
已知连接圆弧半径 R 和两已知圆弧半径 R_1、R_2，圆心位置 O_1、O_2。要求用半径为 R 的圆弧连接已知圆弧	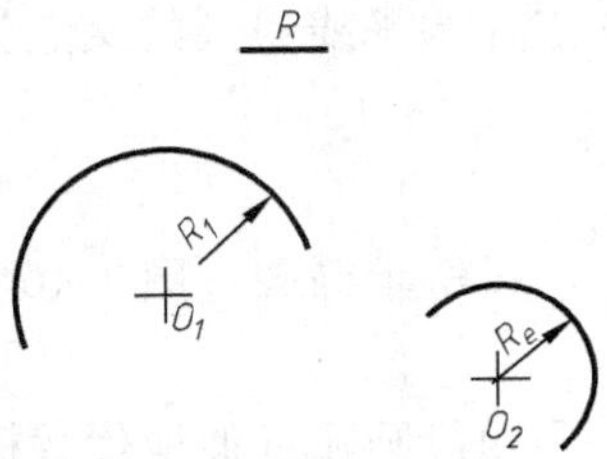	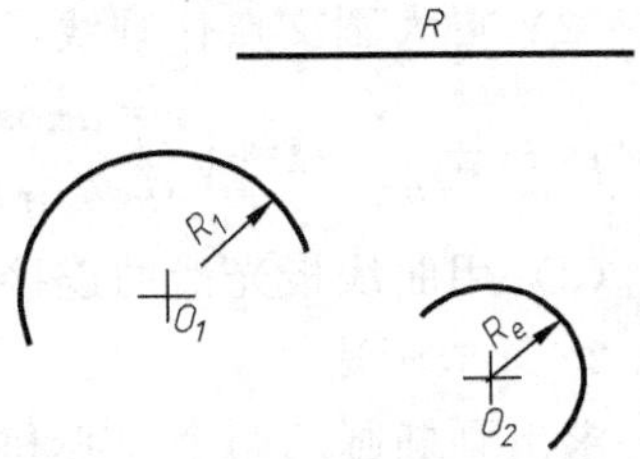

作图说明	作图步骤	
	外连接	内连接
①定圆心 以 O_1 为圆心，外切时以 $R+R_1$（内切时以 $R-R_1$）为半径画圆弧； 以 O_2 为圆心，外切时以 $R+R_2$（内切时以 $R-R_2$）为半径画圆弧； 两圆弧的交点 O 即为连接弧的圆心	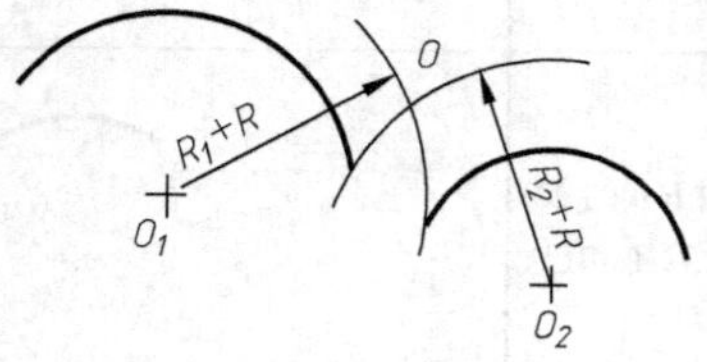	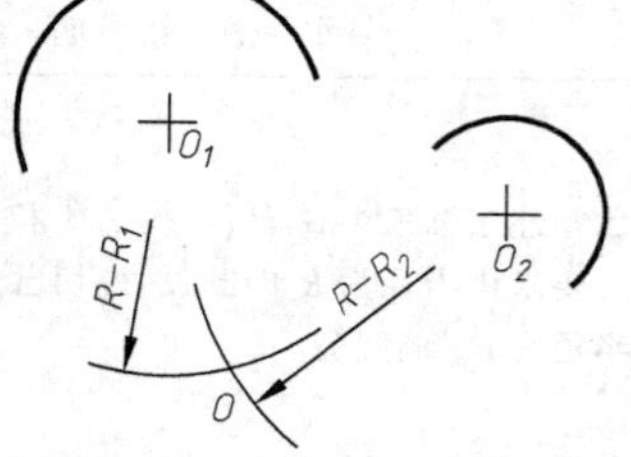
②定连接点（切点） 连接 $O、O_1$ 及 $O、O_2$（内切时延长）交已知圆弧于 1、2 两点	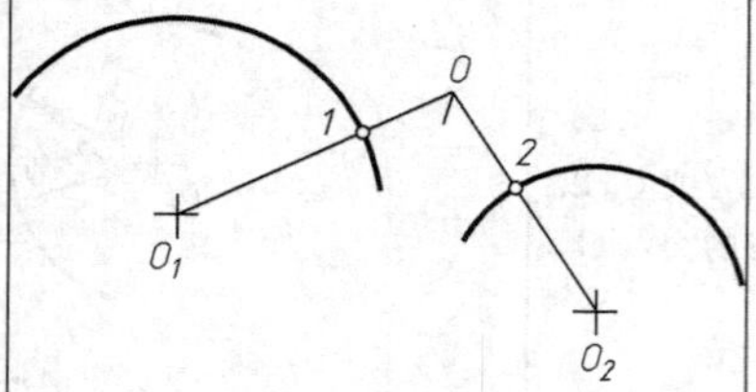	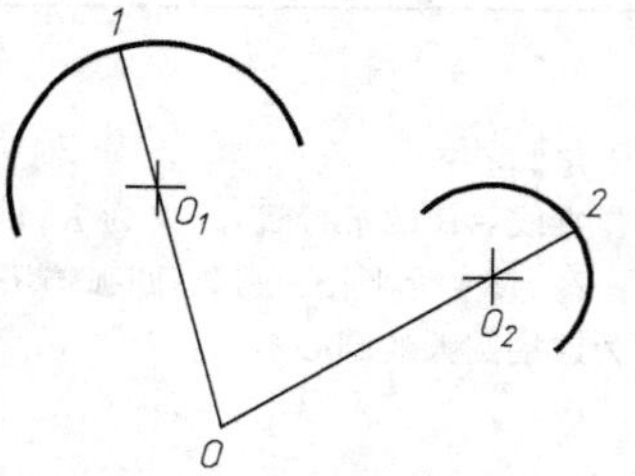
③画连接弧 以 O 为圆心，R 为半径，画圆弧 1-2，即为所求的连接弧	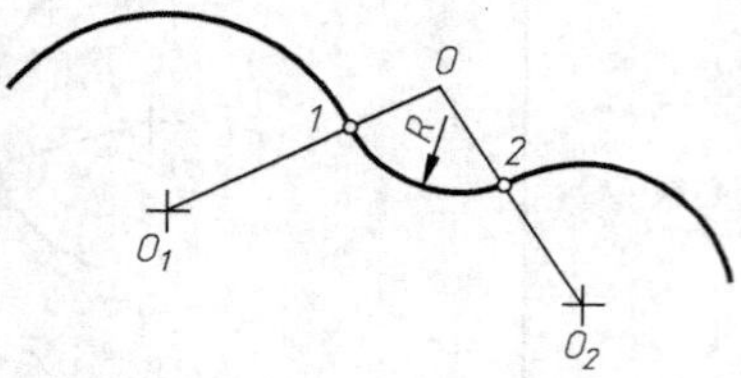	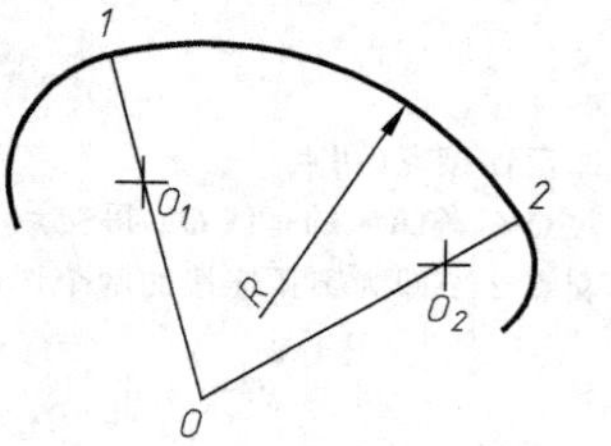

任务四 椭圆的画法

椭圆的几何性质：自椭圆上任意一点到两定点（焦点）的距离之和恒等于椭圆的长轴。

椭圆的长轴和短轴：两条相互垂直而且对称的轴。

椭圆的画法有理论画法和近似画法两种。

1. 理论画法

先求出曲线上一定数量的点，再用曲线板光滑地连接起来（同心圆法）。

[例 1-2] 已知长轴 $AB=2a$，短轴 $CD=2b$，求作椭圆。

作图步骤：

(1) 以长轴 AB 和短轴 CD 为直径画两同心圆，然后过圆心作一系列的直线与两圆相交，如图 1-40 所示；

(2) 自大圆交点作垂线，小圆交点作水平线得到的交点就是椭圆上的点（作图原理源自方程：$\dfrac{x^2}{a^2}+\dfrac{y^2}{b^2}=1 \Rightarrow \begin{cases} x=a\cos t \\ y=b\sin t \end{cases}$）；

(3) 用曲线板光滑的连接各点，即得所求椭圆 [图 1-40（b）]。

2. 近似画法

求出画椭圆的四个圆心和直径，用四段圆弧近似地代替椭圆（四心圆法）。

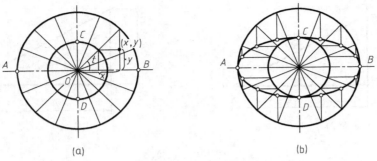

图 1-40 用同心圆法画椭圆

[例 1-3] 已知长轴 AB，短轴 CD，求作椭圆。

作图步骤：

（1）画出相互垂直且平分的长轴 AB 和短轴 CD，如图 1-41 所示；

（2）连接 AC，并在 AC 上取 $CE=OA-OC$，如图 1-41（a）所示；

（3）作 AE 的中垂线，与长、短轴分别交于 O_1、O_2，再作对称点 O_3、O_4，如图 1-41（b）所示；

（4）以 O_1、O_2、O_3、O_4 各点为圆心，O_1A、O_2C、O_3B、O_4D 为半径，分别画弧，即得近似的椭圆，如图 1-41（c）所示。

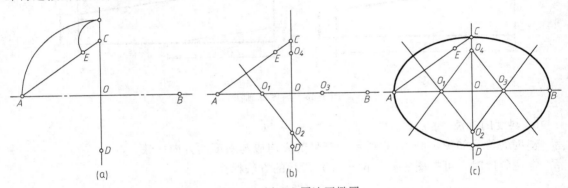

图 1-41 用四心圆法画椭圆

任务五　斜度和锥度

一、斜度

1. 斜度的概念

指一直线（或平面）相对于另一条直线（或平面）的倾斜程度，其大小用该两直线（或两平面）间夹角的正切值来表示［图 1-42（a）］，即

$$斜度 = \tan\alpha = CA/AB = H/L$$

在图 1-42（b）中，

$$斜度 = (H-h)/L$$

通常在图样中把比值化成 $1:n$ 形式（且 n 为正整数）。

2. 斜度的画法

图 1-43（a）所示斜度为 $1:7$，其作图方法如图 1-43（b）所示。

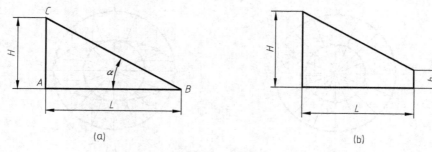

图 1-42 斜度

作图步骤:
(1) 自 A 点在水平线上任取七等分,得到 B 点;
(2) 自 A 点在 AB 的垂线上取一个相同的等分得到 C 点;
(3) 连接 B、C 两点即得 1∶7 的斜度;
(4) 过 K 点作 BC 的平行线,即得到 1∶7 的斜度线。

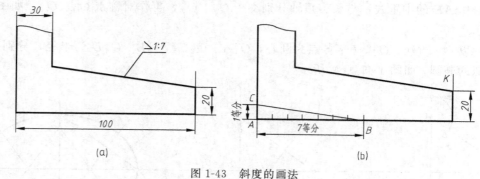

图 1-43 斜度的画法

3. 斜度的标注

斜度的符号如图 1-44(a)所示,符号的方向应与斜度的方向一致。
标注斜度时,可按图 1-44(b)~(d)所示的方法标注。

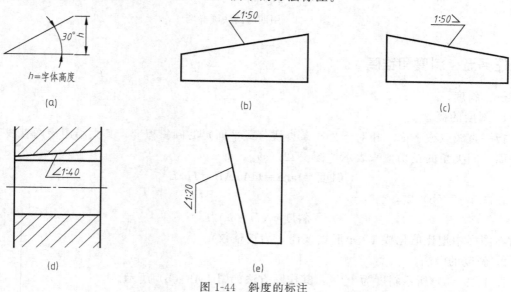

图 1-44 斜度的标注

二、锥度

1. 锥度概念

锥度是指正圆锥体底圆直径与锥高之比。如果是圆锥台，则是上下底圆直径之差与圆锥台高度之比，如图 1-45 所示。

$$锥度 = 2\tan\alpha = D/L = D - d/l$$

通常在图样中也可以把比值化成 1∶n 形式（且 n 为正整数）。

2. 锥度的画法

图 1-46（a）所示物体的右部是一个锥度为 1∶4 的圆锥台，其作图方法如图 1-46（b）所示。

作图步骤：作 1∶4 的锥度，高为 20mm，底径为 18mm 的锥台。

（1）由 A 点沿轴线向右取四等分得 B 点；
（2）由 A 沿垂线向上和向下分别取 1/2 个等份，得点 C、C_1；
（3）连接 BC、BC_1，即得 1∶4 的锥度；
（4）过点 E、F 作 BC、BC_1 的平行线，即得所求圆锥台的锥度线。

图 1-45 锥度

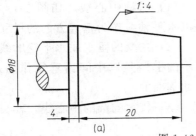

图 1-46 锥度的画法

3. 锥度的标注

在图样上应采用图 1-47（a）所示的图形符号表示锥度，该符号应配置在基准线上 [图 1-47（b）]。表示圆锥的图形符号和锥度应靠近圆锥轮廓标注，基准线应与圆锥的轴线平行，图形符号的方向应与锥度的方向相一致。

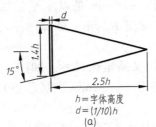
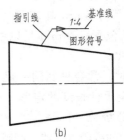

图 1-47 锥度的标注

项目五 绘制复杂平面图形

• 知识目标：

1. 了解复杂平面图形的尺寸分析、线段分析方法。

2. 掌握平面图形的绘制步骤。

• **技能目标**：会绘制复杂平面图形。

复杂平面图形是由各种线段连接而成的，这些线段之间的相对位置和连接关系，靠给定的尺寸来确定。画图时，只有通过分析尺寸和线段间的关系，才能明确该平面图形从何处着手以及按什么顺序作图。

任务一 分析平面图形

一、尺寸分析

平面图形中的尺寸，根据尺寸所起的作用不同，分为定形尺寸和定位尺寸两类。而在标注和分析尺寸时，首先必须确定基准。

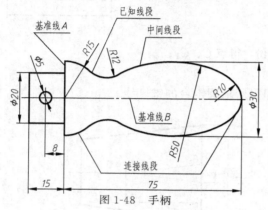

图 1-48 手柄

1. 基准

所谓基准，就是标注尺寸的起点，一般平面图形应有左右（横向）和上下（竖向）两个方向的尺寸基准。

一般平面图形常用的基准有以下几种。

（1）对称中心线。如图 1-48 所示的手柄是以水平轴线作为垂直方向的尺寸基准的。

（2）主要的垂直或水平轮廓线。如图 1-48 所示的手柄是以中间铅垂线作为水平方向的尺寸基准的。

（3）较大的圆的中心线，较长的直线等。

2. 定形尺寸

凡确定图形中各部分几何形状大小的尺寸均叫定形尺寸，如直线段的长度、倾斜线的角度、圆或圆弧的直径和半径等。在图 1-48 中，$\phi 20$mm 和 15mm 确定矩形的大小；$\phi 5$mm 确定小圆的大小；$R10$mm 和 $R15$mm 确定圆弧半径的大小；这些尺寸都是定形尺寸。

3. 定位尺寸

凡确定图形中各组成部分（圆心、线段等）与基准之间相对位置的尺寸均叫定位尺寸。在图 1-48 中，尺寸 8mm 确定了 $\phi 5$mm 小圆的位置；$\phi 30$mm 是以水平对称轴线为基准定 $R50$mm 圆弧的位置；75mm 是以中间的铅垂线为基准定 $R10$mm 圆弧的中心位置；这些尺寸都是定位尺寸。

分析尺寸时，常会见到同一尺寸既是定形尺寸，又是定位尺寸。如图 1-48 所示，尺寸 75mm 既是确定手柄长度的定形尺寸，也是间接确定尺寸 $R10$mm 圆弧圆心的定位尺寸。

二、线段分析

平面图形中的线段（直线、圆弧）按照所给的两类尺寸齐全与否可以分为三类（图 1-48）。

1. 已知线段

具有完整的定形、定位尺寸，能直接画出的线段，称为已知线段，如手柄 $R10$mm、$R15$mm。

2. 中间线段

具有定形尺寸和一个方向的定位尺寸，需借助与其一端的已知线段相切才能作出的线段，如手柄的 $R50$mm。

3. 连接线段

具有定形尺寸而缺少定位尺寸，需借助与其两端相切的线段才能作出的线段，如手柄的 $R12\mathrm{mm}$。

任务二　绘制复杂平面图形

画平面图形时，必须首先进行尺寸分析和线段分析，先画基准线、已知线段，再画中间线段和连接线段。

如图 1-48 所示手柄的具体绘制步骤如下：
（1）画出基准线，并根据定位尺寸画出定位线，如图 1-49（a）所示；
（2）画出已知线段，如图 1-49（b）所示；
（3）画出中间线段，如图 1-49（c）所示；
（4）画出连接线段，如图 1-49（d）所示。

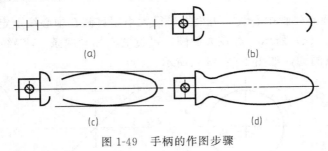

图 1-49　手柄的作图步骤

项目六　徒手画图的基本方法

- 知识目标：
1. 了解草图的概念、要求。
2. 学会绘制草图的方法。
- 技能目标：掌握徒手画图的方法。

在设计、仿制或修理机器时，经常需要绘制草图。草图是工程操作人员交谈、记录、创作、构思的有力工具。徒手画图是工程人员必备的一种基本技能。

以目测估计图形与物体的比例，按一定的画法要求徒手绘制的图称为草图。草图中的线条也要粗细分明，长短大致符合比例，线型符合国家标准。

一、直线的画法

画直线时，可先标出直线的两端点，然后执笔悬空沿直线方向比画一下，掌握好方向和

图 1-50　直线的徒手画法

走势后再落笔画线。在画水平线和斜线时，为了运笔方便，可将图纸斜放，画直线的运笔方向如图 1-50 所示。

二、常用角度的画法

画 45°、30°、60°等常用角度，可根据两直角边的比例关系，在两直角边上定出两点，然后连接而成，如图 1-51 所示。

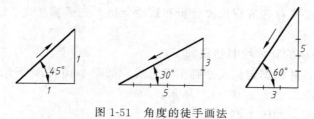

图 1-51　角度的徒手画法

三、圆的画法

画圆时，应过圆心先画中心线，再根据半径大小用目测在中心线上定出 4 点，然后过这 4 点画圆，如图 1-52（a）所示。对较大的圆，可过圆心加画两条 45°斜线，按半径目测定出 8 点，然后过这 8 点画圆，如图 1-52（b）所示。

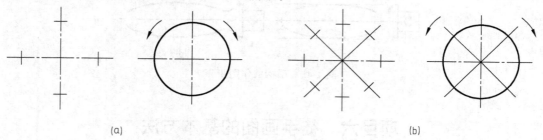

图 1-52　圆的徒手画法

四、椭圆的画法

椭圆的徒手画法如图 1-53 所示。

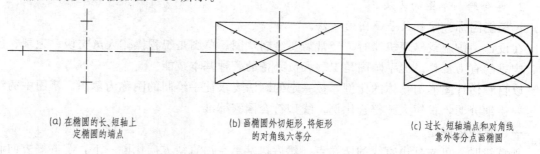

(a) 在椭圆的长、短轴上定椭圆的端点　　(b) 画椭圆外切矩形，将矩形的对角线六等分　　(c) 过长、短轴端点和对角线靠外等分点画椭圆

图 1-53　椭圆的徒手画法

五、平面图形的画法

尺寸较复杂的平面图形，要分析图形的尺寸关系，先画已知线段，再画连接线段。初学徒手画图，可在方格纸上进行。在方格纸上画平面图形时，大圆的中心线和主要轮廓线应尽可能利用方格纸上的线条，图形各部分之间的比例可按方格纸上的格数来确定，如图 1-54 所示。

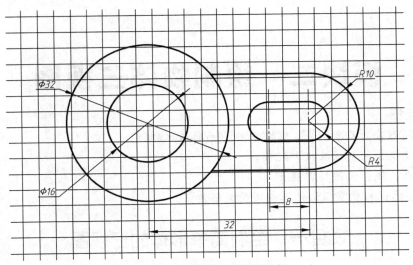

图 1-54 徒手画平面图形示例

模块二　绘制物体三视图

• 知识目标：
1. 熟悉投影法的基本概念，掌握正投影响的基本特性。
2. 掌握三视图的形成及投影规律。
2. 掌握点、线、面的投影规律。
• 技能目标：初步掌握形体三视图的绘制方法。

项目一　绘制简单形体的三视图

• 知识目标：
1. 熟悉投影法的基本概念及分类。
2. 掌握正投影的基本特性。
3. 掌握简单形体三视图的绘制方法。
• 技能目标：初步掌握正投影的基本运用及简单形体三视图的绘制。

任务一　学习正投影及基本性质

一、投影法的基本知识

物体在光的照射下，会在地面或墙面上留下影子，这种自认现象叫做投影现象。我们把这种自然现象经过几何抽象出来，把光线称为投射线，留下物体影子的墙面或地面称为投影面。让投射线通过物体，向选定的投影面进行投射，在该投影面上得到图形的方法称为投影法。

根据投影法在投影面上所得到的图形称为投影，在机械制图中，就是利用投影法在指定的投影面上绘制出图样来表达物体的形状。

二、投影法的种类

根据投射线的特点将投影法分为中心投影法和平行投影法两类。

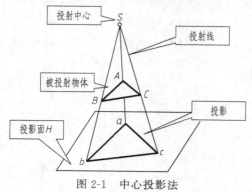

图 2-1　中心投影法

1. 中心投影法

所有投射线都从一点（投影中心）发出，在投影面上得到形体投影的方法叫做中心投影法（图 2-1）。

中心投影法的特点：

（1）投射线汇交于一点，所得物体投影的大小随投影中心与投影面及物体之间的距离的不同而变。

（2）作图复杂、度量性较差，故在机械图样中很少采用。

（3）用中心投影法原理绘制的透视图，直观性较强，是绘制建筑物的一种常用图示方法。

2. 平行投影法

当我们假想把投影中心移到无穷远处，则投射线互相平行。这种所有投射线互相平行形成的投影，称为叫做平行投影法。当我们假想把投影中心移到无穷远处，投射线可看作是互相平行。因此，平行投影法可看作是中心投影法的特例（图2-2）。

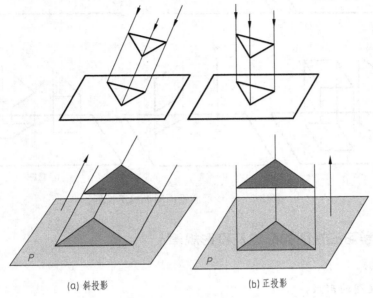

(a) 斜投影　　　　　　　　　(b) 正投影

图 2-2　平行投影法

平行投影法的特点：

(1) 投射线互相平行，所得投影的形状和大小不随物体与投影面的距离而变。

(2) 可以反映物体的真实大小和形状，是机械制图中常用的表达方法。

平行投影法可分为：

(1) 斜投影法。投射线倾斜于投影面的投影法；

(2) 正投影法。投射线垂直于投影面的投影法。

由于正投影法不仅能真实表达物体的形状和大小，且度量性好、作图简便。因此，正投影法是机械制图中应用最广的一种方法。

三、直线段和平面图形的正投影的特性

直线段和平面图形与投影面的相对位置关系有：平行、垂直、倾斜三种情况，投影如图2-3所示。

(1) 真实性。当直线或平面图形平行于投影面时，其在投影面上的投影与该直线或平面图形的形状和大小完全相同反映实长（实形）。真实性反映实形，故便于绘图、读图以及度量。

(2) 积聚性。当直线或平面图形垂直于投影面时，其在投影面上的投影直线的投影积聚为一点，而平面图形的投影积聚为一条直线段。积聚性不反映实形，但可以反映位置关系。

(3) 类似性。当直线或平面图形倾斜于投影面时，直线的投影变短，平面图形的投影比原图形缩小。

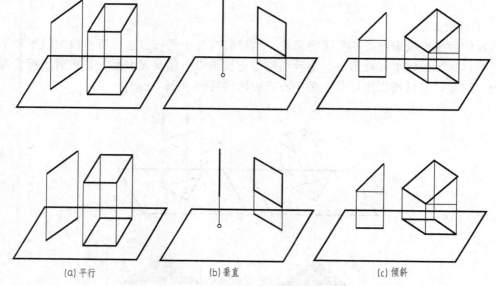

(a) 平行　　　(b) 垂直　　　(c) 倾斜

图 2-3　直线段和平面图形的正投影

任务二　学习三视图的形成及投影规律

• **知识目标：**
1. 熟悉三视图的形成。
2. 掌握三视图的方位对应关系及投影规律。
3. 熟悉三视图的作图方法及步骤。

• **技能目标：** 初步学会利用三视图表达机件。

在机械图样中，使用正投影法将物体向投影面投影所得到的图形，称为视图。

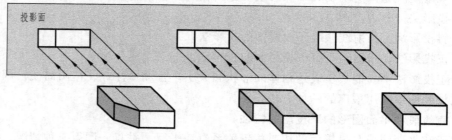

图 2-4　多个形体的正投影

观察图 2-4 所示三个视图，三个形体在同一个方向的投影完全相同，但三个形体的空间结构却不相同。可见只通过一个方向的投影很难完整地表达和确定形体的结构形状。必须通过多个方向的投影（即多面视图），才能完整清晰地表达出形体的形状和结构。

在机械制图中，我们通常采用三面视图来表达形体。

一、三面投影体系和三视图的形成

1. 三面投影体系

如图 2-5 所示，三个互相垂直的平面将空间分成八个分角，构成三面体系，这三个平面将空间分为八个部分，每一部分叫作一个分角，分别称为 Ⅰ 分角、Ⅱ 分角、…、Ⅷ 分角，

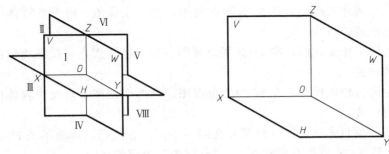

图 2-5 投影面体系

其中含有正向 X 轴、正向 Y 轴、正向 Z 轴的分角为第一分角。我国国家标准 GB 4458.1—84《机械制图 图样画法》规定"采用第一角投影法"。也有一些国家"采用第三角投影法"。

在第一角三投影面体系中。三个相互垂直的投影面分别为：正对着我们的正立投影面称为正面，用大写字母 V 标记；水平位置的投影面称为水平面，用大写字母 H 标记；右边的侧立投影面称为侧面，用大写字母 W 标记。

三个投影面的交线 OX、OY、OZ 称为投影轴（即 X 轴、Y 轴、Z 轴）；三个投影轴的交点称为原点 O。

以原点 O 为基准，沿 X 轴可以度量长度方向的尺寸及确定左右方位；沿 Y 轴可以度量宽度方向的尺寸及确定前后方位；沿 Z 轴可以度量高度方向的尺寸及确定上下方位。

2. 三视图的形成

将物体放置于第一角投影面体系中，分别向三个投影面作正投影，即得物体的三个视图，如图 2-6 所示。

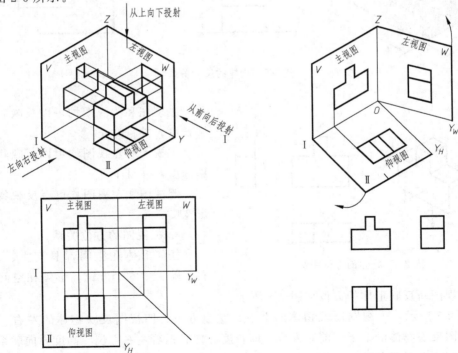

图 2-6 三视图的形成

将物体由前向后作正投影,在 V 面所得视图,称为主视图,可反映物体的高度和长度及左右、上下的位置。

将物体由上向下作正投影,在 H 面所得视图,称为俯视图,可反映物体的长度和宽度及左右、前后的位置。

将物体由左向右作正投影,在 W 面所得视图,称为左视图,可反映物体的高度和宽度及上下、前后的位置。

为简化作图,我们将三个投影面展开在同一平面。方法是:V 面不动 H 面绕 OX 轴向下旋转 90°,W 面绕 OZ 轴向右旋转 90°,展开后的三个视图在同一平面上。

投影面展开后 Y 轴被分为两处,分别用 Y_H(H 面上)和 Y_W(W 面上)。工程制图中通常省略投影面边框和投影轴。

二、三视图间的关系

1. 三视图间的位置关系

按规定位置配置三视图:以主视图为基准,俯视图在其正下方,左视图在其正右方。按规定位置配置三视图时,不需对视图进行标注。

2. 三视图的尺寸及投影关系

从视图中可以看出,每个视图可以反映物体两个方向的尺寸(图 2-7):

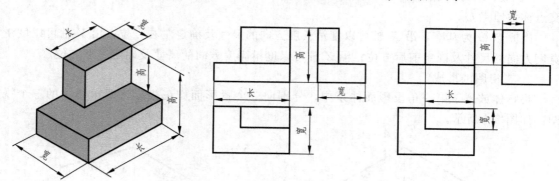

图 2-7 物体的尺寸关系

主视图和俯视图均可以反映物体的投影长度,并且对正。

主视图和左视图均可以反映物体的投影高度,并且平齐。

俯视图和左视图均可以反映物体的投影宽度。

3. 三视图的方位关系

任何形体在空间都具有上、下、左、右、前、后六个方位,形体在空间的六个

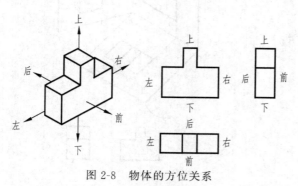

图 2-8 物体的方位关系

方位和三视图所反映形体的方位如图 2-8 所示。

如图 2-8 所示,主视图反映物体的上下、左右方位;俯视图反映物体的左右、前后方位;左视图反映物体的上下、前后方位。即长度方向联系着左右方位,高度方向联系着上下方位,宽度方向联系着前后方位。

注意：

(1) "长对正、高平齐、宽相等"是物体三视图的投影规律，作物体三视图时必须严格遵守该投影规律。

(2) 以主视图为主，俯视图和左视图靠近主视图的一侧为物体的后侧，远离主视图的一侧为物体的前侧。

任务三 绘制简单形体的三视图

根据实物模型或立体图画物体的三视图时，应做到以下几点（表2-1）。

(1) 分析形体的形状特征，找到最能反映物体形状特征的一面。

(2) 假想将物体放置于三投影面体系中，让最能反映物体形状特征的面平行于V面，确定主视图的投射方向，俯、左视图的投射方向随之确定。

(3) 作图时，一般先画主视图，再画俯、左视图。必须满足"长对正、高平齐、宽相等"的投影规律。

(4) 先画底稿图，核对无误后，擦掉作图辅助线，再描粗加深图线，完成三视图的作图。

表2-1 三视图的作图方法和步骤

① 确定主视图的投射方向

② 画三个视图的定位基准线，确定三个视图位置，尽可能做到布局合理

③ 画主视图，利用投影规律作俯、左视图

④ 擦掉作图辅助线，描粗加深，完成三视图

项目二 识读和绘制点的投影

• **知识目标：**

1. 熟悉空间点的直角坐标和三投影面体系的关系。

2. 掌握点的投影规律。

• **技能目标**：初步学会识读和绘制，求作点的三面投影。

任务一　学习点的投影方法

点是构成形体的最基本的元素，是读懂和绘制形体三视图的基础。

一、点在一个投影面上的投影

过空间点 A 的投射线与投影面 P 的交点即为点 A 在 P 面上的投影〔见图 2-9（a）〕。如图 2-9（b）所示，空间点 B_1、B_2、B_3 的连线垂直于投影面 P，三点在 P 面上的投影重合为一点。所以点在一个投影面上的投影不能完全确定点的空间位置，同样必须采用多面投影的办法才能唯一确定点的空间位置。

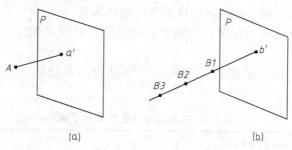

图 2-9　点在一个投影面上的投影

二、空间点的三面投影与直角坐标的关系

三面投影体系相当于直角坐标体系，以投影面为坐标面，投影轴为坐标轴，O 为坐标原点，设空间有一点 $A(x, y, z)$，则过空间点 A 分别向三个投影面作垂线，垂足便是 A 点的投影 a、a'、a''，将投影面展开并去掉边框，即得点的三面投影图，如图 2-10 所示。图中 a_x、a_x、a_z 分别为点 A 的两面投影连线与投影轴 OX、OY、OZ 的交点。

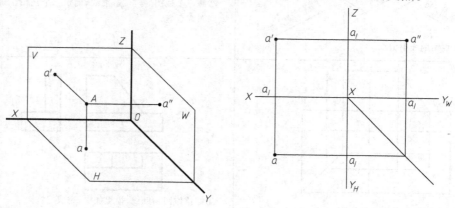

图 2-10　点的三面投影

把空间点用大写字母 A、B、C、D……标记，在 H 面上的投影用相应的小写字母 a、b、c、d……标记，在 V 面上的投影用 a'、b'、c'、d'……标记，在 W 面上投影用 a''、b''、c''、d''……标记。

点的投影永远是点。

由图 2-10 可见，点 A 在 V 面上的投影可由点的 X、Z 坐标（a_X、a_Z）决定；点 A 在 H 面上的投影可由点的 X、Y 坐标（a_X、a_Y）决定；点在 W 面上的投影可由点的 Y、Z 坐标（a_Y、a_Z）决定。

由于点的一个投影只能反映两个方位，所以点的一个投影不能确定点的空间位置，至少要已知两个投影才能确定点的空间位置。

三、点的投影规律

点的投影同样必须满足三视图的投影规律，即"长对正、高平齐、宽相等"，如图 2-11 所示。

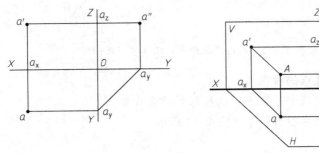

图 2-11 点的投影规律

(1) 点的 V 面投影与 H 面投影的投影连线必垂直于 OX 轴。即 $a'a \perp OX$。
(2) 点的 V 面投影与 W 面投影的投影连线必垂直于 OZ 轴。即 $a'a'' \perp OZ$。
(3) $aa_X = a''a_Z = y = Aa'$（点 A 到 V 面的距离）
$aa_Y = a'a_Z = x = Aa''$（点 A 到 W 面的距离）
$a'a_X = a''a_Y = z = Aa$（点 A 到 H 面的距离）

任务二　绘制点的三面投影

一、根据点的坐标绘制点的三面投影

根据点的投影规律，可知点 A 在 V 面的投影由点的 x、z 坐标 a_X、a_Z 确定，点 A 在 H 面的投影由点的 x、y 坐标 a_X、a_Y 确定，点 A 在 W 面的投影由点的 y、z 坐标 a_Y、a_Z 确定。

[例 2-1] 已知点 A（25，10，15），试绘制其三面投影。

解：由点的空间直角坐标绘制点的三面投影如表 2-2 所示。

表 2-2　由点的空间直角坐标绘制点的三面投影

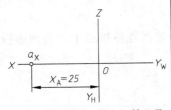

①先作投影轴，在 OX 轴上取 $Oa_X=25$，定出点 a_X

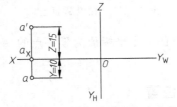

②过点 a_X 作 OX 轴的垂线，向上沿 OZ 轴方向量取 15 得点 a'，向下沿 OY_H 方向量取 10 得 a''

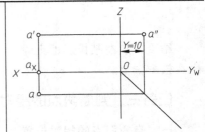

③由点 a' 和点 a，根据点的投影规律作出其第三面投影 a''

二、已知点的两面投影，求作其第三面投影

已知点的两面投影就能确定点的空间位置，根据点的投影规律就能求出其第三面投影。

[例 2-2] 已知空间一点 A 的 V、W 面投影 a'、a''，求其在 H 面的投影 a（见图 2-12）。

解：由已知点的两面投影，求作第三面投影步骤如图 2-12 所示。

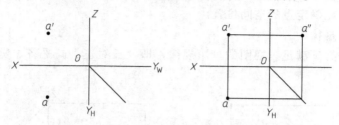

图 2-12 已知点的两面投影，求作第三面投影

三、绘制各种特殊位置点的投影

（1）与原点重合。点在三个投影面上的投影均重合在原点。

（2）在某投影轴上。点在投影轴上如图 2-13 所示。

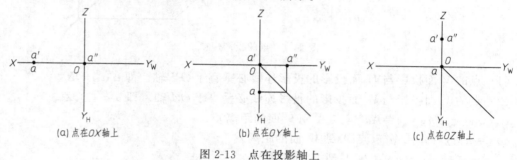

(a) 点在 OX 轴上　　(b) 点在 OY 轴上　　(c) 点在 OZ 轴上

图 2-13 点在投影轴上

结论：点在某投影轴上时，点的两个坐标值为零；点的两面投影在投影轴上，另一面投影与原点重合。

（3）在某投影面上。点在投影面上如图 2-14 所示。

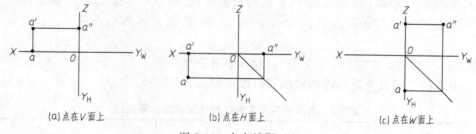

(a) 点在 V 面上　　(b) 点在 H 面上　　(c) 点在 W 面上

图 2-14 点在投影面上

结论：点在某投影面上时，点的一个坐标值为零；点的一个投影在投影面上，另两面投影在投影轴上。

任务三　判断两点的相对位置

一、空间两点的相对位置

空间点有上、下、左、右、前、后 6 个方位，判断两点的相对位置即判断两点间前后、

左右、上下关系，如图 2-15 所示。

1. 左右关系

在 OX 轴方向上（X 坐标）可以度量形体长度，因此判断两点间的左右位置可以通过比较两点的 X 坐标值来完成。即点的 X 坐标大的在左，X 坐标小的在右。

如图 2-15 所示，由于 $A_x>B_x$，可判断 A 点在左，B 点在右。

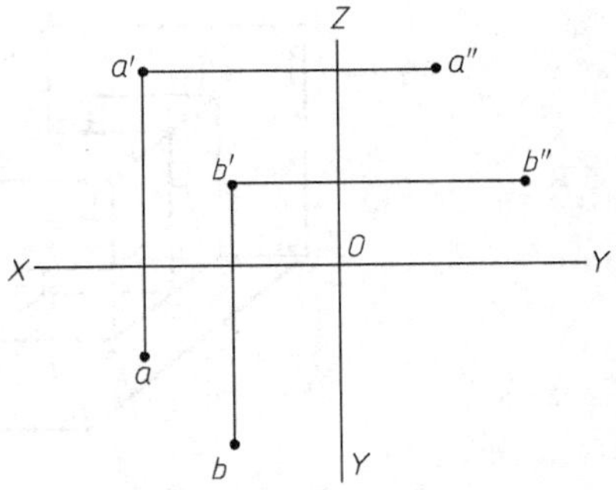

2. 上下关系

在 OZ 轴方向上（Z 坐标）可以度量形体高度，因此判断两点间的上下位置可以通过比较两点的 Z 坐标值来完成。即点的 Z 坐标大的在上，Z 坐标小的在下。

如图 2-15 所示，由于 $A_z>B_z$，可判断 A 点在 B 点的上方。

3. 前后关系

在 OY 轴方向上（Y 坐标）可以度量形体宽度，因此判断两点间的前后位置可以通过比较两点的 Y 坐标值来完成。即点的 Y 坐标大的在前，Y 坐标小的在后。

如图 2-15 所示，由于 $A_y>B_y$，可判断 A 点在 B 点的前方。

图 2-15 两点的相对位置

[例 2-3] 判断如图 2-16 所示 A、B 两点的相对位置。

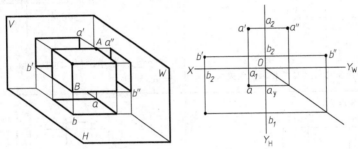

图 2-16 两点相对位置的判断

解：根据 AB 两点的三面投影，由 $b_x>a_x$，可知 B 点在 A 点左侧由 $b_z<a_z$，可知 B 点在 A 点下方，由 $b_y>a_y$，可知 B 点在 A 点前方。综合起来，可知 B 点在 A 点的左、下、前方。

二、重影点

空间两点在某一投影面上的投影重合为一点时，称此两点为该投影面的重影点。

当两点在某投影面为重影点时，此两点的连线必垂直于该投影面，即反映正投影的积聚性。

沿投射方向看过去，远离投影面的点为可见点，靠近投影面的点为不可见点（用括号表示）。

如图 2-17 所示，长方体上两点 A、B 的连线垂直于 V 面，此两点在 V 面投影为重影点，无左右、上下之分（即两点的 X、Z 坐标相等），a 点远离投影轴，则 A 点在 B 点的前方。

[例 2-4] 已知图示点 A 的三面投影，且知点 B 在点 A 的左方 10mm，下方 15mm，前

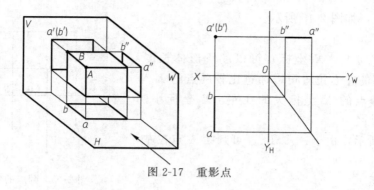

图 2-17 重影点

方 8mm，求作点 B 的三面投影。

解： 点投影的作图步骤如表 2-3 所示。

表 2-3　点投影的作图步骤

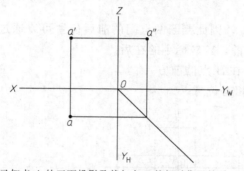 已知点 A 的三面投影及其与点 B 的相对位置关系	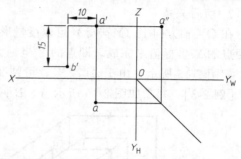 ① 在主视图中，过 a' 向左量取 10mm，然后向下量取 15mm，即得 b'
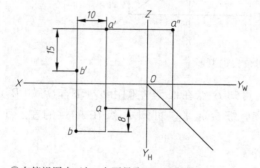 ② 在俯视图中，过 a 向下量取 8mm，即得 b	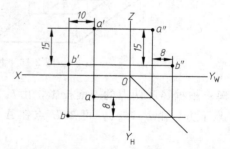 ③ 根据点的投影规律，或从左视图中过 a'' 向下量取 15mm，向右量取 8mm，均可求得点 b''

[例 2-5] 已知如图 2-18 所示形体的机体上 A、B、C、D 的三面投影，试判断 AB、AC、AD 的相对位置。

解： 两点的相对位置如图 2-18 所示。

(1) A、B 两点相对位置：$a(b)$ 为重影点，两点间无上下、左右之分，从俯视图或左视图可判断，A 点在 B 点的前方。

(2) A、C 两点相对位置：A 点在 C 点的左、上方，无前后之分。

(3) A、D 两点相对位置：A 点在 D 点的右、上、前方。

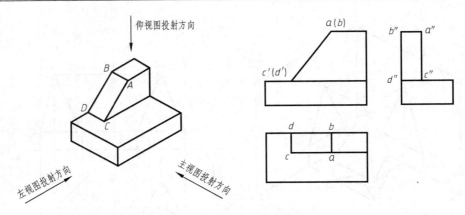

图 2-18 读两点的相对位置

项目三　识读和绘制直线的投影

• 知识目标：
1. 掌握绘制直线的三面投影的方法。
2. 掌握各种位置直线的投影及特点。
3. 能正确判断两直线的相对位置。
• 技能目标：能识读各种位置直线的投影。

任务一　绘制一般位置直线的三面投影

直线的投影：两点确定一条直线，将两点在同一投影面上的投影（同面投影）用直线连接，就得到直线在该投影面上的投影。

一般位置直线的投影：如图 2-19 所示，直线 AB 与三个投影面既不垂直，也不平行，都倾斜于投影轴，称 AB 为一般位置直线。

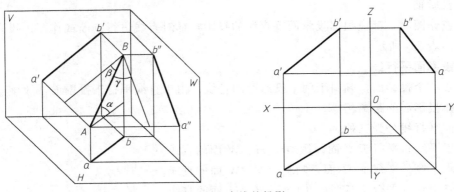

图 2-19　直线的投影

一般位置直线在三个投影面上都反映正投影的类似性。与投影轴的夹角不反映空间线段与三个投影面夹角的大小。三个投影的长度均比空间线段短，都不反映空间线段的实长。

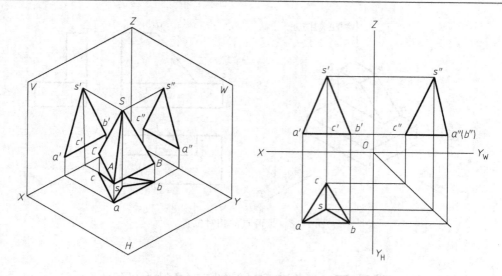

图 2-20 一般位置直线的投影

如图 2-20 所示三棱锥，由四个顶点 S、A、B、C，三条侧棱 SA、SB、SC 组成，求其投影时，先求各顶点的三面投影，然后将各顶点的同面投影连接起来。

任务二 识读和绘制特殊位置直线的三面投影

特殊位置直线：与投影面垂直或平行的直线通称为特殊位置直线。

一、投影面垂直线

垂直于某一投影面，且同时平行于另两个投影面的直线。

(1) 正垂线。垂直于 V 面，平行于 H、W 面的直线。
(2) 铅垂线。垂直于 H 面，平行于 V、W 面的直线。
(3) 侧垂线。垂直于 W 面，平行于 V、H 面的直线。

投影特征：在所垂直的投影面上的投影积聚为一点；另两面投影均反映直线实长，且垂直于相应投影轴。

读图或作图时，都应根据投影面垂直线的投影特征对直线进行判断或作图。投影面垂直线的投影如表 2-4 所示。

二、投影面平行线

平行于一个投影面，倾斜于两个投影面的直线。由于直线平行于投影面，故该直线上任何一点到该投影面的距离相等。

投影面平行线分为三种。

(1) 正平线。平行于 V 面，倾斜于 H、W 面的直线。
(2) 水平线。平行于 H 面，倾斜于 V、W 面的直线。
(3) 侧平线。平行于 W 面，倾斜于 V、H 面的直线。

投影特征：在所平行的投影面上的投影反映直线实长，为一斜线，与投影轴的夹角等于直线对另两个投影面的实际倾角。

另两面投影反映类似性，短于线段实长，且分别平行于相应的投影轴。投影面平行线的投影如表 2-5 所示。

表2-4 投影面垂直线的投影

正垂线 AB（垂直于 V 面，平行于 H、W 面）	铅垂线 AC（垂直于 H 面，平行于 V、W 面）	侧垂线 AD（垂直于 W 面，平行于 V、H 面）
①在 V 面投影积聚为一点 $a'(b')$ ②在 H、W 面上的投影反映实长，且垂直于相应的投影轴，$ab \perp OX$，$a''b'' \perp OZ$	①在 H 面投影积聚为一点 $a(c)$ ②在 V、W 面上的投影反映实长，且垂直于相应的投影轴，$ac \perp OX$，$a''c'' \perp OY$	①在 W 面投影积聚为一点 $a''(d'')$ ②在 H、V 面上的投影反映实长，且垂直于相应的投影轴，$ad \perp OY$，$a''d'' \perp OZ$

表2-5 投影面平行线的投影

正平线（平行于 V 面，倾斜于 H、W 面）	水平线（平行于 H 面，倾斜于 V、W 面）	侧平线（平行于 W 面，倾斜于 V、H 面）
①V 面投影反映实长，与 OX 及 OZ 的夹角 α、γ 分别等于直线对 H、W 的倾角 ②H、W 面投影短于直线的实长，且平行于相应的投影轴：水平投影 $ab \parallel OX$，侧面投影 $a''b'' \parallel OZ$	①H 面投影反映实长，与 OX 及 OY 的夹角 β、γ 分别等于直线对 V、W 的倾角 ②V、W 面投影短于直线的实长，且平行于相应的投影轴：正面投影 $a'b' \parallel OX$，侧面投影 $a''b'' \parallel OY$	①W 面投影反映实长，与 OY 及 OZ 的夹角 α、β 分别等于直线对 H、V 的倾角 ②H、V 面投影短于直线的实长，且平行于相应的投影轴：水平投影 $a'b' \parallel OZ$，水平投影 $ab \parallel OY$

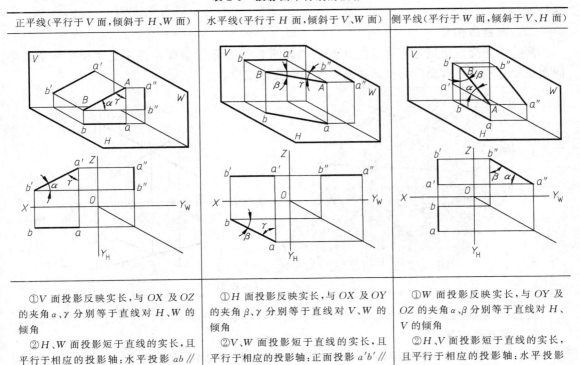

任务三　判断两直线的相对位置

空间两直线的相对位置分为平行、相交和交叉三种情况。若两直线平行或相交，则这两条直线必在同一平面上；若两直线交叉，则这两条直线不在同一平面上。

一、两直线平行

空间相互平行的两直线，其各同面投影也相互平行；反之，若两直线的同面投影互相平行，则这两条空间直线也必相互平行（图 2-21）。

对于特殊位置直线，若只有两个同面投影互相平行，还不能判断两直线相互平行，必须求出其第三面投影，若两直线在第三面投影上依旧相互平行，才能确定两直线平行（图 2-22）。

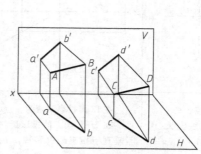

图 2-21　空间两平行直线的投影

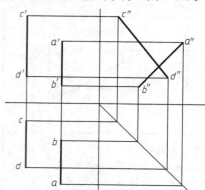

图 2-22　特殊位置直线相对位置的判断

如图 2-22 所示，$a'b'//c'd'$，$ab//cd$，但 $a''b''$ 和 $c''d''$ 并不平行，则 AB、CD 两直线不平行。

二、两直线相交

两直线相交，交点是两直线的共有点，如图 2-23 所示。因此，必满足"相交两直线的同面投影必相交，且交点的投影必满足点"的投影规律。

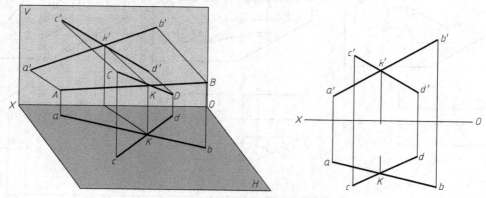

图 2-23　两相交直线的投影

注意：若两直线的同面投影相交，但交点不符合点的投影规律，则两直线不相交。

三、两直线交叉

两直线交叉，指两直线既不相交，也不平行，即两直线不在同一平面上。此时，两直线的同面投影可能相交，但交点不符合点的投影规律，是两个点的重影点，分属于两条直线。

如图 2-23 所示，AB、CD 两直线的 V 面及 H 面投影均有交点，但交点不符合点的投影规律，故两直线为交叉直线。H 投影的交点 1（2）为两直线从上往下看的重影点，Ⅰ 点在上，为可见；Ⅱ 点在下，为不可见；V 面投影的交点 $3'$（$4'$）为两直线从前往后看的重影点，Ⅲ 点在前，为可见；Ⅳ 点在后，不可见（图 2-24）。

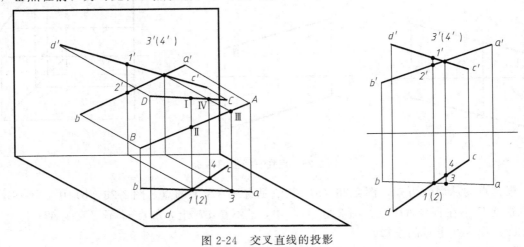

图 2-24　交叉直线的投影

判断两交叉直线重影点可见性的方法：比较两个点坐标，坐标大的一点为可见点，反之为不可见点。

*任务四　求作直线上点的投影

- 知识目标：
1. 熟悉点和直线在平面上的几何条件。
2. 熟悉点和直线在平面上投影的投影特点、读图及作图方法。
- 技能目标：初步学会点和直线在平面上投影的读图及作图方法。

一、直线上点的特性

（1）若点在直线上，则点的各面投影必在该直线的同面投影上且符合点的投影规律——从属性。

（2）空间一直线上的点分线段长度之比等于该点的投影将线段的同名投影分割成与空间线段相同的比例——定比性。即 $AC:BC=a'c':b'c'=ac:bc=a''c'':b''c''$，如图 2-25 所示。

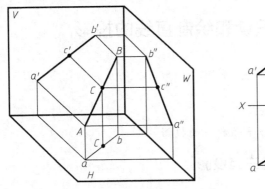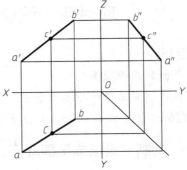

图 2-25　点在直线上的投影

二、求作直线上点的投影

（1）根据从属性判断已知点是否在直线上。

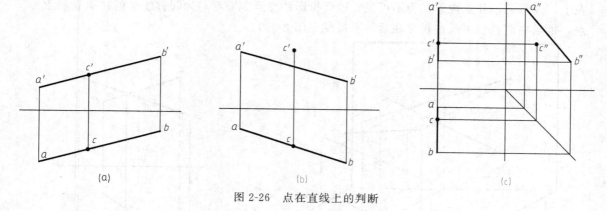

图 2-26　点在直线上的判断

根据点的从属性可知，图 2-26（a）中 C 是直线 AB 上的点；图 2-26（b）中 c' 不在 $a'b'$ 上，故点 C 不在直线 AB 上；图 2-26（c）中，c'' 不在 $a''b''$ 上，故点 C 不在直线 AB 上。

（2）作直线上点的投影。

[例 2-6]　已知直线 AB 上一点 M 的正面投影 m'，求它的另两面投影。

解：如图 2-27 所示，AB 的三面投影及点 M 的 V 面投影均已给出，过点 M 的 V 面投影 v' 向下作 OX 轴的垂线并延长至直线的水平投影 ab，交点即为 M 点的水平投影 m；过 v' 及 v 向左作 OZ 轴的垂线并延长至直线的侧面投影 $a''b''$，交点即为该点的侧面投影 m''。

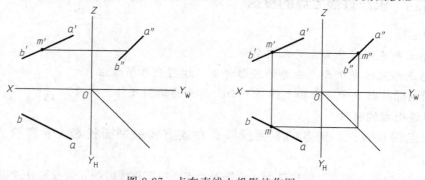

图 2-27　点在直线上投影的作图

项目四　识读和绘制直线的投影

• 知识目标：
1. 掌握平面的三面投影的方法。
2. 掌握各种位置平面的投影及特点。
• 技能目标：学会识读和绘制求作平面的三面投影。

任务一　绘制一般位置平面的三面投影

平面的有限部分，称为平面图形。

一、平面的表示方法

由几何所学知识可知，确定一个平面有以下几种方法，如图 2-28 所示。
（1）不在同一直线上的三个点。
（2）直线及直线外一点。
（3）两相交直线。
（4）两平行直线。
（5）任意平面图形。

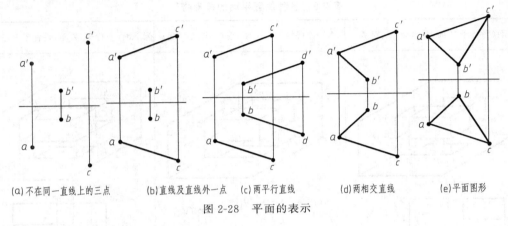

(a)不在同一直线上的三点　(b)直线及直线外一点　(c)两平行直线　(d)两相交直线　(e)平面图形

图 2-28　平面的表示

二、一般位置平面的三面投影

与三个投影面都倾斜的平面：一般位置平面倾斜于三个投影面，因此，在三个投影面上的投影均不反映实形，为平面形的类似形，如图 2-29 所示平面 ABC。

任务二　识读和绘制特殊位置平面的三面投影

一、特殊位置平面的投影特性

按空间平面相对于各投影面的位置关系，把平面分为投影面平行面、投影面垂直面、一般位置面。其中将投影面垂直面和投影面平行面称为特殊位置平面。

当平面平行于某投影面时，在该投影面上的投影反映真实性，如图 2-30 所示平面 $ABCD//V$ 面，它在 V 面的投影反映实形；当平面垂直于某投影面时，在该投影面上的投影反映积聚性，积聚为一条线段，如平面 $ABCD \perp W$ 面，它在 W 面的投影积聚为一条直线。

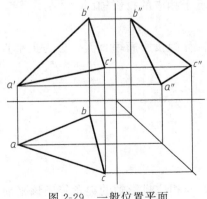

图 2-29　一般位置平面

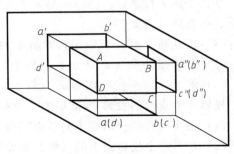

图 2-30　特殊位置平面

二、识读和绘制投影面平行面的三面投影

平行于某一个投影面,且同时垂直于另两个投影面的平面,称为投影面平行面。分为正平面、水平面、侧平面,各种位置平面的投影特性如表 2-6 所示。

(1) 正平面。平行于 V 面,垂直于 H、W 面;
(2) 水平面。平行于 H 面,垂直于 V、W 面;
(3) 侧平面。平行于 W 面,垂直于 V、H 面。

表 2-6 各种位置平面的投影特性

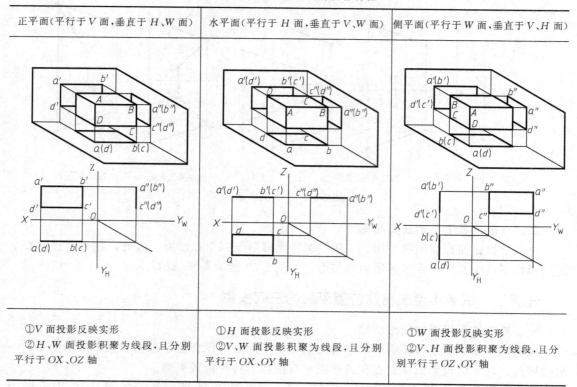

正平面(平行于 V 面,垂直于 H、W 面)	水平面(平行于 H 面,垂直于 V、W 面)	侧平面(平行于 W 面,垂直于 V、H 面)
①V 面投影反映实形 ②H、W 面投影积聚为线段,且分别平行于 OX、OZ 轴	①H 面投影反映实形 ②V、W 面投影积聚为线段,且分别平行于 OX、OY 轴	①W 面投影反映实形 ②V、H 面投影积聚为线段,且分别平行于 OZ、OY 轴

投影面平行面的投影规律(两线一框):
(1) 在所平行的投影面上的投影反映实形。
(2) 在另两个投影面上的投影积聚为直线,且平行于相应的投影轴。

三、识读和绘制投影面垂直面的三面投影

垂直于某一投影面,倾斜于另两个投影面的平面,称为投影面垂直面,分为正垂直、铅垂面、侧垂面(表 2-7)。

(1) 正垂面。垂直于 V 面,倾斜于 H、W 面。
(2) 铅垂面。垂直于 H 面,倾斜于 V、W 面。
(3) 侧垂面。垂直于 W 面,倾斜于 V、H 面。

投影面垂直面的投影规律(两框一线):
(1) 在所垂直的投影面上的投影积聚为斜线。
(2) 在另两个投影面上的投影为平面形的类似框,与相应投影轴的夹角等于该平面形对其他两投影面的倾角。

表 2-7 投影面垂直面的投影

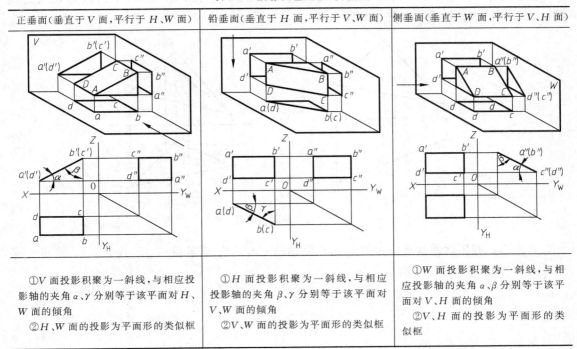

正垂面(垂直于V面,平行于H、W面)	铅垂面(垂直于H面,平行于V、W面)	侧垂面(垂直于W面,平行于V、H面)
①V 面投影积聚为一斜线,与相应投影轴的夹角 α、γ 分别等于该平面对 H、W 面的倾角 ②H、W 面的投影为平面形的类似框	①H 面投影积聚为一斜线,与相应投影轴的夹角 β、γ 分别等于该平面对 V、W 面的倾角 ②V、W 面的投影为平面形的类似框	①W 面投影积聚为一斜线,与相应投影轴的夹角 α、β 分别等于该平面对 V、H 面的倾角 ②V、H 面的投影为平面形的类似框

*任务三　求作平面上点和直线的投影

一、平面上的直线

直线在平面上应满足的几何条件

（1）若一直线过平面上的两点，则此直线必在该平面内，如图 2-31 所示，图 2-31（a）中的 M、N 两点均在平面上，则直线 MN 也必在该平面上。

（2）若一直线过平面上的一点且平行于该平面上的另一直线，则此直线在该平面内。如图 2-31（b）所示直线 AB 及点 M 在平面上，过点 M 作直线 AB 的平行线，则此直线在同一平面上。

图 2-31　平面上的直线

二、平面上的点

点在平面上应满足的几何条件：若点在平面内的任一直线上，则点在此平面上。

平面上点的投影的作图方法：先找出过此点且又在平面内的一条直线作为辅助线，然后再在该直线上确定点的位置。

［例 2-7］　已知 K 点在平面 ABC 上，求 K 点的水平投影。

解: 方法一，由 ABC 的两面投影可判断 ABC 是铅垂面，在 H 面上的投影积聚为线段，故可利用积聚性进行求解，如图 2-32（a）所示。

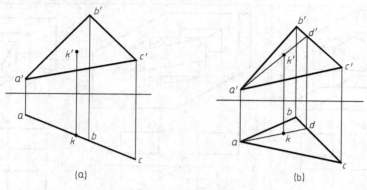

图 2-32　平面上的点

方法二，利用辅助线求解，过点 k' 作辅助线 $a'd'$，由 d' 求得点 d，连接 ad，则点 k 必在 ad 上，如图 2-32（b）所示。

模块三　绘制基本几何体的三视图

- **知识目标：**
1. 理解并掌握基本几何体的形成及投影。
2. 掌握基本几何体表面取点的方法。
- **技能目标：** 掌握常见基本立体三视图的绘制方法。

一般机件都可以看作是由棱柱、棱锥、棱台、圆柱、圆锥、圆球、圆环等基本形体组合而成，它们是构成形体的基本单元，称为基本几何体（图 3-1）。

(a) 棱柱　　(b) 棱锥　　(c) 圆柱　　(d) 圆锥　　(e) 圆球　　(f) 圆环

图 3-1　基本几何体

项目一　绘制平面体的三视图

- **知识目标：**
1. 熟悉平面体的形体特征。
2. 掌握平面体三视图的画法及表面取点的方法。
- **技能目标：** 能绘制各平面体的三视图。

表面都是由平面组成的形体，称为平面体，如图 3-1 所示的棱柱、棱锥等都是平面体。由于平面体的表面都是平面，只要按投影关系作出各表面的投影，就可以完成该平面体的多面投影。

任务一　绘制直棱柱的三视图并在棱柱表面上找点

一、直棱柱的形体特征

棱柱有直棱柱（侧棱与底面垂直）和斜棱柱（侧棱与底面倾斜）。

直棱柱的顶面和底面是相互平行且全等的多边形（特征面），各侧棱线互相平行，各侧面都是矩形。顶面和底面为正多边形的直棱柱，称为正棱柱，如图 3-2 所示。

二、直棱柱的三视图

直棱柱的各侧棱线、侧棱面都垂直于底面，因此直棱柱投影时，通常让其顶面和底面平行于某投影面（反映实形），则其侧棱面垂直于该

图 3-2　正棱柱

投影面（积聚性）。

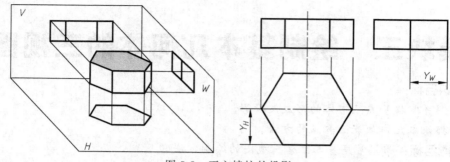

图 3-3　正六棱柱的投影

如图 3-3 所示正六棱柱，由正六边形的顶面和底面，六个矩形的侧棱面组成。按图示位置放置正六棱柱时，六棱柱的顶面和底面为水平面，水平投影反映实形，正面投影和侧面投影都积聚成直线段。前、后两棱面是正平面，正面投影反映实形，水平投影和侧面投影积聚成直线段。其余四个侧棱面是铅垂面，它们的水平投影都积聚成直线，并与正六边形的边线重合，在正面投影和侧面投影面上的投影为类似形（矩形）。六棱柱的六条棱线均为铅垂线，在水平投影面上的投影积聚成一点，正面投影和侧面投影都互相平行且反映实长。

注意： 作图时，应先画最能反映直棱柱形状特征的视图（特征视图），如上图的俯视图，再按投影规律完成其他两个视图。

三、直棱柱表面上点的投影

由于棱柱的表面都是平面，所以在棱柱的表面上取点与在平面上取点的方法相同。

而由于直棱柱的各表面都属于特殊位置平面，所以直棱柱表面上点的投影可以利用正投影的积聚性来作图。

点的可见性规定：若点所在的平面的投影可见，点的投影也可见；反之，若点所在平面的投影不可见，则点的投影也不可见。若平面的投影积聚成直线，点的投影也认为可见。

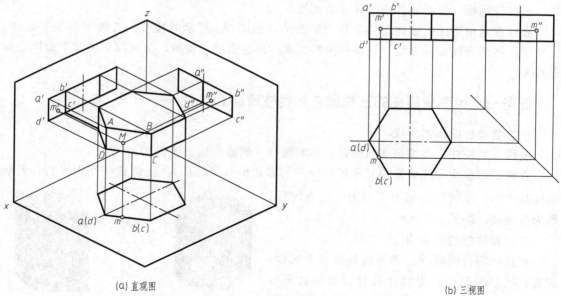

(a) 直观图　　　　　　　　　　　　　　　　　　　(b) 三视图

图 3-4　直棱柱表面上找点

[例 3-1] 如图 3-4 所示,已知棱柱表面上点 M 的正面投影 m',求作它的其他两面投影 m、m''。

解:因为 m' 可见,所以点 M 必在面 $ABCD$ 上。此棱面是铅垂面,其水平投影积聚成一条直线,故点 M 的水平投影 m 必在此直线上,再根据 m、m' 可求出 m''。由于 $ABCD$ 的侧面投影为可见,故 m'' 也为可见。

[例 3-2] 如图 3-5 所示,已知正六棱柱上点 A、B 的正面投影,求作点的其他两面投影。

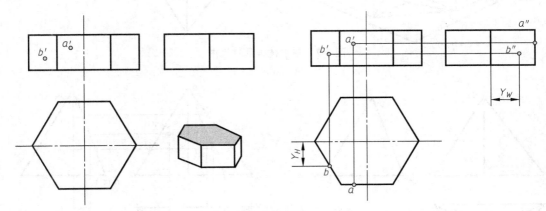

图 3-5 直棱柱表面点的投影

解:由点 A 的正面投影可知,点 A 在正六棱柱的前棱面上,由于前棱面的水平投影和侧面投影均具有积聚性,故可直接求出 a 和 a''。

由点 B 的正面投影可知,点 B 在正六棱柱的左前棱面上利用已知前棱面,由于左前棱面只有水平投影有积聚性,故只能利用积聚性求出 b,再根据 $Y_H = Y_W$,由 b 和 b' 求出 b''。

任务二 绘制棱锥的三视图并在棱锥表面上找点

一、棱锥的形体特征

棱锥由一个底面和若干侧棱面组成,侧棱线交与一点,其底面是多边形(特征面),各侧面为若干具有公共顶点的三角形。当棱锥的底面为正多边形,各侧面为全等的等腰三角形时,称为正棱锥,如图 3-6 所示。

二、正棱锥的三视图

如图 3-7 所示正三棱锥,由底面和三个侧棱面组成。正三棱锥的底面 $\triangle ABC$ 为水平面,在俯视图中反映实形。后侧棱面 $\triangle SAC$ 为侧垂面,在左视图中积聚为一斜线。左、右侧棱面是一般位置平面,在三个投影面上的投影为类似形。

注意:一般先画出底面的各个顶点的投影,再定出锥顶 S 的投影,并将锥顶与底面各顶点的同面投影相连即可。

图 3-6 正棱锥

三、正棱锥表面上点的投影

棱锥表面上求点的方法通常可利用积聚性或辅助线的方法求解。

[例 3-3] 如图 3-8 所示,已知棱面 $\triangle SAB$ 上点 M 的正面投影 m' 和棱面 $\triangle SAC$ 上的点 N 的正面投影 n',求作 M、N 两点的其余投影。

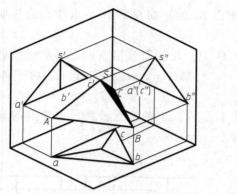
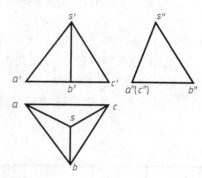

图 3-7 正三棱锥的三视图

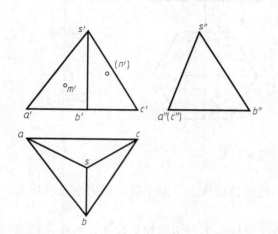
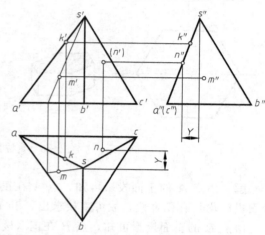

图 3-8 正三棱锥表面上点的投影

解：N 点所在棱面 $\triangle SAC$ 为侧垂面，在侧面积聚为直线，可利用积聚性直接求出 n''，再由 n''、n' 按投影关系求得 n。

M 点所在棱面 $\triangle SAB$ 为一般位置平面，可通过作辅助线的方法求解。

K 点在棱线 SA 上，可利用直线上点的投影进行求解。

任务三 绘制棱台的三视图并在棱台表面上找点

一、棱台的形体特征

当棱锥的锥顶被水平切掉，则成为棱台。棱台的上顶面和下顶面平行，为相似的平面多边形，其侧棱线的延长线交于一点，侧面为梯形。当棱锥的顶面和底面是正多边形，侧面为全等的等腰梯形时，为正棱台，如图 3-9 所示。若侧棱的延长线不交于一点，则称为异棱台。

二、正棱台的三视图

如图 3-10 所示正四棱台，由底面、顶面和四个侧棱面组成。底面 $ABCD$、顶面 $EFGH$ 为水平面，在俯视图中反映实形。前、后侧棱面 $ABFE$、$DCGH$ 为侧垂面，在左视图中积聚为直线。左、右侧棱面 $AEHD$、$BCGF$ 是正垂面，在主视图中积聚为直线。

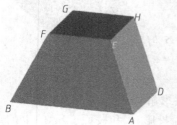

图 3-9 正棱台

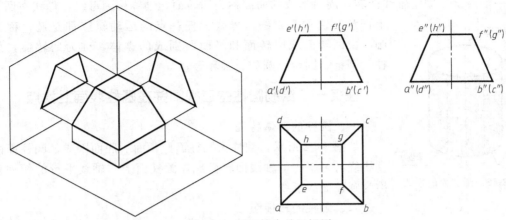

图 3-10 正四棱台的三视图

注意： 一般先画出底面、顶面的投影，再连接各侧棱线完成三视图。也可先作棱锥的三视图，再作棱锥台顶面投影，最后擦去多余图线即可。

三、正棱台表面上点的投影

棱台表面上点的投影主要利用点在直线上的投影方法及作辅助线的方法求解。

[**例 3-4**] 如图 3-11 所示，已知四棱台表面上点 M、N 的正面投影 m' 和 n'，求作 M、N 两点的其余投影。

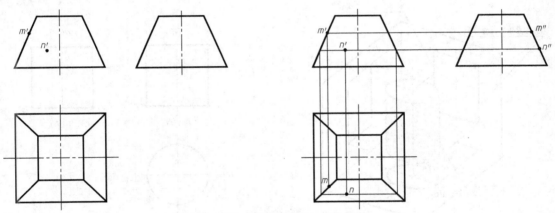

图 3-11 正棱台表面上点的投影

解： 由主视图可知，点 M 在棱线上，可利用直线上点的投影进行求解。

N 点可见，可判断其在前棱面上，所在棱面为一侧垂面，故在左视图中利用积聚性求解，水平投影可通过作辅助线的方法求解。

项目二　绘制回转体的三视图

- **知识目标：**
1. 熟悉回转体的形体特征。
2. 掌握回转体三视图的画法及表面取点的方法。
- **技能目标：** 能绘制各回转体体的三视图。

一动线绕一固定轴线回转一周后形成的曲面称为回转面。动线称为母线，母线在回转面上任意位置称为素线，母线上任一点的运动轨迹都是圆，称为纬圆。由回转面或回转面和平面所围成的立体，称为回转体，如圆柱、圆锥、圆台、圆球、圆环等。

任务一　绘制圆柱的三视图并在圆柱表面上找点

一、圆柱的形体特征

如图 3-12 所示，圆柱由圆柱面、顶面、底面围成，圆柱面由一直线绕与它平行的轴线回转而成，圆柱面上与轴线平行的任一直线称为圆柱面的素线。

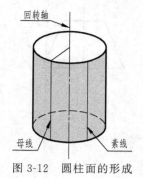

图 3-12　圆柱面的形成

二、圆柱的三视图

如图 3-13 所示，圆柱的轴线是铅垂线，顶面和底面为水平面，水平投影反映实形，重合为一圆，正面投影和侧面投影分别积聚为两直线；圆柱面的水平投影积聚为一圆，主视图和左视图为一矩形线框，矩形的上、下边线是圆柱的顶面和底面的积聚投影，主视图中矩形线框的左右边线是从前向后看时位于圆柱面上最左与最右两条轮廓素线的投影，即圆柱面前半部分和后半部分的分界线，其侧面投影与轴线重合，左视图中矩形线框的左右边线是圆柱面上最前和最后两条轮廓素线的投影，即左半部分和右半部分的分界线，其正面投影与轴线重合，图 3-14 所示为圆柱的三视图。

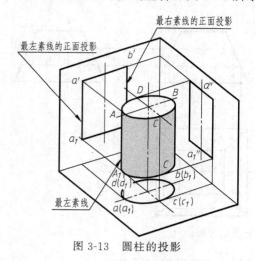

图 3-13　圆柱的投影

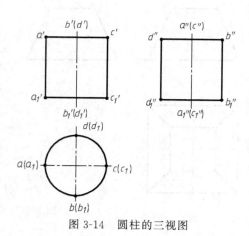

图 3-14　圆柱的三视图

注意： 绘制圆柱三视图时，应先绘制投影为圆的特征视图，再绘制其余两视图。

三、圆柱表面上点的投影

圆柱表面上点的投影主要利用圆柱面投影的积聚性求解。

[例 3-5]　如图 3-15 所示，已知 M 点在主视图上投影 m' 点，求其他两面的投影。

解： 1. 分析基本体的投影特性

圆柱面是铅垂面，在俯视图上积聚为一个圆周。

2. 判定点的空间位置

由点 M 的正面投影知点 m' 可见，可判断 M 点在前半部分的右侧，故点 M 的水平投影可见，侧面投影不可见。

3. 作图

利用积聚性直接求出点 M 的水平投影上 m；再利用点的投影规律求解点的侧面投影的 m''。

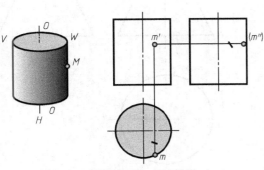

图 3-15 圆柱表面上点的投影（一）

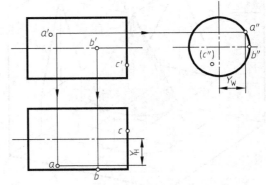

图 3-16 圆柱表面上点的投影（二）

[例 3-6] 如图 3-16 所示，已知圆柱表面上点 A 和点 B 的正面投影 a' 和 b'，试求出 a 和 a'' 及 b 和 b''。

解：1. 分析基本体的投影特性

圆柱面为侧垂面，其侧面投影积聚为圆周。

2. 判定点的空间位置

由点 A、B 的正面投影可知，A 点在上半圆柱面的前方，B 点在圆柱的最前素线上。

3. 作图

利用积聚性直接求出 a''，再由 a' 和 a''；b 和 b'' 直接投影到圆柱最前素线的同面投影上。

任务二 绘制圆锥的三视图并在圆锥表面上找点

一、圆锥的形体特征

由图 3-17 可知，圆锥由圆锥面和底面组成，圆锥面是由直线 SA 绕与它相交的轴 OO_1 旋转而成。S 称为锥顶，直线 SA 称为母线。圆锥面上过锥顶的任一直线称为圆锥面的素线。

二、圆锥三视图

如图 3-18 所示，圆锥的轴线是铅垂线，底面为水平面，水平投影反映实形为一圆周，正面投影和侧面投影分别积聚为一直线；另两个视图为等腰三角形，三角形的底边为圆锥底面的投影，主视图中等腰三角形的左右边线是从前向后看时位于圆锥面上最左与最右两条轮廓素线的投影，即圆锥面前半部分和后半部分的分界线，其侧面投影与轴线重合，左视图中三角形的左右边线是圆锥面上最前和最后两条轮廓素线的投影，即左半部分和右半部分的分界线，其正面投影与轴线重合。圆锥的三视图如图 3-19 所示。

注意：绘制圆锥三视图时，应先绘制投影为圆的特征视图，根据圆锥高度确定锥顶的投影，再绘制另两面视图。

三、圆锥表面上点的投影

圆锥表面找点的常用方法有两种：辅助线法和辅助圆法。

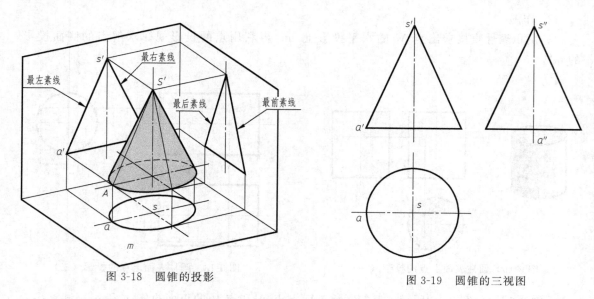

图 3-18 圆锥的投影　　　　　图 3-19 圆锥的三视图

（1）辅助线法。由于过锥顶 S 与锥面上任一点的连线都是圆锥面上的一条素线，因此可利用作辅助线的方法在圆锥面上找点。

（2）辅助圆法。由于母线上任一点绕轴线旋转的轨迹都是垂直于轴线的圆，因此可利用作辅助圆的方法在圆锥面上找点。

［例 3-7］ 如图 3-20 所示，已知圆锥表面上 K 点正面投影 K'，求作其他两面的投影。

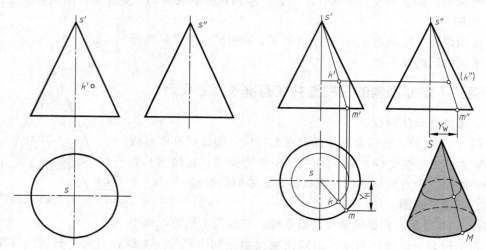

图 3-20 圆锥表面上找点

解：由于圆锥面的三面投影均无积聚性，且 K 点也不在特殊位置素线上，故必须通过作辅助线或辅助圆的方法求解。

（1）辅助线法。如图 3-20 正面投影，连接 s' 与点 k' 并延长至底边，交点为 m'，即作辅助线 SM；求出 SM 点的另两面投影，则可利用点在直线上的投影方法确定点 K 的另两面投影 k、k''。

（2）辅助圆法。如图 3-20 所示在过点 k' 作一平行与底边的辅助线，该辅助线的水平投影必为一圆周，点 K 的水平投影在该圆周上；已知 k、k' 即可求出 k''。

任务三 绘制圆台的三视图并在圆台表面上找点

一、圆台的形体特征

当圆锥被垂直于轴线的平面截去锥顶,剩余部分则称为圆台。其顶面和底面为半径不同的圆周,其侧面也可看作由一直角梯形绕其直角边旋转一周得到(见图 3-21)。

二、圆台的三视图

圆台的轴线是铅垂线,底面和顶面为水平面,投影反映实形,为两半径不同的圆周,其正面投影和侧面投影分别积聚为一直线;另两个视图为等腰梯形,梯形的底边为圆台底面的投影,顶边为圆台顶面的投影,主视图中等腰梯形的左右边线是从前向后看时位于圆台面上最左与最右两条轮廓素线的投影,即圆台面前半部分和后半部分的分界线,其侧面投影与轴线重合,左视图中梯形的左右边线是圆台面上最前和最后两条轮廓素线的投影,即左半部分和右半部分的分界线,其正面投影与轴线重合,圆台的三视图如图 3-22 所示。

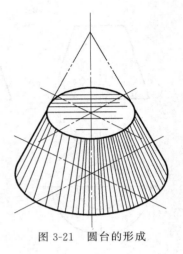

图 3-21 圆台的形成

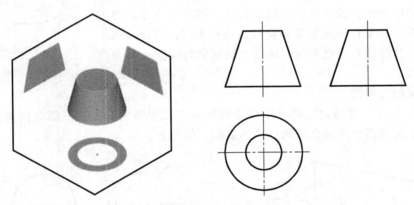

图 3-22 圆台的三视图

注意: 绘制圆台三视图时,应先绘制投影为圆的特征视图,再根据圆台高度绘制其余两面视图。

三、圆台表面上点的投影

圆台表面找点的常用方法为辅助圆法。

[例 3-8] 如图 3-23 所示,已知圆台表面上 M、N 点的正面投影 m'、n',求作其他两面的投影。

解:(1)由点 M 的正面投影 m' 可知,点 M 在最左端的轮廓素线上,因此可确定点 M 的其他两面投影均在轴线上。

(2)由于圆台面的三面投影均无积聚性,点 N 又不在特殊位置素线上,因此须通过作辅助圆的方法求解。如图 3-23 所示,在过点 n' 作一平行与底边的辅助线,该辅助线的水平投影必为一圆周,点 N 的水平投影在该圆周上,因为 n' 可见,所以可判断点 N 在圆台的前半部分;已知 n、n' 即可求出 n''。

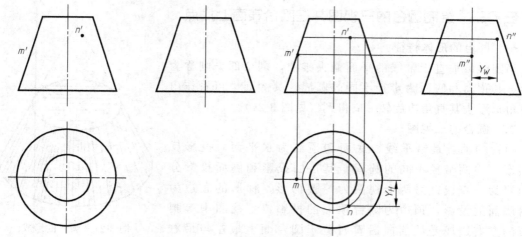

图 3-23　圆台表面上找点

任务四　绘制圆球的三视图并在圆球表面上找点

一、圆球的形体特征

以一个圆作母线,以其直径为轴线旋转,则得到圆球,如图 3-24 所示。在母线上任一点的运动轨迹都是一个圆,点在母线上的位置不同,其圆的直径也不同。球面上的圆称为纬圆,最大纬圆称为赤道圆。

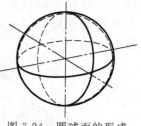

图 3-24　圆球面的形成

二、圆球的三视图

如图 3-25 所示,圆球的三面投影都是与球的直径相等的圆。这三圆分别为球面上平行于正面、水平面和侧面的最大圆周(即赤道圆)的投影。

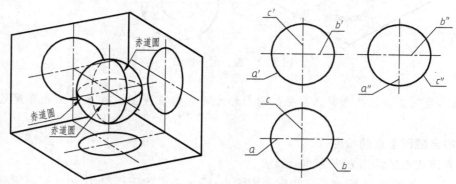

图 3-25　圆球面的投影

主视图中的圆 a' 是前半球和后半球的分界圆,它在俯、左视图中的投影都与球的中心线重合;俯视图中的圆 b 是上半球和下半球的分界圆,它在主、左视图中的投影与球的中心线重合;左视图中的圆 c'' 是左半球和右半球的分界圆,它在主、俯视图中的投影与球的中心重合。

注意: 绘制圆球的三视图时,应确定球心的三面投影,再画出三个与球的直径相等的圆。

三、圆球表面上点的投影

圆球表面上找点的常用方法，通常只能通过作平行于投影面的辅助圆的方法求解。

[例 3-9] 如图 3-26 所示，已知球面上点 A 的正面投影 a'，求作其余两个投影。

过点 A 作一平行于水平的辅助圆，它的正面投影为过 a' 的直线，水平投影为直径等于上述直线的圆。自 a' 向下引垂线，在水平面投影上与辅助圆相交于两点。又由于 a' 可见，故点 A 必在前半个圆周上，据此可确定位置偏前的点即为 a，再由 a、a' 可求出 m''。

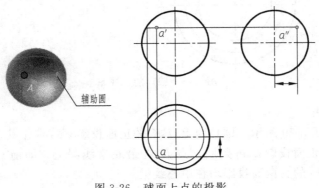

图 3-26 球面上点的投影

★任务五 绘制圆环的三视图并在圆环表面上找点

一、圆环的形体特征

以一个完整的圆为母线绕轴线旋转一周，则形成圆环面，如图 3-27 所示；轴线与圆母线在同一平面内，但不与圆母线相交。圆环外的一半表面，称为外环面，是母线圆上远离旋转轴线的半圆旋转形成的，里面的一半表面，称为内环面，是母线圆上靠近旋转轴线的半圆弧旋转形成的。母线圆上各点和母线圆心的运动轨迹都是垂直于旋转轴的圆。

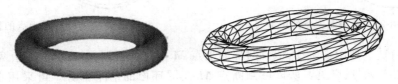

图 3-27 圆环面的形成

二、圆环的三视图

如图 3-28 所示，圆环的轴线为铅垂线。俯视图中两个同心圆，分别是圆环的最大和最小两个纬线圆的投影，是圆环上半部分（可见）和下半部分（不可见）的分界圆，点画线圆是母线圆心轨迹的投影；主、左视图中两圆表示最左和最右及最前和最后两个素线圆，近轴线的半个圆为内环面半个素线圆，不可见，因此画成虚线，两圆的上下两切线为内、外环面分界处最上、最下两个纬线圆的投影。

注意： 绘制圆环三视图时，应先绘制与轴线垂直的投影面上的视图，再绘制其他两个视图。

三、圆环面上点的投影

由于母线圆上各点和母线圆心的运动轨迹都是垂直于旋转轴的圆，因此圆环面上找点的

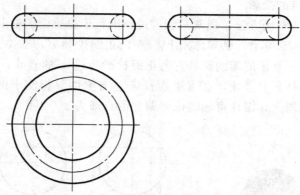

图 3-28 圆环的三视图

常用方法为辅助圆法。

[例 3-10] 如图 3-29 所示,圆环面上点 K 的正面投影 k',求作其余两面投影。

解:由点 K 的正面投影 k' 可判断,点 K 在最左素线圆上,即前、后两部分的分界圆上,因此可确定点 K 的另两面投影均在中心线上。

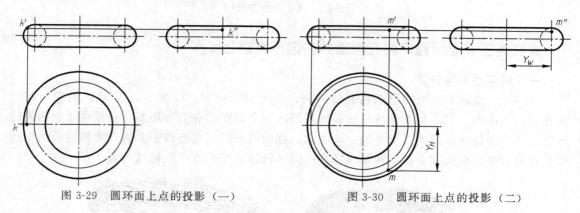

图 3-29 圆环面上点的投影(一)　　　图 3-30 圆环面上点的投影(二)

[例 3-11] 如图 3-30 所示,圆环面上点 M 的正面投影 m',求作其余两面投影。

解:由于 m' 点可见,所以可判断点 M 在圆环面的前半部分。可采用在圆环面上过 M 点作一水平辅助圆的方法求点。过 m' 点作一水平辅助线为辅助圆在 V 面上的积聚投影,在俯视图上作出该辅助圆在水平面上的投影,点 M 的水平投影必在前半圆周上,最后由 m' 及 m 求得 m''。

模块四　绘制轴测图

- 知识目标：
1. 熟悉轴测投影的基本知识。
2. 掌握正等测图、斜二测图的画法。
- 技能目标：能应用正等测、斜二测投影方法绘制平面体、回转体等的轴测图。

由于三视图的直观性较差，对初学者来说，看图有一定的困难，因此，工程上常用具有较强立体感的轴测图作为辅助图样，一方面为了便于读图，另一方面对于提高初学者的空间想象能力也有一定的促进作用，如图 4-1 所示。

图 4-1　轴测图

项目一　认识轴测图

- 知识目标：
1. 了解轴测投影的方法及基本概念。
2. 熟悉轴测投影的基本性质。
- 技能目标：能理解轴测投影的概念及性质。

一、轴测投影及轴测图

将物体连同其直角坐标系，沿不平行于任一坐标面的方向，用平行投影法将其向单一投影面进行投射，称为轴测投影，在投影面上得到的图形，称为轴测图。如图 4-2 所示，轴测图能同时反映物体的长、宽、高和三个表面，具有立体感强、直观性好的优点，但绘图较麻烦，且不便于标注，因此轴测图常作为辅助图样在工程图中出现。

二、轴测图的基本参数

1. 轴测轴和轴间角

如图 4-2 所示，建立在物体上的坐标轴 OX、OY、OZ 在轴测投影面上的投影 O_1X_1、O_1Y_1、O_1Z_1 称为轴测轴，轴测轴间的夹角 $\angle X_1O_1Y_1$、$\angle X_1O_1Z_1$、$\angle Y_1O_1Z_1$ 称为轴间角。

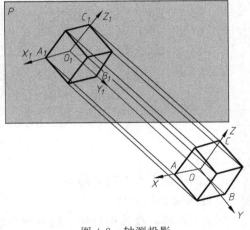

图 4-2　轴测投影

2. 轴向伸缩系数

轴测轴上的线段长度与空间物体上对应线段长度之比称为轴向伸缩系数。X、Y、Z 轴上的轴向伸缩系数分别用 p_1、q_1、r_1 表示。

X 轴轴向变化率：$\dfrac{Q_1A_1}{OA}=p_1$

Y 轴轴向变化率：$\dfrac{Q_1B_1}{OB}=q_1$

Z 轴轴向变化率：$\dfrac{Q_1C_1}{OC}=r_1$

三、轴测投影的性质

（1）若空间两直线段相互平行，则其轴测投影相互平行。

（2）凡与直角坐标轴平行的直线段，其轴测投影必平行于相应的轴测轴，且其伸缩系数于相应轴测轴的轴向伸缩系数相同。因此，画轴测投影时，必沿轴测轴或平行于轴测轴的方向才可以度量，轴测投影因此而得名。

（3）直线段上两线段长度之比，等于其轴测投影长度之比。

项目二　绘制正等测图

• **知识目标：**

1. 掌握正等测的投影的方法及特点。
2. 掌握正等测图的绘制方法。

• **技能目标：** 能绘制平面体、回转体及组合体的正等测图。

改变物体和投影面的相对位置，使它的三条坐标轴与轴测投影面具有相同的夹角，然后向轴测投影面作正投影。用这种方法作出的轴测图称为正等测图，如图 4-3 所示。

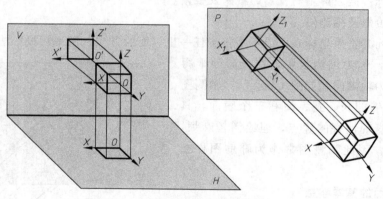

图 4-3　正等测投影

正等测图的基本参数介绍如下。

1. 轴测轴和轴间角

由于正等轴测投影中物体上的三根直角坐标轴与轴测投影面的倾角均相等，因此，与之相对应的轴测轴之间的轴间角也必相等，即 $\angle XOY=\angle YOZ=\angle XOZ=120°$，如图 4-4 所示。一般将 O_1Z_1 轴画成垂直位置，使 $O_1X_1O_1Y_1$ 轴与水平线夹角为 30°。

2. 轴向伸缩系数

正等轴测投影中 OX、OY、OZ 轴的轴向伸缩系数相等，即 $p=q=r\approx 0.82$。为作图方便，取简化轴向伸缩系数 $p=q=r=1$。

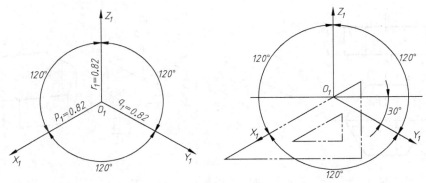

图 4-4 正等测投影的轴测轴、轴间角和轴向伸缩系数

任务一 绘制平面体的正等测图

坐标法介绍如下。

坐标法是绘制轴测图最基本的方法。即先根据形体特点在物体上建立直角坐标系,根据物体表面各点的坐标,分别作出其轴测投影,然后顺序连接,从而作出物体的轴测图。

[例 4-1] 根据长方体的三视图,应用坐标法作出正等测图。

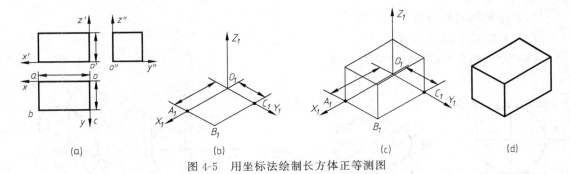

图 4-5 用坐标法绘制长方体正等测图

解:(1) 如图 4-5 (a) 所示,在长方体上建立直角坐标系统。

(2) 如图 4-5 (b) 所示,绘制轴测轴,由于长方体顶点 A、C 分别在 X、Y 轴上,因此首先在轴测轴定出 A_1、C_1 两点,再分别过 A_1、C_1 两点作对应轴测轴的平行线,交点即为 C_1 点的轴测投影。

(3) 如图 4-5 (c) 所示,过各顶点按长方体的高度尺寸向上平行于 Z_1 轴画侧棱,确定长方体顶面各点的轴测投影。

(4) 如图 4-5 (d) 所示,擦去不可见部分,描深各边,完成长方体的轴测图。

注意: 坐标法中的关键是根据物体表面上各点的坐标,利用轴测投影的性质,在轴测图上确定各点的轴测投影,连接各点即完成轴测图的绘制。

[例 4-2] 根据正六棱柱的两面视图,绘制其正等测图。

解: 由于正六棱柱前后、左右均对称,如图 4-6 (a) 所示,选择顶面的中心点作为空间直角坐标系原点建立直角坐标系,利用轴测投影的基本性质确定正六棱柱各顶点的轴测投影,依次连接各顶点即可得到顶面的轴测投影,再过各顶点根据高 h 向下画出可见侧棱,确定底面各可见顶点,依次连接各点,加深描粗后即完成作图。

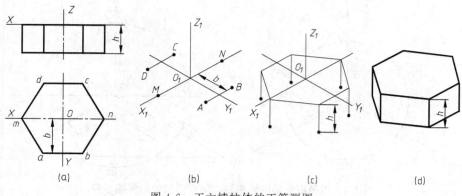

图 4-6 正六棱柱体的正等测图

任务二 绘制回转体的正等测图

一、圆的正等测画法

圆的正等测图为椭圆,常用四心法近似绘制。平行于不同坐标平面的圆的正等测画法相同,但得到的椭圆方向不同。

绘图步骤:

(1) 绘制圆的外切菱形;

(2) 确定四个圆心和半径;

(3) 分别画出四段彼此相切的圆弧。

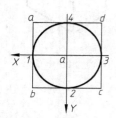 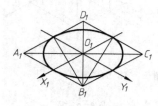

图 4-7 平行于 XOY 平面的圆的正等测图画法

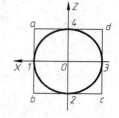 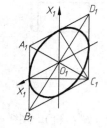

图 4-8 平行于 XOZ 平面的圆的正等测图画法

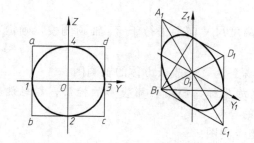

图 4-9 平行于 YOZ 平面的圆的正等测图的画法

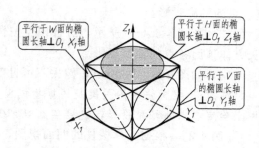

图 4-10 平行于各坐标平面的圆的正等测图

如图 4-7~图 4-10 所示,三个坐标平面上的椭圆方向不同,各椭圆的长轴垂直于相应的轴测轴,在菱形的长对角线上;短轴与相应的轴测轴平行,在菱形的短对角线上。

二、绘制圆柱的正等测图

圆柱的顶面和底面都是圆,因此,在绘制圆柱的正等测图时,可先绘制上、下底面的椭圆,再作两椭圆的公切线,擦去不可见部分,加深后即完成作图;也可在完成顶面或底面的椭圆后,将四段圆弧向上或向下平移圆柱高度,即可得到另一面的椭圆,如图 4-11 所示。

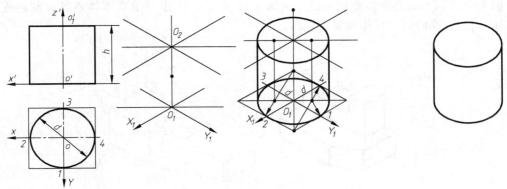

图 4-11 绘制圆柱的正等测图

三、绘制圆台的正等测图

圆台正等测图的绘制方法和圆柱相似,即先画出顶面和底面两圆的轴测图,再作两椭圆的公切线,擦去不可见部分,加深后完成作图,如图 4-12 所示。

四、绘制圆角的正等测图

绘制圆角的正等测图如图 4-13 所示。

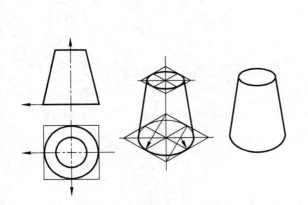

图 4-12 绘制圆台的正等测图

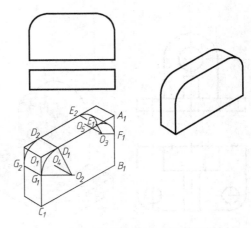

图 4-13 绘制圆角的正等测图

简便作图步骤:

(1) 截取 $O_1D_1=O_1G_1=A_1E_1=A_1F_1=$圆角半径;

(2) 作 $O_2D_1 \perp O_1A_1$,$O_2G_1 \perp O_1C_1$,$O_3E_1 \perp O_1A_1$,$O_3F_1 \perp A_1B_1$;

(3) 分别以 O_2、O_3 为圆心,O_2D_1、O_3E_1 为半径画弧;

(4) 定后端面的圆心,画后端面的圆弧;

(5) 定后端面的切点 D_2、G_2、E_2;

(6) 作公切线;

（7）擦去不可见线条，加深。

任务三　绘制简单组合体的正等轴测图

一、简单组合体

由两个或以上的基本体叠加而成［见图 4-14（a）］，或由一个基本体通过切割而成［图 4-14（b）］，得到的新的形体称为组合体。

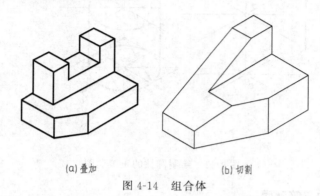

图 4-14　组合体

二、用叠加法绘制简单组合体的正等轴测图

将组合体按叠加的方式逐一绘制各部分的轴测图，最后擦去不可见部分，加深后完成作图。

［例 4-3］　根据图 4-15 所示视图及立体模型，绘制形体的正等轴测图。

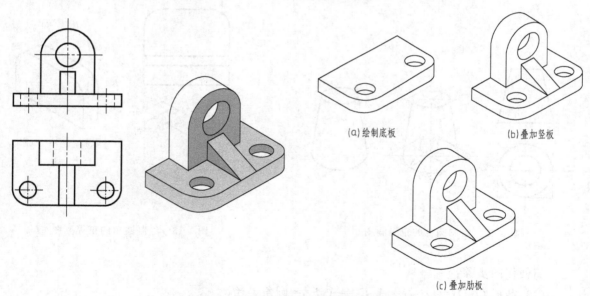

图 4-15　用叠加法绘制组合体的正等测图

解：该组合体由底板、竖板、三角肋板叠加而成，绘制轴测图时，应按照叠加的方式逐一绘制各部分的轴测图即可完成。

三、用切割法绘制简单组合体的正等测图

根据形体的总长、总高和总宽绘制长方体的轴测图，然后逐步进行切割，完成形体的正

等测图的绘制。

[例 4-4] 根据所给视图及立体模型，绘制形体的正等测图。

解：根据图 4-16 所给视图及立体模型分析可知，该组合体是由一长方体通过三次切割而成的，步骤如图 4-17 所示。

无论采用哪种方法绘制正等测图，用到的基本方法仍然是坐标法，通过确定各点的坐标确定点、线、面的位置，从而完成轴测图的绘制。

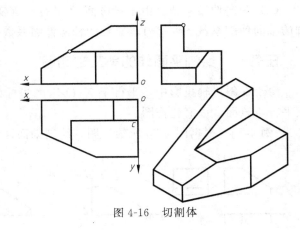

图 4-16 切割体

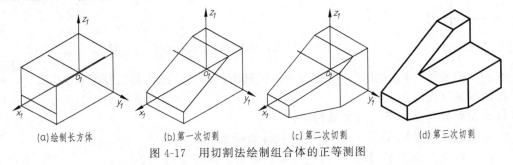

(a) 绘制长方体　　(b) 第一次切割　　(c) 第二次切割　　(d) 第三次切割

图 4-17 用切割法绘制组合体的正等测图

项目三　绘制斜二等轴测图

- **知识目标**：
1. 掌握斜二等轴测的投影的方法及特点。
2. 掌握斜二等轴测图的绘制方法。
- **技能目标**：能绘制平面体、回转体及组合体的斜二等轴测图。

使物体某一坐标平面平行于轴测投影面，用斜投影的方法在轴测投影面上所得的轴测投影称为斜二测投影，也称斜二测（图 4-18）。

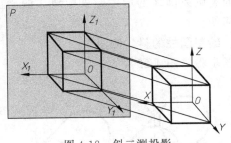

图 4-18　斜二测投影

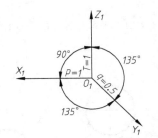

图 4-19　斜二测轴测轴和轴间角

斜二测的基本参数：

（1）轴测轴和轴间角。由于投影面 P 平行于 XOZ 面，因此轴间角 $\angle X_1O_1Z_1$ 为 $90°$，$\angle X_1O_1Y_1 = \angle Y_1O_1Z_1 = 135°$，如图 4-19 所示。

(2) 轴向伸缩系数。由于投影面 P 平行于 XOZ 面，因此 XOZ 面反映实形，X 轴和 Z 轴的轴向伸缩系数 $p=r=1$，Y 轴的轴向伸缩系数 $q=0.5$。

任务一 绘制平面体的斜二轴测图

由于在斜二轴投影中，平行于 X_1OZ_1 的坐标面反映实形，因此常选择形体的形状特征面平行于该面，以简化作图。

[例 4-5] 根据图 4-20 所给视图，绘制平面体的斜二轴测图。

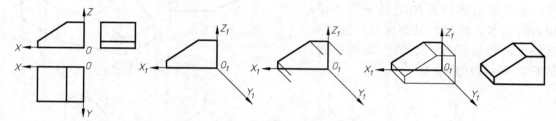

图 4-20 绘制平面体的斜二轴测图

解：分析所给三视图可知，主视图为特征视图，因此让该特征面设为 XOZ 面。

作图步骤（图 4-21）：
(1) 建立直角坐标系，绘制轴测轴；
(2) 根据点的坐标在 X_1OZ_1 面上绘制特征面实形；
(3) 过各端点绘制 Y_1 轴的平行线并取长度为形体宽度的 1/2；
(4) 连接各点；

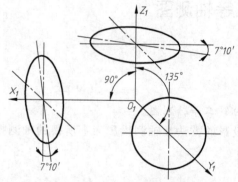

图 4-21 平行与各坐标平面的斜二测图

(5) 擦除不可见部分，加深描粗即完成作图。

任务二 绘制回转体的斜二轴测图

一、圆的斜二测图

从图 4-21 可以看出，与 XOZ 平面平行的圆在斜二测投影中反映实形，与其他两平面平行的圆的斜二测投影为椭圆，画法较复杂，因此，对于单方向有圆或圆弧的形体，采用斜二测比正等测更为简便。

二、绘制圆柱的斜二测图

绘图步骤（图 4-22）：

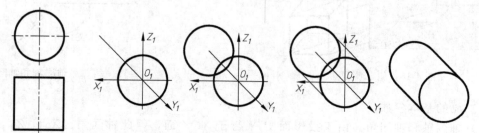

图 4-22 绘制圆柱的斜二测图

(1) 在 $X_1O_1Z_1$ 轴测投影面上绘制形状特征面;

(2) 将特征面沿 Y_1 反方向移动,移动距离为圆柱高度的一半(试思考:沿 Y_1 反方向移动与沿其正方向移动有何优点);

(3) 画两圆的公切线;

(4) 擦去不可见部分及多余线条,加粗描深后即完成作图。

三、绘制圆台的斜二测图

分析:圆台的底面和顶面均是特征形,平行于 $X_1O_1Z_1$ 面,都反映实形。因此绘制圆台的斜二测图应先分别绘制两特征形(底面和顶面的圆心距离为圆柱高度的一半),再作两圆的公切线即可,绘图步骤如图 4-23 所示。

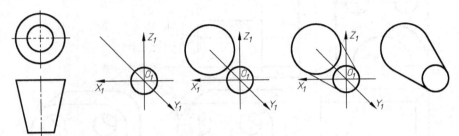

图 4-23 绘制圆台的斜二测图

任务三 绘制简单组合体的斜二轴测图

一、用切割法绘制组合体的斜二测图

[例 4-6] 根据所给视图和实体模型,绘制形体的斜二轴测图。

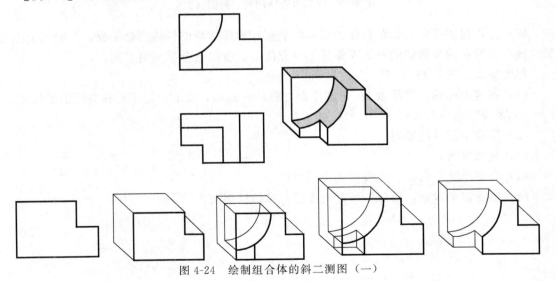

图 4-24 绘制组合体的斜二测图(一)

解:分析视图,该组合体是由基本体经若干次切割得到的,且形体的特征面平行于 $X_1O_1Z_1$ 面,因此利用斜二测绘制轴测图较为方便。

绘图步骤(图 4-24):

(1) 在 $X_1O_1Z_1$ 面上绘制基本体的形状特征面,并沿 Y_1 反方向拉伸,完成基本形体的绘制;

(2) 在 $X_1O_1Z_1$ 面上绘制 1/4 圆孔的形状特征面，并沿 Y_1 反方向拉伸，完成第一次切割；

(3) 在 $X_1O_1Z_1$ 面上绘制左下角切口的形状特征面，并沿 Y_1 反方向拉伸，完成第二次切割；

(4) 擦去不可见部分及多余线条，加粗描深后即完成作图。

二、用叠加法绘制组合体的斜二测图

[例 4-7] 根据图 4-25 所给视图，绘制组合体轴测图。

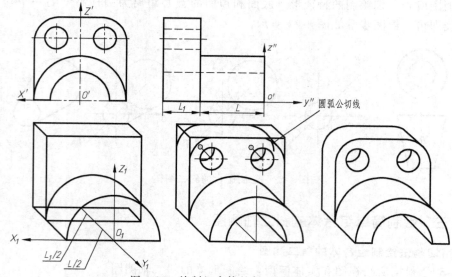

图 4-25 绘制组合体的斜二测图（二）

解： 分析视图可知，该组合体由后面的竖板和前面的半圆柱体组合而成，且竖板上圆角和两圆孔及前面的半圆柱的特征面都是单一方向的，所以适合采用斜二测。

作图步骤（图 4-25）：

(1) 确定坐标轴，将原点 O_1 定在半圆柱筒的最前端，由 O_1 点沿 Y 轴向后根据尺寸 $L/2$ 和 $L_1/2$ 分别定出两点；

(2) 完成半圆柱的绘制；

(3) 叠加竖板；

(4) 绘制半圆柱内孔、底板圆孔及圆角；

(5) 擦除多余线条，描深即可得到该组合体的轴测图。

模块五　绘制截交线和相贯线

- 知识目标：
1. 掌握截交线和相贯线的性质。
2. 熟悉截交线和相贯线的画法。
- 技能目标：能绘制各种形体的截交线和相贯线。

基本体被平面截切，平面与立体表面的交线称为截交线。截切立体的平面称为截平面，如图 5-1 所示。

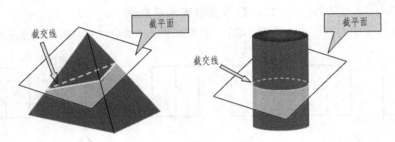

图 5-1　截交线

两基本体相交，在两基本体表面所形成的交线称为相贯线，如图 5-2 所示。

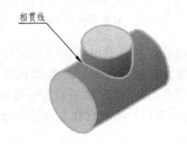

图 5-2　相贯线

项目一　绘制平面体的截交线

- 知识目标：掌握各种平面体截交线的画法。
- 技能目标：能绘制各种平面体的截交线。

平面体被截平面截切，在平面体表面形成的截交线是截平面与各棱面的交线。因此，平面体的截交线平面的封闭多边形。

平面体截交线的基本性质：
(1) 封闭性。平面体截交线是封闭的平面图形。
(2) 共有性。截交线是截平面和立体表面共有点的集合。多边形的顶点是截平面与各棱线的交点。

求平面体截交线，实质上就是求平面上点、线的投影。关键是求截平面与棱线的交点，截平面与棱面的交线。

任务一 绘制直棱柱的截交线

截平面相对投影面的位置主要有平行、垂直两种位置关系。

一、截平面平行于投影面

截平面平行于投影面，则在该投影面上反映实形，在另两面投影具有积聚性。

[例 5-1] 求作如图 5-3 所示正五棱柱的截交线。

解：图 5-3 所示截平面为水平面，与上、下底面平行，截交线为正五边形。

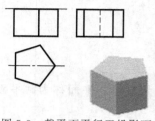

图 5-3 截平面平行于投影面

二、截平面垂直于投影面

[例 5-2] 求作如图 5-4 所示切口四棱柱的三视图。

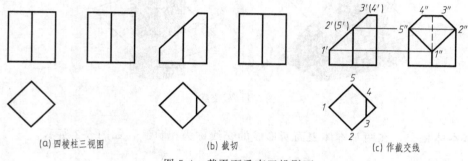

(a) 四棱柱三视图　　(b) 截切　　(c) 作截交线

图 5-4 截平面垂直于投影面

解：如图 5-4 (b) 所示，四棱柱被正垂面切去一角，切到了顶面及四个侧面，截平面与此五个面均相交，因此截交线为五边形，在 V 面投影积聚为一斜线，H、W 面投影为五边形的类似形，作图步骤见图 5-4 (c)，先求截平面与棱线的交点 1、2、5，再找出截平面与顶面的交线 3-4，根据点的投影规律，求出点在左视图的投影，依次连接各点，注意判断点、线的可见性，完成作图。

[例 5-3] 如图 5-5 所示，已知主、俯视图，求作左视图。

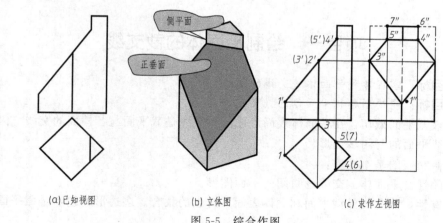

(a) 已知视图　　(b) 立体图　　(c) 求作左视图

图 5-5 综合作图

解：由图 5-5（a）所给主、俯视图，可知四棱柱被两个截平面所切，一个正垂面，一个侧平面，侧平面在 W 面投影反映实形，切到顶面及右侧前、后两侧面，且与正垂面相交，因此截交线为四边形，同样可知，正垂面截切四棱柱形成的截交线为五边形，作图步骤见图 5-5（c）（注意判断可见性）。

任务二　绘制棱锥（棱台）的截交线

一、截平面平行于投影面

如图 5-6 所示，四棱锥被平行于底面的水平面截切，成为四棱台。截交线在 H 面是与底面平行且相似的四边形，另两面投影积聚为直线。

二、截平面垂直于投影面

[例 5-4]　试求正四棱锥被一正垂面截切后的投影（图 5-7）。

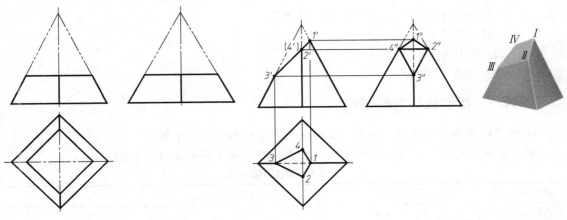

图 5-6　截平面平行于底面　　　　图 5-7　截平面垂直于投影面

解： 正四棱锥被正垂面截切，截平面切到四个侧棱面，因此截交线为一四边形，其四个顶点分别是四条侧棱与截平面的交点，依次求出四个顶点在各投影面的同名投影，即得截交线的投影。

[例 5-5]　试求图 5-8 所示正四棱锥被两平面截切后的投影。

解：如图 5-8 所示，正四棱锥被一水平面和一正垂面所截切，水平面切到四个侧棱面且与正垂面相交，因此截交线为五边形，水平投影反映实形，另两面投影积聚为直线；同理正垂面截切四棱锥所得截交线也为五边形，V 面投影积聚为直线，H、W 面投影为五边形的类似形（注意判断其可见性）。

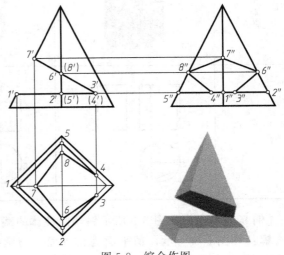

图 5-8　综合作图

项目二　绘制回转体的截交线

- **知识目标**：掌握各种回转体截交线的画法。
- **技能目标**：能绘制各种回转体的截交线。

回转体被平面截切，在回转体表面上形成的截交线为截平面与回转体表面的共有交线，一般是封闭的平面曲线，在特殊情况下，也可能为直线。截交线的形状取决于回转体表面的形状及截平面与回转体轴线的相对位置。

求作回转体表面的截交线，实质上是求截平面和回转体表面上共有点的投影。

将处于回转体轮廓线上的点称为特殊位置点，一般可以直接求出。处于回转体表面任意位置的点称为一般位置点，一般位置点需要借助投影的积聚性或作辅助线、辅助圆的方法进行求得。

绘制回转体表面截交线（非圆曲线）的步骤：

(1) 找特殊位置点；
(2) 找一般位置点；
(3) 依次光滑连接各点。

任务一　绘制圆柱的截交线

求作圆柱体表面截交线，常利用圆柱面上点的积聚性进行求解。

截平面与圆柱轴线的相对位置不同，截交线有三种不同形状（表 5-1）。

表 5-1　圆柱面截交线

截平面的位置	平行于轴线	垂直于轴线	倾斜于轴线
截交线的形状	两平行直线	圆	椭圆
立体图			
投影图	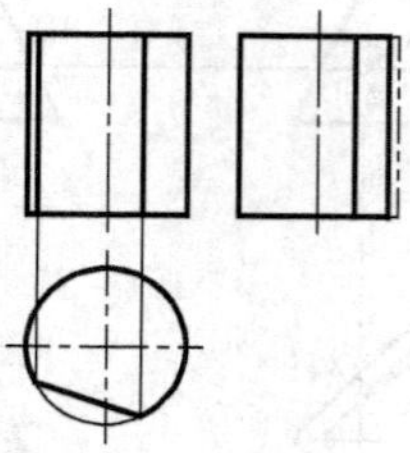	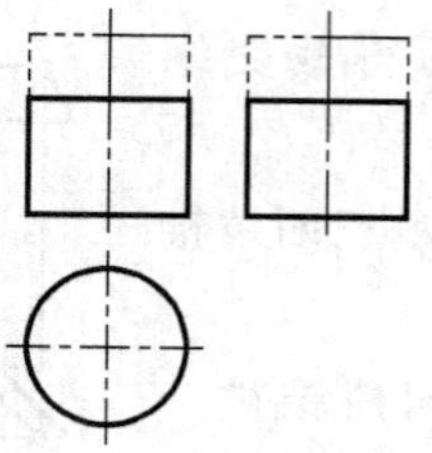	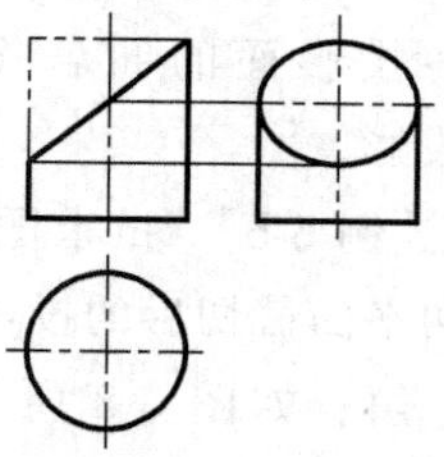

[**例 5-6**] 作出如图 5-9 所示斜切圆柱体的截交线。

解：如图 5-9 所示，截平面为正垂面，与圆柱轴线倾斜，截交线为椭圆，V 面投影积聚为直线。由于圆柱面上点具有积聚性，因此，截交线在 H 面上为圆，W 面投影为椭圆。

作图步骤：

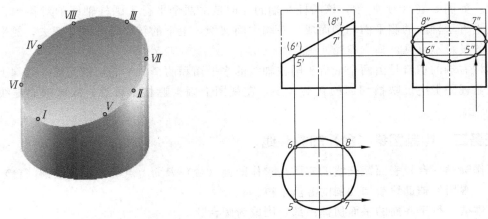

图 5-9 圆柱体斜切的截交线

（1）找特殊位置点，即最高、最低、最前、最后点，位于前、后、左、右转向轮廓线上 Ⅰ、Ⅱ、Ⅲ、Ⅳ点的投影；

（2）找一般位置点，即 Ⅴ、Ⅵ、Ⅶ、Ⅷ点的投影；

（3）依次光滑连接各点，即得椭圆截交线的 W 面投影。

［例 5-7］ 如图 5-10 所示，完成被截切圆柱的正面投影和水平投影。

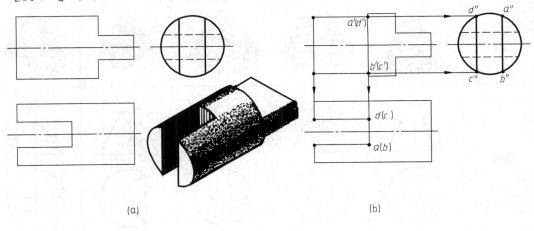

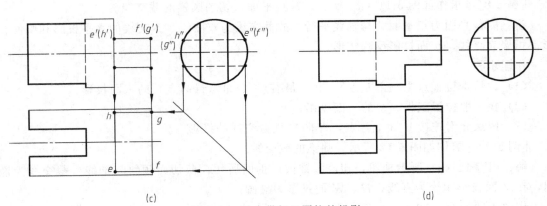

图 5-10 补全带切口圆柱的投影

解： 如图 5-10（a）所示，该圆柱左端的开槽是由两个平行于圆柱轴线的对称的正平面和一个垂直于轴线的侧平面切割而成。左端中间被切，上下的转向轮廓线被切去，侧平面在 V 面上的投影不可见，画成虚线 [图 5-10（b）]。

圆柱右端的切口是由两个平行于圆柱轴线的水平面和两个侧平面切割而成。右端上下被切，在俯视图上应反映被切面的真实大小，左视图上因被遮住不可见，故应画成虚线 [图 5-10（c）]。

任务二　绘制圆锥（台）的截交线

求作圆锥（台）表面截交线的实质是求作圆锥（台）表面上点的投影。圆锥（台）表面上找点，常用作辅助线或辅助圆的方法求得。

圆锥被平行于底面的平面切掉顶部，则成为圆台。

圆锥被截平面截切时，由于截平面与圆锥轴线的相对位置不同，其截交线有五种不同形状，见表 5-2。

表 5-2　圆锥面截交线

截平面的位置	过锥顶	不过锥顶			
截平面的形状	相交两直线	$\theta=90°$ 圆	$\theta>\alpha$ 椭圆	$\theta=\alpha$ 抛物线	$\theta<\alpha$ 双曲线
立体图	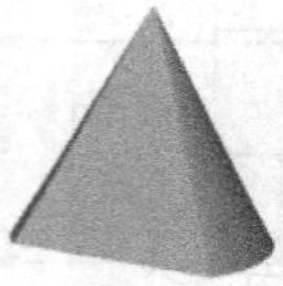		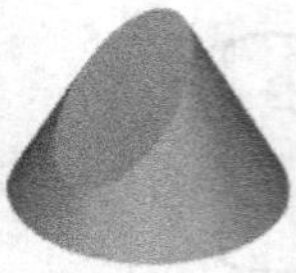		
投影图	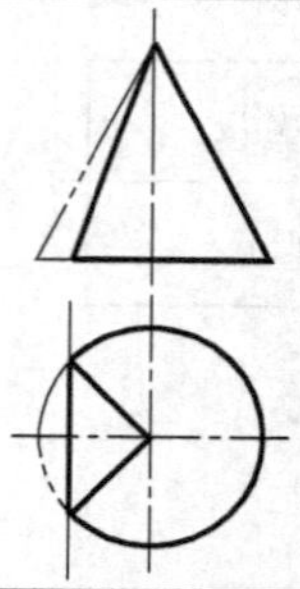	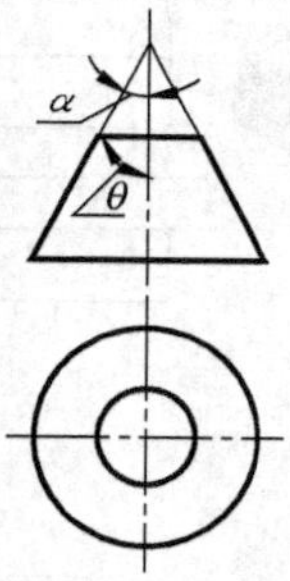	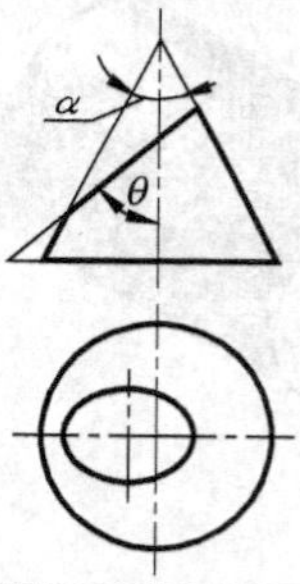	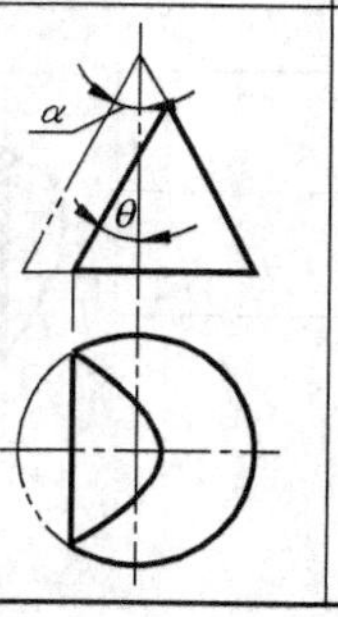	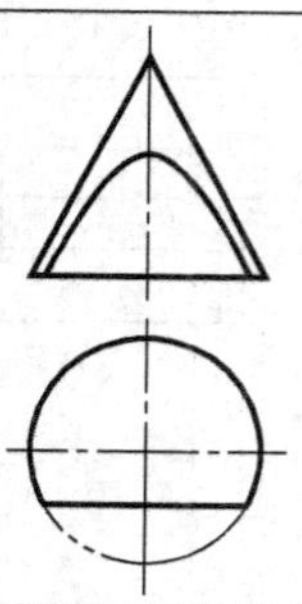

[**例 5-8**] 求作如图 5-11（a）所示，被正平面截切的圆锥的截交线。

解： 因截平面为正平面，与轴线平行，故截交线为双曲线。截交线的水平投影和侧面投影都积聚为直线，正面投影反映实形。

作图步骤：

（1）找特殊位置点Ⅰ（最左点）、Ⅱ（最右点）、Ⅲ（最高点）的三面投影；

（2）找一般位置点Ⅳ、Ⅴ的三面投影；

（3）依次光滑连接 V 面上各点，即得 V 面截交线的投影。

[**例 5-9**] 求作如图 5-12 所示，圆锥的截交线。

解： 由 5-12（a）所给视图，知该圆锥被正垂面所切，截切面倾斜与轴线，截交线为椭圆，在 V 面投影积聚为直线，H、W 面投影为椭圆。

作图步骤如图 5-12（b）~（e）所示。

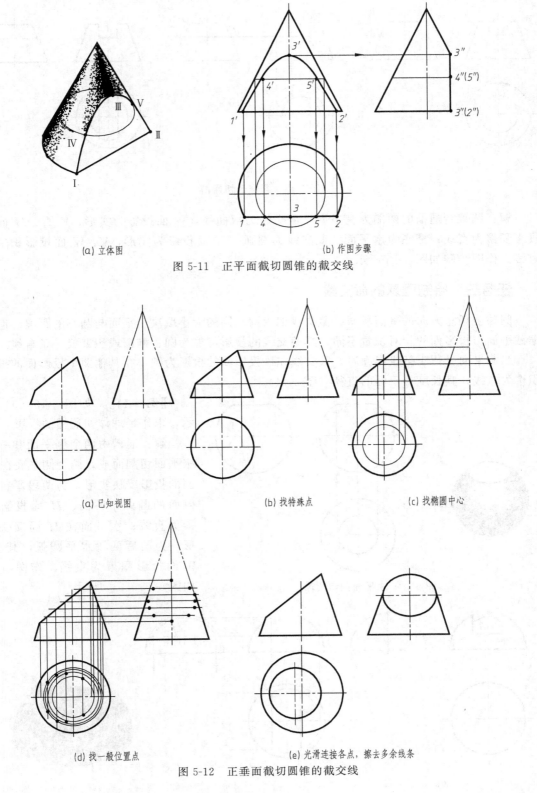

图 5-11 正平面截切圆锥的截交线

图 5-12 正垂面截切圆锥的截交线

[例 5-10] 求作如图 5-13 所示圆锥台通槽的截交线。

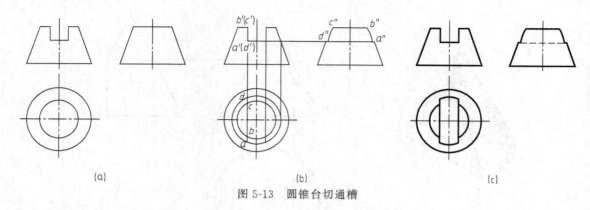

图 5-13 圆锥台切通槽

解：圆锥台通槽的两侧为侧平面，截交线为双曲线，W 面投影为实形，V 面、H 面的投影积聚为直线；槽底为水平面，截交线为圆弧，H 面投影为实形，V、W 面投影积聚为直线。作图步骤如图 5-13 所示。

任务三　绘制圆球的截交线

圆球被任意方向的平面所截，截交线都为圆。圆的大小取决于平面与圆心的距离。但根据截平面与投影面的相对位置不同，其截交线的投影可能为圆、椭圆或积聚成一条直线。

当截平面平行于某投影面时，截交线在该投影面的投影为圆，在其他两个投影面的投影积聚为直线，其长度等于圆的直径（图 5-14）。

[例 5-11]　如图 5-15（a）所示，求作半球体切通槽的投影。

解：通槽由两个侧平面和一个水平面切割而成，两个侧平面在 W 面的投影反映实形，为两段平行于侧面的圆弧，V 面、H 面投影积聚为直线；水平面在 H 面反映实形，为前后两段水平圆弧，其 V、W 面投影积聚为直线，作图步骤如图 5-15（b）所示。

图 5-14　水平面截切圆球

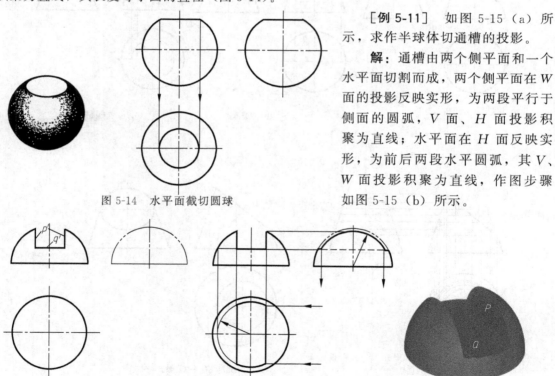

图 5-15　半圆球体切槽

项目三 绘制相贯线

- **知识目标：**
1. 掌握相贯线的性质。
2. 熟悉相贯线的画法。
- **技能目标：** 能绘制各种相贯线。

两立体相交，称为相贯；立体相交表面产生的交线，称为相贯线。相贯体如图 5-16 所示。

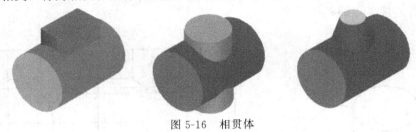

图 5-16 相贯体

相贯线基本性质：
（1）封闭性。相贯线是两立体表面共有的交线，一般是封闭的空间曲线。
（2）共有性。相贯线是两立体表面共有的交线。
求作相贯线的实质是找出相贯的两立体表面共有点的投影。

任务一 绘制平面体与回转体的相贯线

平面体与回转体相贯，其相贯线是由若干段平面曲线（或直线）所组成的空间折线，每一段是平面体的棱面与回转体表面的交线。求相贯线的实质是求各棱面与回转面的截交线。

[例 5-12] 求作如图 5-17 所示平面体与回转体的相贯线。

解： 由图 5-17 可知，中空的长方体和空心圆筒相贯形成内、外两相贯线，外相贯线是由长方体外表面与圆柱外表面相贯形成，内相贯线是由长方体内腔表面与内圆柱面相贯形成的。

长方体前、后两面与圆筒轴线平行，交线为两直线；左、右两面垂直于圆筒轴线，交线为两段圆弧，因此，相贯线由两直线段和两圆弧段组成的封闭的空间曲线。两空腔相贯线的求法相同（图 5-17）。

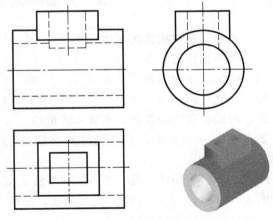

图 5-17 平面体与回转体相贯线

任务二 绘制正交两圆柱的相贯线

两圆柱体相贯，若两圆柱的轴线垂直相交，称两圆柱正交。

一、求作两圆柱正交的相贯线

求作两圆柱正交的相贯线，实质上仍是求两圆柱体表面上共有点的投影，可以利用圆柱面上的点具有积聚性求解。

作图步骤：
(1) 找特殊位置点（最左、最右、最前、最后、最高、最低及轮廓线上的点）的投影；
(2) 找一般位置点的投影；
(3) 依次光滑连接各点。

[例5-13] 如图5-18所示，两圆柱正交，求作其相贯线。

作图步骤：
(1) 找特殊位置点Ⅰ、Ⅲ、Ⅴ、Ⅶ，作出其三面投影；
(2) 找一般位置点Ⅱ、Ⅳ、Ⅵ、Ⅷ，作出其三面投影；
(3) 光滑连接各点即得相贯线。

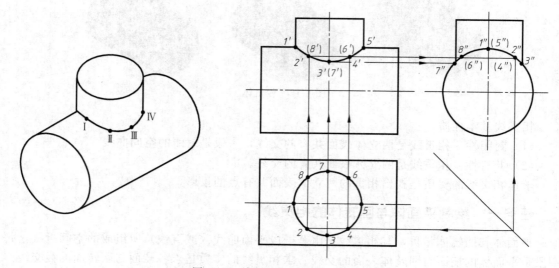

图5-18 绘制正交两圆柱的相贯线

二、正交两圆柱相贯的三种形式

(1) 两外圆柱面相贯 [图5-19（a）]。
(2) 两内圆柱面相贯 [图5-19（b）]。
(3) 外圆柱面和内圆柱面相贯 [图5-19（c）]。

三、两圆柱直径的变化对相贯线的影响

如图5-20所示，当正交两圆柱的直径发生变化时，相贯线的形状和弯曲方向也发生变化。

图5-20（a）、（c）为两半径不同的圆柱正交，图5-20（a）相贯线为上下弯曲的空间曲线，图5-20（c）为左右弯曲的空间曲线，即两不同直径的圆柱正交，相贯线为空间曲线，向着大圆柱方向弯曲。

图5-20（b）为两直径相同的圆柱正交，相贯线为两45°相交直线。

四、相贯线的近似画法

相贯线的作图步骤较多，如对相贯线的准确性无特殊要求，当两圆柱垂直正交且直径有相差时，可采用圆弧代替相贯线的近似画法。如图5-21所示，垂直正交两圆柱的相贯线可用大圆柱的 $D/2$ 为半径作圆弧来代替；或用最高点Ⅰ、最低点Ⅱ连线的垂直平分线与小圆柱轴线交点为圆心求作近似相贯线，如图5-21（a）所示。

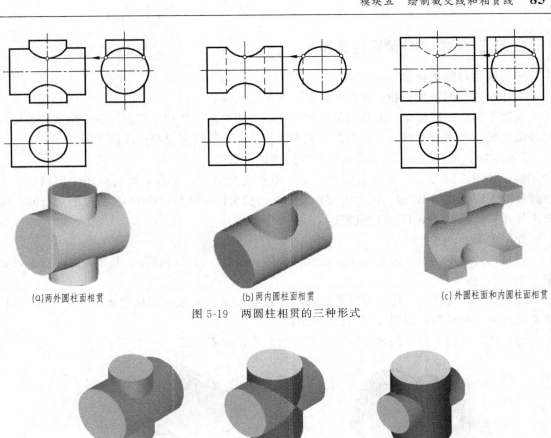

(a)两外圆柱面相贯　　(b)两内圆柱面相贯　　(c)外圆柱面和内圆柱面相贯

图 5-19　两圆柱相贯的三种形式

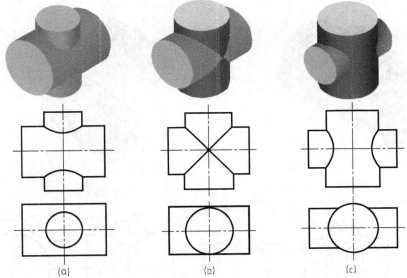

图 5-20　两圆柱直径的变化对相贯线的影响

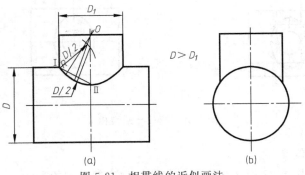

图 5-21　相贯线的近似画法

任务三 绘制其他情况相贯线

一、圆柱与圆锥相贯

求作圆柱与圆锥相贯线，可利用辅助平面法来求解。

辅助平面法，即根据三面共点的原理，用一假想平面（即辅助平面）截切两回转面得到两条截交线，求两截交线的共有点即为相贯线上的点，从而完成相贯线的作图。

[例 5-14] 求作如图 5-22 所示圆柱与圆锥的相贯线。

解：如图 5-22 所示，圆锥与圆柱正交，相贯线为前后、左右对称的封闭空间曲线。由于圆柱的轴线垂直于 W 面，因此由圆柱面上点的积聚性可知相贯线的 W 面投影为已知，需要求作相贯线在 V 面、H 面的投影。

作图步骤：

（1）找特殊点，Ⅰ（最左）、Ⅱ（最前）、Ⅲ（最右）、Ⅳ（最后），并求其三面投影，如图 5-22（a）所示；

（2）找一般位置点，用一假想平面截切，在辅助平面上取一般位置点Ⅴ、Ⅵ、Ⅶ、Ⅷ，并求出点的三面投影，如图 5-22（b）所示；

（3）光滑连接各点的同名投影即可求得相贯线，如图 5-22（c）所示。

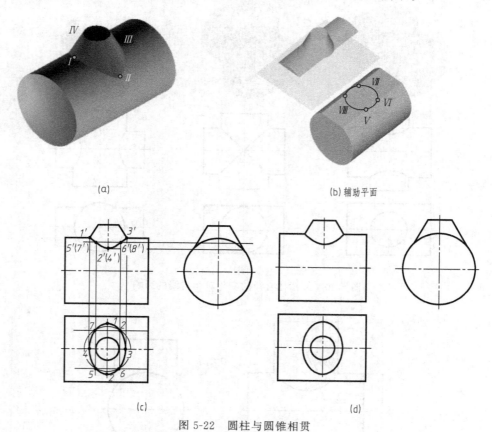

图 5-22 圆柱与圆锥相贯

二、两圆柱垂直偏交

[例 5-15] 求作图 5-23 所示 1/4 圆柱与圆柱垂直偏交的相贯线。

解：如图 5-23 所示，两圆柱垂直偏交的相贯线是前、后对称的封闭空间曲线，由于轴线分别垂直于 H 面和 V 面，因此相贯线在这两个投影面为已知（在 V 面为一段圆弧，在 H 面为一整圆），只需求作 W 面的投影。

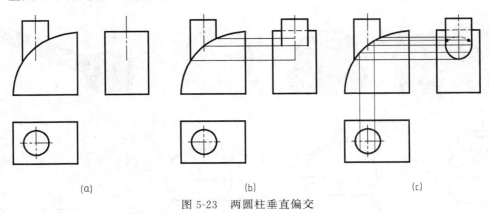

图 5-23 两圆柱垂直偏交

作图步骤 [图 5-24（b）、(c)]：

（1）找特殊点，最高、最低、最前、最后点的三面投影；

（2）找一般位置点，利用积聚性在 H 面、V 面上找点，利用点的投影原理确定点的 W 面投影；

（3）光滑连接各点并判断相贯线的可见性。如图以小圆柱轴线为界，左侧相贯线可见，右侧不可见。

三、相贯线的特殊情况

如图 5-24 所示，两圆柱或圆柱与圆锥轴线相交，并公切于一圆球时，相贯线为椭圆，

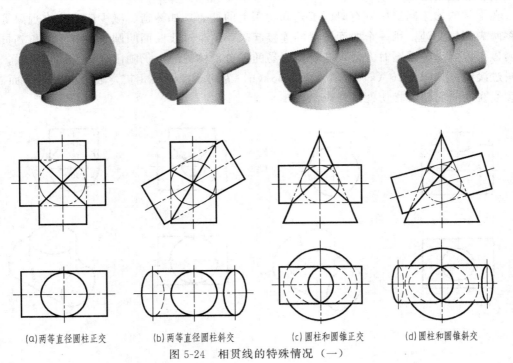

(a) 两等直径圆柱正交　　(b) 两等直径圆柱斜交　　(c) 圆柱和圆锥正交　　(d) 圆柱和圆锥斜交

图 5-24 相贯线的特殊情况（一）

且椭圆所在平面垂直于 V 面，在 V 面投影为直线段，在 H 面投影为椭圆的类似形。

如图 5-25 所示，当回转体具有公共轴线时，相贯线为垂直于轴线的圆，在 V 面投影为直线，在 H 面投影为圆。

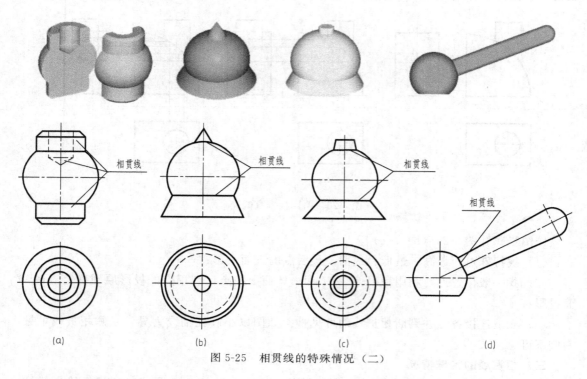

图 5-25 相贯线的特殊情况（二）

四、过渡线画法

在零件的加工制造中，有时因工艺和功用上的需要，如铸造、减少应力集中现象等，要求将两表面相交处，用一个曲面圆滑的连接起来，这个过渡曲面叫圆角。有了圆角相贯线就不明显了，但为了看图时方便，能较为容易的区分形体界限，仍画出理论上的相贯线，这条线叫过渡线。如图 5-26（a）所示。图 5-26（b）为两等径圆柱相贯，表面交线为平面曲线，过渡线在两曲面轮廓相切处断开表示。

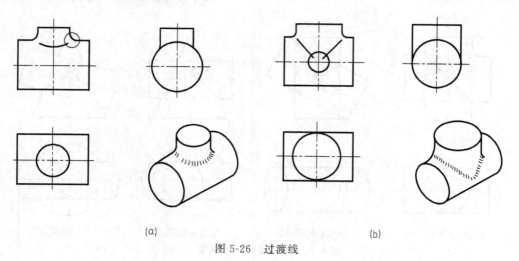

图 5-26 过渡线

模块六 组合体

• 知识目标：
1. 了解组合体的组合形式。
2. 掌握组合体三视图的画法。
3. 掌握组合体的尺寸标注。
4. 掌握组合体的读图方法。

• 技能目标：能熟练绘制组合体的三视图并进行标注。

任何复杂的形体，都可以看成是由一些基本形体通过一定的方式组合或切割而成的。我们将由两个或两个以上的基本形体按一定方式组合而成的较为复杂的形体称为组合体。

掌握组合体三视图绘制、尺寸标注和读图方法是读、画零件图和装配图的基础。

项目一 组合体的形体

• 知识目标：
1. 掌握形体分析法及应用。
2. 熟悉组合体的组合形式。
3. 掌握组合体表面连接方式及画法表达。

• 技能目标：
1. 能熟练应用形体分析法对组合体进行分析。
2. 能对组合体表面连接方式进行正确判断并表达。

任务一 认识组合体

一、组合体的组合形式

组合体有两种基本组合形式：
（1）叠加，如图 6-1（a）所示。
（2）切割，如图 6-1（b）所示。
但通常以叠加和切割的综合形式出现，如图 6-1（c）所示。

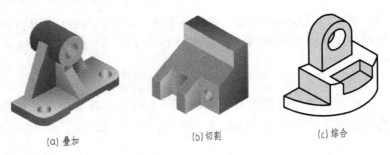

(a) 叠加　　　　　(b) 切割　　　　　(c) 综合

图 6-1　组合体的组合形式

二、形体分析法

组合体的形体相对复杂,我们通常假想把组合体分解成若干个基本部分,通过分析各基本部分的形状、相对位置、组合方式及连接关系,从而达到了解整体的目的,这种分析方法称为形体分析法。

应用形体分析法,更便于我们正确、快速地绘制、读懂组合体视图并完成尺寸标注。

如图 6-2 所示的轴承座,可先想象分解为图示的底板、支承板、肋板和圆筒四个基本部分,再逐一对这些基本部分进行分析,使读图、绘图和尺寸标注都更为简便。

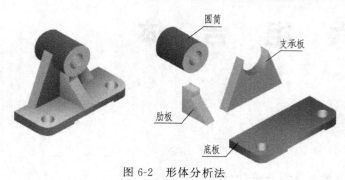

图 6-2 形体分析法

任务二　组合体表面连接方式的表达

一、组合体表面连接连接方式

两个基本体通过一定方式组合在一起时,两形体之间的表面连接方式有如图 6-3 所示的四种情况:共面、不共面、相交、相切。

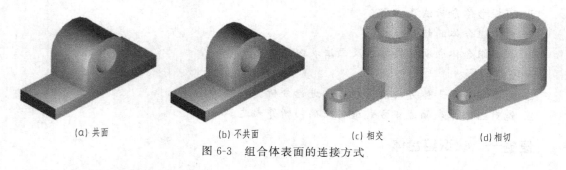

(a) 共面　　(b) 不共面　　(c) 相交　　(d) 相切

图 6-3 组合体表面的连接方式

二、组合体表面连接方式的表达

1. 共面

如图 6-4 (a) 所示,两形体叠加后,前后平齐,即两形体前后表面共面,无界线,因此在主视图中不应在两形体间画分界线 [图 6-4 (b)]。图 6-4 (c) 中错画了分界线。

2. 不共面

如图 6-5 (a) 所示,两形体叠加后,前后不平齐,即两形体前后表面不共面,两形体之间有分界线,因此在主视图中应在两形体间画分界线 [图 6-5 (b)]。图 6-5 (c) 中漏画了分界线。

3. 相交

如图 6-6 (a) 所示,该组合体由耳板和圆筒组合而成,耳板前、后侧平面和圆柱面相交,相交处有交线,视图相交处应画出交线 [图 6-6 (b)]。图 6-6 (c) 中漏画了交线。

4. 相切

如图 6-7 (a) 所示,耳板前、后侧平面和圆柱面相切,在相切处光滑过渡,不存在交线，因此相应视图中不应画出交线 [图6-7（b）]。图6-7（c）中错画了交线。

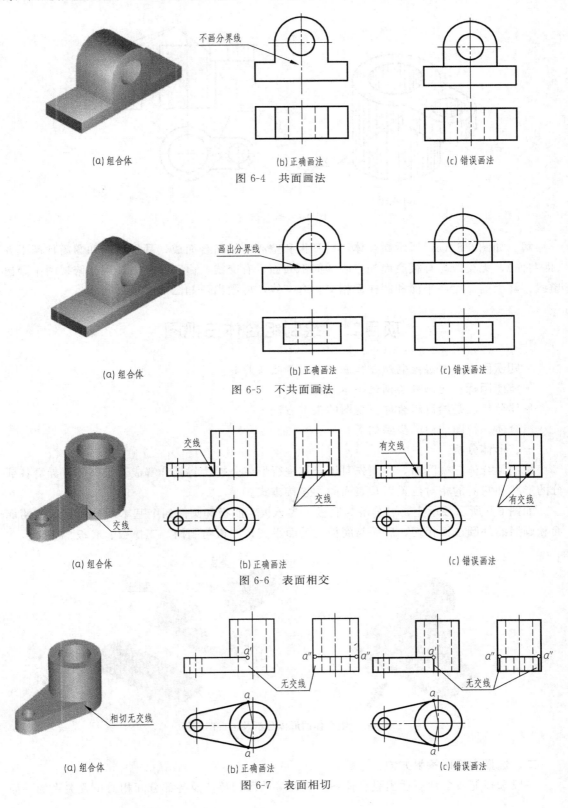

(a) 组合体　　　(b) 正确画法　　　(c) 错误画法

图 6-4　共面画法

(a) 组合体　　　(b) 正确画法　　　(c) 错误画法

图 6-5　不共面画法

(a) 组合体　　　(b) 正确画法　　　(c) 错误画法

图 6-6　表面相交

(a) 组合体　　　(b) 正确画法　　　(c) 错误画法

图 6-7　表面相切

[例 6-1] 分析如图 6-8 所示组合体表面连接方式及表达方式。

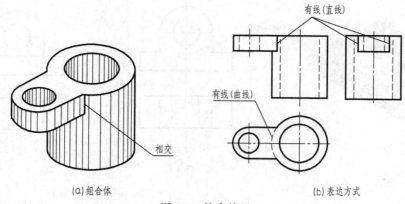

图 6-8 综合练习

解： 如图 6-8（a）所示组合体，由耳板和空心圆筒组合而成，耳板顶面和圆筒顶面平齐（即共面），无交线，耳板底面和空心圆筒不共面，有交线，由于不可见，因此俯视图中画出虚线；耳板前、后侧平面和圆柱面相交，有交线，应画出，如图 6-8（b）所示。

项目二 绘制组合体三视图

- **知识目标：** 掌握绘制组合体三视图的方法及步骤。
- **技能目标：** 能正确绘制组合体三视图。

形体分析法是绘制组合体三视图的基本方法。
组合体三视图的绘图步骤如下。

一、形体分析

绘制组合体三视图前，必须先对组合体进行形体分析，将其分解成若干部分，弄清各部分的形状和它们的相对位置以及表面间的连接方式。

如图 6-9 所示轴承座，可分解为底板、支承板、肋板和圆筒四个基本部分；支承板两侧面和圆筒的外圆柱面相切，后面与底板的后面平齐；肋板与圆筒、支撑板、底板都相交。

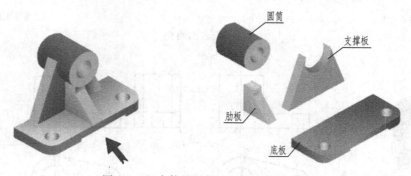

图 6-9 组合体的形体分析及主视图选择

二、选择主视图投射方向

一般选择能较多地表达出组合体各组成部分的形状特征及各部分间相对位置关系的一面

作为主视图的投射方向,并尽可能使形体上的主要形状特征面平行于投影面,以反映实形,同时应考虑组合体的自然安放。

如图 6-9 所示的轴承座,选择图示方向为主视图的投射方向,既反映了圆筒、支承板的实形,也较集中地反映了四个组成部分之间的位置关系。

主视图的投射方向确定后,其他视图的投射方向也随之确定。

三、确定绘图比例,选定图幅

视图投射方向确定后,根据实体大小,按制图标准选择适当的比例和图幅,一般尽可能选用 1∶1 的比例作图,图幅的选择则要综合考虑视图大小并留好尺寸标注的位置及标题栏的位置来确定。

四、布置视图位置,画出各视图的基准线

布图时,应合理布置视图位置,尽量使各视图在图纸中均匀分布,绘制各视图的作图基准线。

五、绘图

1. 画底稿图

画底稿图时,应注意以下几点。

(1) 绘制组合体三视图时,应采用形体分析法,逐一绘制各基本组成部分的三视图,以化繁为简,减少作图错误并提高作图速度。

(2) 画各基本组成部分时,应先绘制特征视图,再画其他视图,先定位,后定形。

(3) 要正确处理各基本组成部分之间表面连接关系的表达。

2. 检查底稿图,加粗描深

画完底稿图后,应按形体分析法逐一检查各形体的投影,纠正错误、补画漏线、擦去多余图线,最后按标准线型加粗、描深。

任务一 绘制叠加类组合体的三视图

叠加类组合体是由若干个基本组成部分通过一定方式叠加而成,因此,绘制叠加类组合体三视图时,应先将组合体分解成若干基本组成部分,画图时,逐一画出各组成部分的三视图,先画特征视图,后画其他视图,先定位,后定形,最后检查完成。

[例 6-2] 绘制如图 6-10 所示叠加类组合体的三视图。

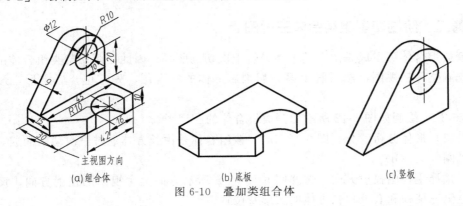

图 6-10 叠加类组合体

解:(1) 形体分析。分析图 6-10 (a),将该组合体分成两个基本组成部分,即底板和竖板。如图 6-10 (b)、(c) 所示。

(2) 选择主视图投射方向。选择图 6-10（a）所示方向为主视图投射方向，既反映了竖板的实形，也反映了竖板和底板的位置关系。

(3) 确定绘图比例，选择图幅。根据组合体的大小，确定绘图比例，选择合适的图幅。

(4) 布置视图，画出各视图的基准线。应注意视图之间应留有足够尺寸标注的空间，并留好标题栏的位置。

(5) 绘图。如图 6-11 所示，先画底板的三个视图，再画竖板的三个视图，先画特征视图，后画其他视图，先定位，后定形，最后检查完成。

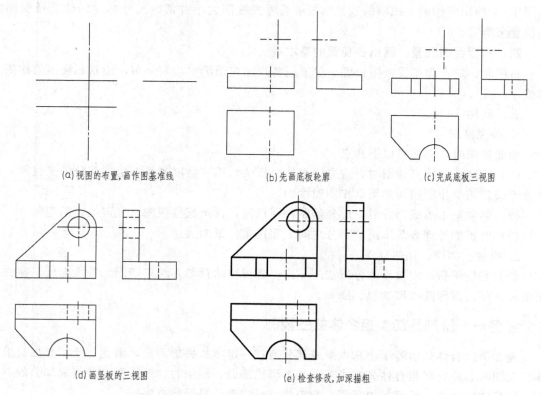

图 6-11　绘制叠加类组合体三视图

任务二　绘制切割类组合体三视图

切割类组合体可看成是由一基本体经若干次切割所得。因此在画切割类组合体的三视图时，应先画整体三视图，然后画出逐一切割后形体的三视图，先定位，后定形，最后检查完成。

[例 6-3]　绘制如图 6-12 所示切割类组合体的三视图。

解：(1) 形体分析。分析图 6-12（a），该组合体是由长方体通过三次切割而成，三次切割过程见图 6-12（b）。

(2) 选择主视图投射方向。选择图 6-12（a）所示方向为主视图的投射方向，反映了所切割的左侧三棱柱和右上角长方体的实形及位置。

(3) 绘图。如图 6-13（a）~（c）所示，先画长方体的三个视图，再逐一画出切割后形体的三视图，先画特征视图，后画其他视图，先定位，后定形，最后检查完成。

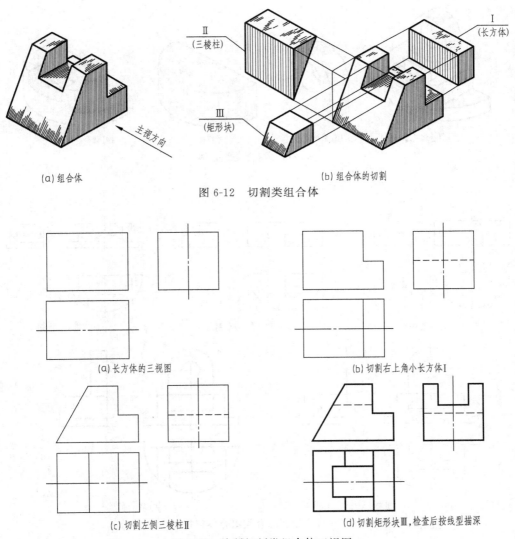

图 6-12 切割类组合体

图 6-13 绘制切割类组合体三视图

任务三　绘制综合类组合体三视图

综合类组合体是若干基本组成部分经过叠加并进行适当的切割而成的较复杂的形体。绘制此类组合体的三视图时，也要综合前两种绘图方法进行绘制。同样需要遵循"先整体，后局部，先定位，后定形"的基本原则。

[例 6-4]　绘制如图 6-14 所示综合类组合体的三视图。

解：(1) 形体分析。分析图 6-14，该组合体是由底部的经切割后的半圆柱 [图 6-14 (d)] 和上方的拱形柱体叠加而成。

(2) 选择主视图的投射方向。选择 6-14 (a) 所示方向为主视图的投射方向，既反映了拱形柱体和底部半圆柱的上下位置关系，也反映了拱形柱体和半圆柱被切割形体的实形。

(3) 绘图。如图 6-15 (a)～(c) 所示，先画底部半圆柱体的三视图，再逐一画出被切割后形体的三视图，然后再画出叠加的拱形柱体的三视图，最后检查完成。

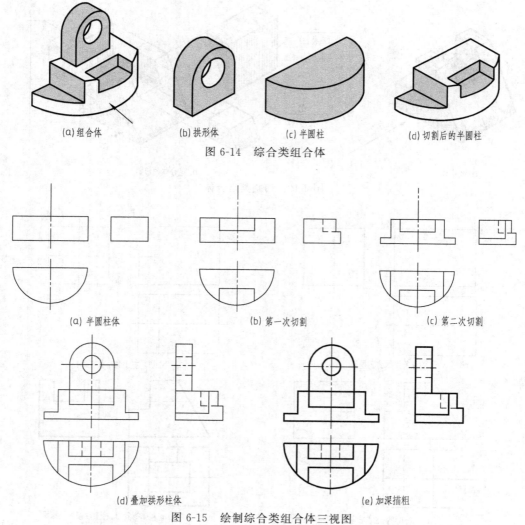

图 6-14 综合类组合体

图 6-15 绘制综合类组合体三视图

项目三 标注组合体尺寸

- **知识目标：**
1. 熟悉组合体尺寸标注的基本要求。
2. 掌握组合体尺寸标注的基本方法。
- **技能目标：** 能正确标注组合体的尺寸。

尺寸是图样中的重要内容之一，是制造机件的直接依据，学习组合体的尺寸标注也是后续识读、绘制零件图的重要基础。

任务一 识读组合体尺寸

一、组合体尺寸标注的基本要求

（1）正确。尺寸数字要正确无误，注法符合机械制图国家标准的规定。

(2) 完整。尺寸标注要完整，将确定组合体各部分形状大小及相对位置的尺寸标注完全，不遗漏，不重复。

(3) 清晰。尺寸布置要整齐、清晰，便于读图。

二、尺寸基准的确定

标注尺寸的起点称为尺寸基准。

每个形体都有长、宽、高三个方向的尺寸，因此，标注组合体的尺寸时，在每个方向都应先选择尺寸基准，以便从基准出发，确定各形体之间的定位尺寸。

组合体在每个方向至少有一个主要基准，必要时也允许有辅助基准，辅助基准必须用尺寸与主要基准相联系。通常选择组合体的底面、重要端面、对称面和轴线等作为尺寸基准。标注尺寸时，每个方向都应从尺寸基准出发标注尺寸。

如图 6-16（a）所示，选择组合体右端面为长度方向的基准，选择后端面为宽度方向的基准，选择底面为高度方向的基准。

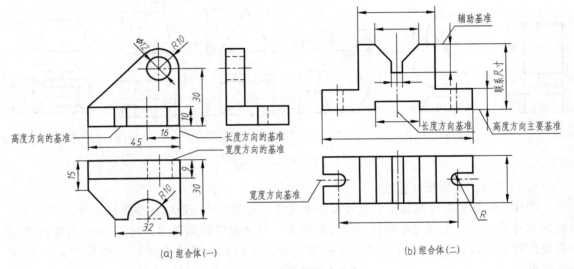

(a) 组合体(一)　　　　　　　　　(b) 组合体(二)

图 6-16　组合体的尺寸基准

如图 6-16（b）所示，选择底面为高度方向的主要基准，顶面为高度方向的辅助基准，主要基准和辅助基准之间必须有尺寸直接联系；以左右对称的中心线为长度方向的尺寸基准，以前后对称的中心线为宽度方向的尺寸基准。

三、尺寸种类

按组合体视图中尺寸的作用，将尺寸分为定形尺寸、定位尺寸、总体尺寸。

(1) 定形尺寸。用来确定组合体各基本组成部分形状大小的尺寸。如图 6-16（a）中用来确定底板形状大小的尺寸有 45mm、30mm、15mm、32mm、10mm 等。

(2) 定位尺寸。用来确定组合体各组成部分之间相对位置的尺寸。如图 6-16（a）中用来确定竖板上孔位置的尺寸为 30mm，确定底板半圆孔位置的尺寸为 16mm 等。尺寸 32mm、15mm 也可看作是确定底板切口位置的定位尺寸。

(3) 总体尺寸。用来确定组合体的总长、总宽、总高的尺寸。如图 6-16（a）中总长尺寸为 45mm，总宽尺寸为 30mm 等。

注意：各尺寸的作用不是唯一的，有的既是定形尺寸也是定位尺寸或整体尺寸，标注时注意不要重复标注；一端或两端有圆弧的形体，一般不标注总体尺寸，只需标注至中心即可。

任务二　标注组合体尺寸

组合体尺寸标注的基本方法是形体分析法。即将组合体分解为若干个基本组成部分，在形体分析的基础上标注三类尺寸：定形尺寸、定位尺寸和总体尺寸。

一、基本形体的定形尺寸标注

1. 平面体的定形尺寸标注

棱柱、棱锥应标注确定底面大小和高度的尺寸［图 6-17（a）］；棱台应标注上、下底面大小和高度的尺寸［图 6-17（b）］。标注正方形尺寸时，可在正方形边长尺寸数字前加注符号"□"或"$B \times B$"注出。

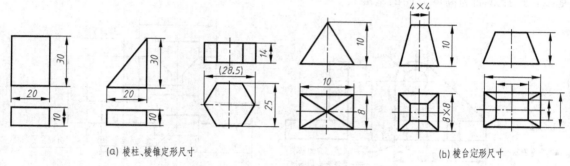

(a) 棱柱、棱锥定形尺寸　　　　　　　　　　(b) 棱台定形尺寸

图 6-17　常见平面体的定形尺寸

2. 回转体的定形尺寸标注

圆柱、圆锥应标注底面圆的直径及高度尺寸。直径尺寸一般标在非圆视图上，尺寸数字前须加符号"ϕ"，半径尺寸应标在圆弧视图上，尺寸数字前加符号"R"；圆台需标注顶面和底面圆的直径及高度尺寸；球体在标注直径或半径时，还应在前面加符号"S"，如图 6-18 所示。

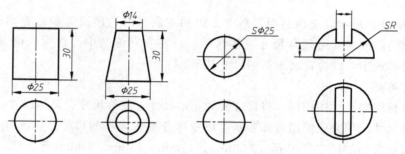

图 6-18　常见回转体的定形尺寸

二、常见形体的定位尺寸标注

定位尺寸主要用来确定各基本体或结构之间在长、宽、高三个方向的位置。

图 6-19（a）表达了长方体上四个小孔在长度方向和宽度方向的定位；图 6-19（b）、（c）分别表达了圆柱和长方体在长、宽、高三个方向的定位。

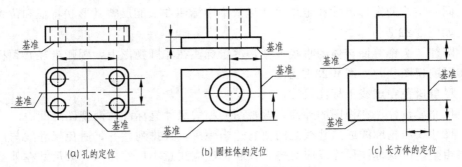

图 6-19　常见形体的定位尺寸

三、切口体和相贯体的尺寸标注

切口体是基本体被平面截切后得到的形体，标注切口体尺寸时，要标注基本体的定形尺寸和截平面的定位尺寸，如图 6-20（a）所示。

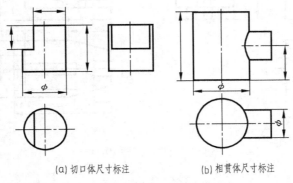

图 6-20　切口体和相贯体的尺寸标注（一）

两个基本体相交时，在体的表面形成相贯线，标注此类具有相贯线的形体尺寸时，应标注产生相贯线的两基本体的定形、定位尺寸［图 6-20（b）］。

截交线和相贯线都是自然形成的，因此，切记不能在截交线和相贯线上直接标注尺寸［图 6-21］。

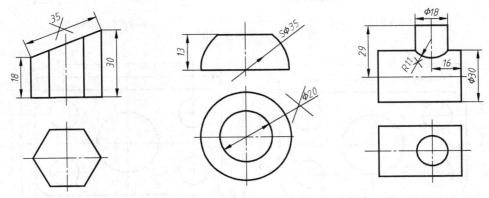

图 6-21　切口体和相贯体的尺寸标注（二）

四、尺寸的布置

组合体视图中的尺寸标注要做到整齐清晰，便于读图。

(1) 同一结构的定形尺寸和定位尺寸尽量集中标注在最能反映其形状特征和位置特征的视图上，如图 6-22 所示。

(2) 圆柱、圆锥等回转体的直径尺寸，尽量标注在非圆视图上，圆弧半径必须标注在反映圆弧实形的视图上，如图 6-23 所示。

(3) 尽量避免在虚线上标注尺寸。

(4) 尺寸尽量标注在视图的外面，两视图的相关尺寸宜标注在两视图之间。

(5) 尺寸线与轮廓线或尺寸线之间留有适当距离，且排列整齐，避免尺寸线与尺寸线或尺寸界限相交，串联标注尺寸线应对齐，并联标注应注意小尺寸在内，大尺寸在外且间隔尽量一致，如图 6-24、图 6-25 所示。

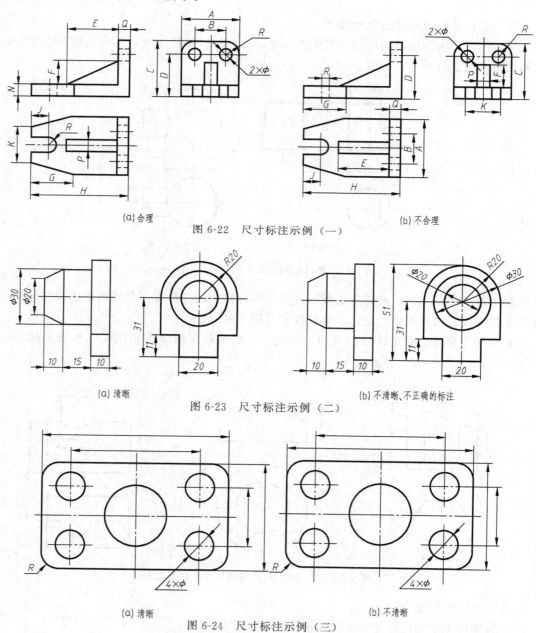

图 6-22　尺寸标注示例（一）

图 6-23　尺寸标注示例（二）

图 6-24　尺寸标注示例（三）

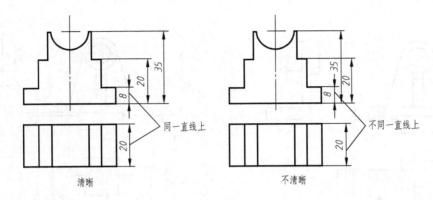

图 6-25 尺寸标注示例（四）

（6）相同结构只需标注一个尺寸，但必须注明个数，圆角不标个数，如图 6-26 所示。

五、组合体尺寸标注综合举例

[例 6-5] 标注轴承座的尺寸。

解：（1）进行形体分析，分析组合体各基本组成部分的形状和相对位置。将轴承座分解为底板、支撑板、肋板和圆筒四个基本部分。

（2）选择尺寸基准，如图 6-27（b）所示。

（3）分别标注各基本组成部分的定位、定形尺寸，注意先定位，后定形，如图 6-27（c）～（f）所示。

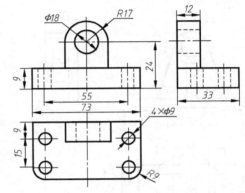

图 6-26 尺寸标注示例（五）

（4）标注总体尺寸。

（5）检查、校核，用形体分析法核对各组成部分的定位、定形尺寸，调整布局。

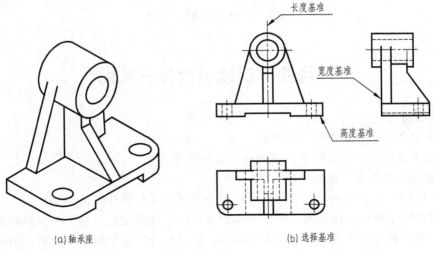

(a) 轴承座　　　　　　　(b) 选择基准

图 6-27

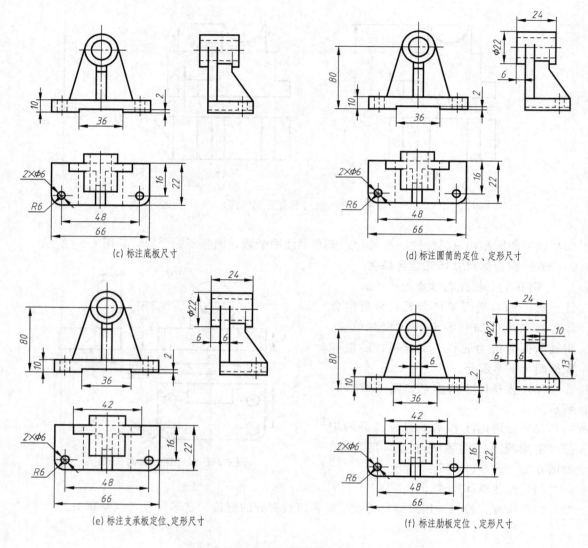

图 6-27 轴承座的尺寸标注

项目四　识读组合体三视图

- **知识目标：**
1. 掌握组合体视图读图的基本知识。
2. 掌握用形体分析法读组合体视图的方法和步骤。
3. 理解线面分析法的读图方法。
- **技能目标：** 能够利用形体分析法、线面分析法读懂组合体视图。

绘图和读图是机械制图课程的两大基本要求，学会读图无论是对于一线的操作工人还是工程技术人员，都是一个必须具备的基本能力。识读组合体三视图是识读零件图和装配图的基础。

读图的基本知识介绍如下。

一、从各视图中找出特征视图

1. 找形状特征视图

最能反映物体形状特征的视图称为形状特征视图。

在三视图中，找出形状特征视图，利用形状特征视图想象各基本组成部分的形体特征。

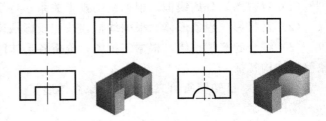

图 6-28　从形状特征视图想基本体的形状

分析图 6-28 两个形体的三视图，可判断俯视图为形状特征视图。

2. 找位置特征视图

最能反映各基本体相对位置的视图称为位置特征视图。

在三视图中，找出位置特征视图，利用位置特征视图想象各基本组成部分的相对位置。

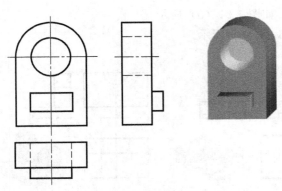

图 6-29　从位置特征视图想基本体的位置

分析图 6-29 所给三视图，可判断主视图是形状特征视图，反映了拱形柱体和方体的形状，左视图是位置特征视图，反映了方体前后关系的特征视图。

二、要把几个视图联系起来进行分析

从 6-30（a）所给的主、俯视图分析可知，两个视图并不能完全确定一个唯一的形体，只有结合左视图共同分析，才能确定形体的结构特征。因此，读视图时，必须将多个视图结合起来分析，才能正确想象出形体的形状。

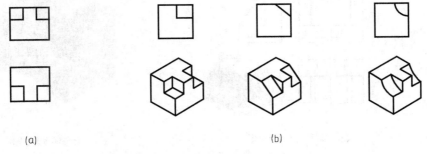

(a)　　　　　　　　　　(b)

图 6-30　各视图联系起来读

任务一　用形体分析法分析组合体视图

读组合体视图的基本方法是形体分析法。

形体分析法是从体的角度，将组合体分解成若干个简单形体，每一简单形体的投影一般为一封闭线框。运用三视图的投影规律，分别想象各简单形体的形状、相对位置、表面连接关系，最后综合起来想出整体。

形体分析法的主要步骤：

(1) 看视图，分离线框。根据视图投影关系，将视图中的线框进行分离（分解形体）。

(2) 对投影，想象形体。根据线框，按照投影规律，想象逐个形体的结构形状。

(3) 综合起来想整体。根据三视图，分析各形体间的相对位置、表面连接关系，综合想象整体结构特征。

[例 6-6] 已知图所给三视图，想象立体形状。

读图步骤：

(1) 根据三视图投影关系，将主视图分为四个线框，即 1′、2′、3′、4′，如图 6-31 (a) 所示；

(2) 根据线框 1′，按照投影规律，想象底板形状，如图 6-31 (b) 所示；

(3) 由线框 2′，想象支撑板形状，如图 6-31 (c) 所示；

(4) 由线框 3′、4′想象左右两肋板形状，如图 6-31 (d) 所示；

(5) 综合起来想象整体形状结构，如图 6-31 (e) 所示。

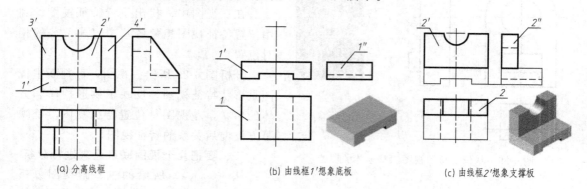

(a) 分离线框　　　　　　　(b) 由线框1′想象底板　　　　　　(c) 由线框2′想象支撑板

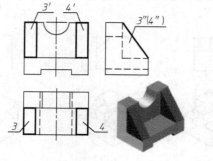

(d) 由线框3′、4′想象肋板　　　　　　　　　　(e) 综合起来想整体

图 6-31　形体分析法读组合体三视图（一）

[例 6-7] 已知图 6-32 (a) 所给的三视图，想象其立体形状。

读图步骤：

(1) 如图 6-32 (a) 所示，根据三视图，将视图分离为 Ⅰ、Ⅱ、Ⅲ 三个线框，如图 6-32 (a) 所示；

(2) 根据线框 Ⅰ 的三面投影，想象底板形状，如图 6-32 (b) 所示；

(3) 根据线框 Ⅱ 的三面投影，想象竖板形状，如图 6-32 (c) 所示；

(4) 根据线框 Ⅲ 的三面投影，想象拱形柱体形状，如图 6-32 (d) 所示；

(5) 综合想象出整体形状结构，如图 6-32（e）所示。

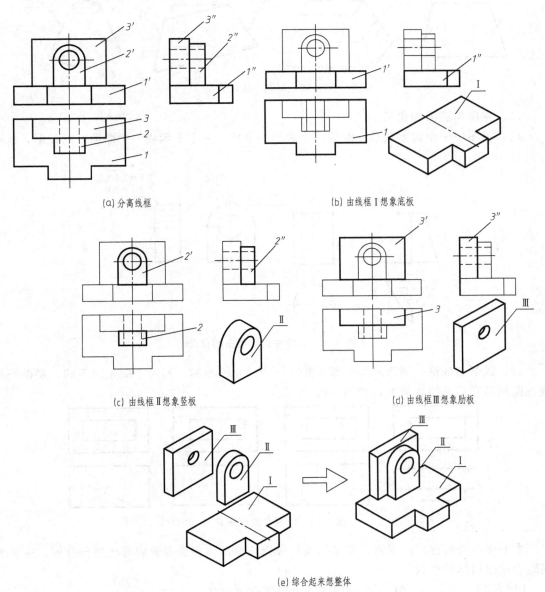

图 6-32　形体分析法读组合体三视图（二）

任务二　用线面分析法分析组合体视图

当视图表达形体不规则，不便采用形体分析法读图时，可采用线、面分析法。

线面分析法是从面的角度，将组合体看成由若干个面围成，根据线、面的投影特点，分析视图中图线和线框所代表的意义和相互位置，从而看懂视图的方法。它主要用来分析视图中的局部复杂投影。

一、视图中线的含义

可表示形体的轮廓线、形体上的面、面与面的交线，回转体上的几何素线等（图 6-33）。

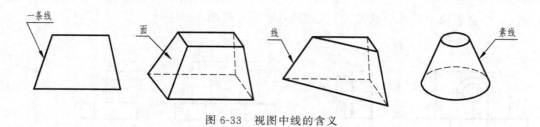

图 6-33 视图中线的含义

二、视图中线框的含义

（1）视图中一个封闭线框一般情况下表示一个面（一个平面或一个曲面）的投影，如图 6-34 所示。

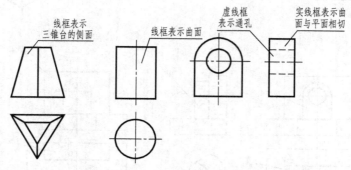

图 6-34 视图中封闭线框的含义

（2）线框套线框，则表示两个面可能有一个面是凸出的、另一个面是凹下的，要根据其他视图判断它们的位置关系，如图 6-35 所示。

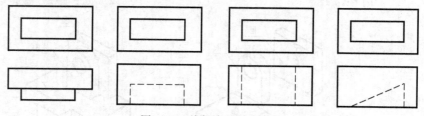

图 6-35 线框套线框的含义

当形体由切割方式形成时，常采用面形分析法对形体主要表面的形状进行分析，进而准确地想象出形体的形状。

［例 6-8］ 根据图 6-36 所给三视图，想象其立体形状。

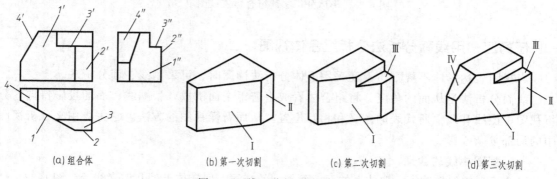

(a) 组合体　　　(b) 第一次切割　　　(c) 第二次切割　　　(d) 第三次切割

图 6-36 线面分析法读图（一）

读图步骤：

（1）分线框，对投影。

根据所给三视图，将其分为四个部分。

① 线框（线）1、1'、1″在三视图中是"两面一斜线"，表示铅垂面。

② 线框（线）2、2'、2″在三视图中是"一面两直线"，表示正平面。

③ 线框（线）3、3'、3″在三视图中是"一面两直线"，表示水平面。

④ 线框（线）4、4'、4″在三视图中是"两面一斜线"，表示正垂面。

（2）分别从对应的线框找出形状特征线框，想象每次切割部分的形状，然后综合归纳想整体。

[例 6-9] 根据图 6-37 所给三视图，想象其立体形状。

读图过程如图 6-37（b）～（f）所示。

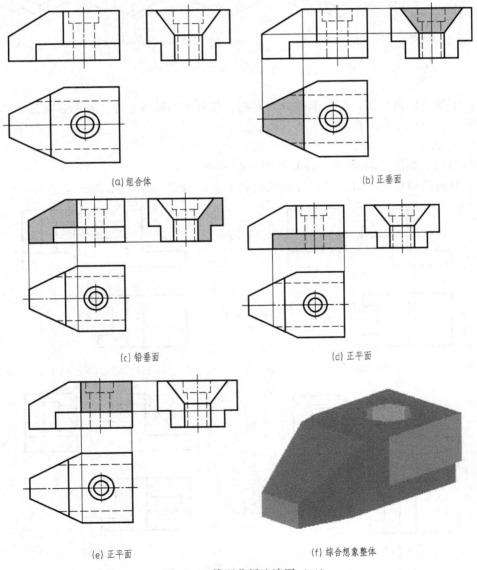

(a) 组合体　　(b) 正垂面

(c) 铅垂面　　(d) 正平面

(e) 正平面　　(f) 综合想象整体

图 6-37　线面分析法读图（二）

三、补视图和补漏线

（1）补视图。根据两个视图，补画第三视图。

[例 6-10] 如图 6-38 所示，已知主、俯视图，补画左视图。

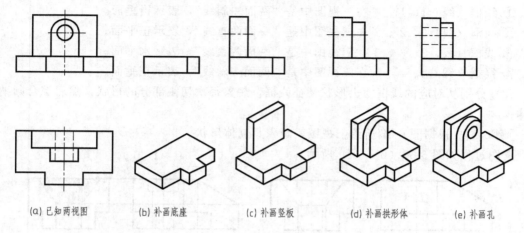

(a) 已知两视图　　(b) 补画底座　　(c) 补画竖板　　(d) 补画拱形体　　(e) 补画孔

图 6-38　补视图

解：根据所给两视图，可将形体分为底座、竖板和拱形体，逐一补画各部分形体的左视图，如图 6-38（b）～（e）所示。

（2）补漏线。

[例 6-11] 如图 6-39 所示，补画视图中的漏线。

解：根据已知视图 6-39（a），补画漏线如图 6-39（b）～（d）所示。

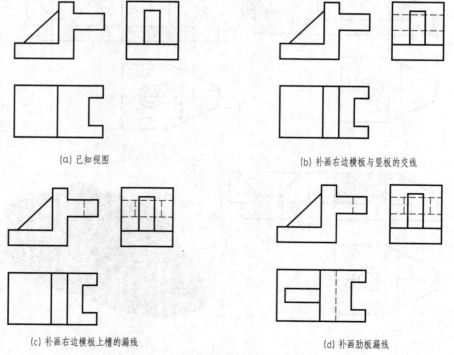

(a) 已知视图　　　　　　　　　　(b) 补画右边横板与竖板的交线

(c) 补画右边横板上槽的漏线　　　(d) 补画肋板漏线

图 6-39　补漏线

模块七　识读与绘制机件视图

- 知识目标：
1. 掌握各种视图、剖视图、断面图、局部放大图的画法，标注规定及其应用范围。
2. 了解常用的简化画法规定。
- 技能目标：初步掌握用恰当的表达方案将机件的形状表达清楚。

通过前面的学习，我们知道了怎么样用三视图来表达物体的结构形状，但物体的结构形状是多种多样的，有些复杂形体用三视图还不能表达清楚，还需采用其他表达方法。国家标准《技术制图》与《机械制图》中规定了各种画法，如视图、剖视、断面、局部放大图、简化画法等，这里将学习其中的主要内容。

项目一　识读与绘制视图

- 知识目标：
1. 了解视图的概念、分类。
2. 掌握各种视图的表达方法。
- 技能目标：会用必要的视图表达机件结构。

视图是根据有关国家标准和规定用正投影法绘制的图形。在机械图样中，主要用来表达机件外部结构形状，一般仅画出可见部分，必要时才用虚线绘出不可见部分。

视图包括基本视图、向视图、局部视图和斜视图四种。

任务一　识读与绘制基本视图

以正六面体的六个面为基本投影面，将机件放入其中，机件向基本投影面投射所得的视图称为基本视图，如图7-1（a）所示。投影按图7-1（b）所示展开在同一平面上，六个基本视图如图7-1（c）所示按"长对正、高平齐、宽相等"的投影关系配置，且一律不标注视图名称。

任务二　识读与绘制向视图

向视图是基本视图的一种表示形式，是可以自由配置的视图。

为便于读图，应在向视图的上方用大写拉丁字母标出该向视图的名称（如"B""C"等），并在相应的视图附近用箭头指明投射方向，注上相同的字母，如图7-2所示。

注意：基本视图与向视图的区别与联系，基本视图、向视图与三视图的区别与联系。

任务三　识读与绘制局部视图

将机件的某一部分向基本投影面投射所得视图称为局部视图。

如图7-3所示机件，采用主、俯两个基本视图，其主要结构已表达清楚，但左右两个凸台的形状不够明晰，若因此再画两个基本视图，如图7-3（c）中左视图和右视图，则大部分

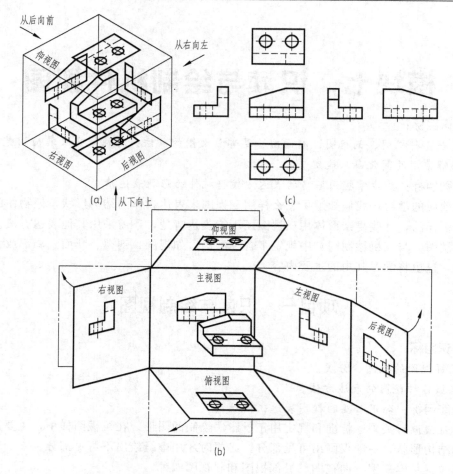

图 7-1 六个基本视图

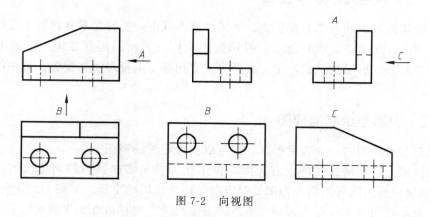

图 7-2 向视图

属于重复表达。采用两个局部视图表达两个凸台形状,既简练又突出重点。

画局部视图规定:

(1) 配置。局部视图可按基本视图配置的形式配置,如图 7-3 (b) 中的左视图;也可按向视图的配置形式配置在适当位置,如图 7-3 (c) 中的局部视图 B;还可按第三角画法配置在视上所需表达物体局部结构的附近,并用细点画线将两者相连,如图 7-3 (d) 所示。

(2) 标注。局部视图用带字母的箭头标明所表达的部位和投射方向,并在局部视图的上方标注相应的字母。当局部视图按投影关系配置、中间又没有其他视图时,可省略标注,如图 7-3 中的"A"向局部视图的箭头、字母均可省略。

(3) 画法。局部视图的断裂边界用波浪线或双折线表示,如图 7-3 中的局部视图所示。但当所表示的局部结构是完整的,其图形的轮廓线呈封闭时,波浪线可省略不画,如图 7-3 中的局部视图 B 所示。

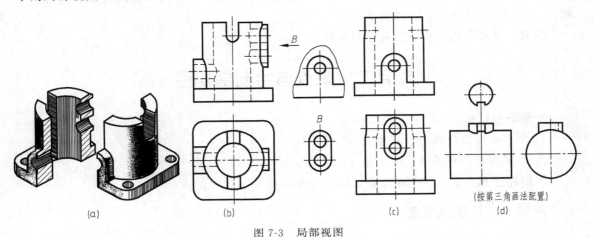

图 7-3　局部视图

任务四　识读与绘制斜视图

机件向不平行于任何基本投影面的平面投射所得视图称为斜视图。

斜视图规定画法:

(1) 斜视图只反映机件上倾斜结构的实形,其余部分省略不画。斜视图的断裂边界可用波浪线或双折线表示,如图 7-4 中 A 视图所示。

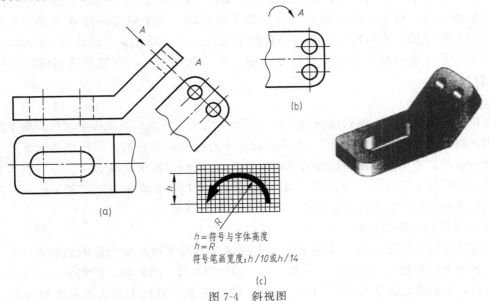

图 7-4　斜视图

(2) 标注：

① 斜视图通常按向视图的配置形式配置并标注，即在斜视图的上方用字母标出视图的名称，在相应的视图附近用带有同样字母的箭头指明投射方向，如图 7-4（a）所示。

② 必要时，允许将斜视图旋转配置，并加注旋转符号，表示该视图名称的字母应靠近旋转符号的箭头端，如图 7-4（b）所示；也允许在字母之后注出旋转角度。旋转符号为半圆形，半径等于字体高度，如图 7-4（c）所示。

注意：局部视图与斜视图的区别与联系。

项目二　识读与绘制剖视图

• 知识目标：
1. 了解剖视图的概念、分类。
2. 掌握各种剖视图的表达方法。
• 技能目标：掌握用剖视图表达机件的内部结构。

任务一　认识剖视图

一些机件内部形状比较复杂，视图中出现较多虚线，有些虚线甚至与外形轮廓线重叠，影响图形清晰和标注尺寸。因此，国标《图样画法》规定了剖视图的画法。

一、剖视的概念

1. 剖视的形成

假想用剖切面剖开机件，将处在观察者和剖切面之间的部分移去，而将余下部分向投影面投射所得图形，称为剖视图，简称剖视。剖开机件的假想平面或曲面称为剖切面，如图 7-5（a）所示，将视图与剖视图相比较，如图 7-5（b）、（c）所示。由于主视图采用了剖视的画法，将机件上不可见的部分变成了可见的，图中原有的虚线变成了实线，再加上剖面线的作用，所以使机件内部结构形状的表达既清晰，又有层次感。同时，画图、看图和标注尺寸也都更为简便。要注意，在不致引起误解时，应避免使用虚线表示不可见的结构。

2. 剖面符号

在剖视和断面图中，剖切面与机件接触部分称为剖面区域，在剖面区域中应画上剖面符号。不同材料的剖面符号见表 7-1。当不需要表示材料类别或表示金属材料的剖面符号用通用剖面线表示。通用剖面线一般用与水平成 45°、间隔均匀的细实线绘制，但当图形主要轮廓线或对称线与水平成 45°，则该图形的剖面线应画成与水平成 30°或 70°的平行线，其倾斜方向仍与其他图形的剖面线方向一致，如图 7-6 所示。

3. 剖视图的标注与配置

剖视图的标注一般应含三个内容：在剖视图上方用字母标注剖视图的名称"$X—X$"；在相应视图上用剖切线（点画线，一般省略）和剖切符号（粗短画，线宽 1～1.5mm）表示剖切位置，并标注相同字母；在剖切符号起、讫处外侧垂直画上箭头表示投射方向，如图 7-7 中 $B—B$ 剖视所示。

模块七 识读与绘制机件视图 113

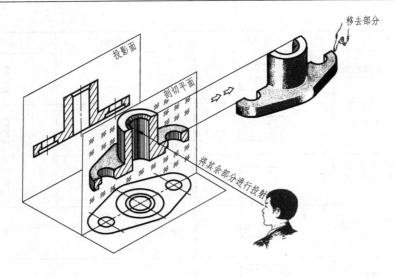

(a) 剖视的形成

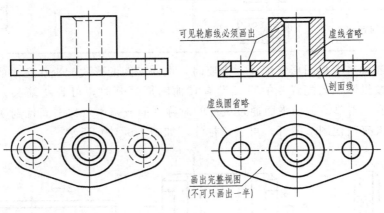

(b) 视图　　　　　　　　　　　　(c) 剖视

图 7-5 剖视图的形成

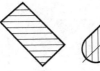   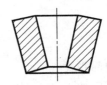

图 7-6 剖面线的角度

表 7-1 剖面符号 (GB/T 4457.5—84)

材料名称	剖面符号	材料名称	剖面符号
金属材料(已有规定剖面符号者除外)		木质胶合板	
线圈绕组元件		基础周围的泥土	

续表

材料名称		剖面符号	材料名称	剖面符号
转子、电枢、变压器和电抗器等的叠钢片			混凝土	
非金属材料(已有规定剖面符号者除外)			钢筋混凝土	
型砂、填砂、粉末冶金、砂轮、陶瓷刀片、硬质合金刀片等			砖	
玻璃及供观察用的其他透明材料			格网(筛网、过滤网等)	
木材	纵剖面		液体	
	横剖面			

剖视图一般按基本视图形式配置，必要时，按向视图的形式配置在适当的位置。

当剖视图按投影关系配置，中间又没有其他图形隔开时，可省略箭头，如图 7-7 中的 A—A 剖视所示。当单一剖切平面通过机件的对称平面或基本对称平面且剖视图按投影关系配置，中间又没有其他图形隔开时，可省略标注，如图 7-5（c）所示。

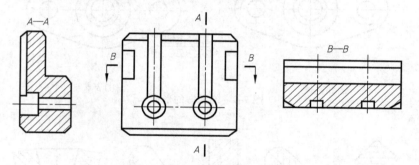

图 7-7　剖视图的标注与配置

二、剖视图种类

据剖切范围的大小，剖视图可分为全剖视图、半剖视图和局部剖视图。

按剖切面的种类，剖视图可分为单一剖、阶梯剖、旋转剖视图。

任务二　识读与绘制全剖视图

一、全剖视图的概念

用剖切平面完全地剖开机件所得的剖视图称为全剖视图。

二、全剖视图的应用与画法

全剖视图一般适用于外形比较简单、内部结构较为复杂的不对称机件，或外形已在其他视图表达清楚，内形需表达，外形简单的对称机件，如图 7-8 所示。

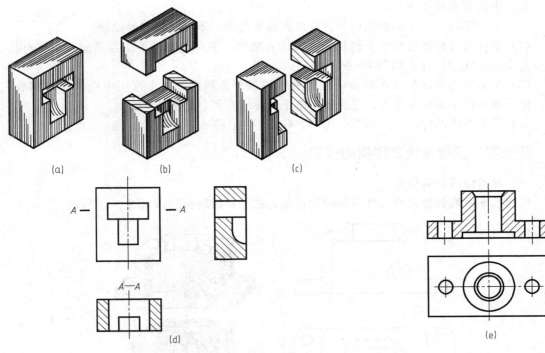

图 7-8 全剖视图

任务三 识读与绘制半剖视图

一、半剖视图的概念

当机件具有对称平面时，向垂直于对称平面的投影面上投射所得图形，可以对称中心线为界，一半画成剖视图，另一半画成视图，这种剖视图称为半剖视图，如图 7-9 所示。

二、半剖视图的应用

半剖视图常用于表达内外形状都比较复杂的对称机件。当机件形状接近对称，且不对称部分已另有图形表达清楚时，也可画成半剖视图，如图 7-10 所示。

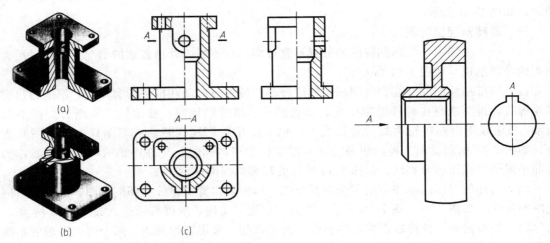

图 7-9 半剖视图（一）　　　　　　　　　　图 7-10 半剖视图（二）

三、半剖视图的画法

（1）半个视图与半个剖视图的分界线以点画线为界，不能画成其他图线。

（2）机件内部形状已在半个剖视图中表达清楚时，半个视图中不应再画虚线，但对孔、槽应画出中心线的位置，如图 7-9 所示。

（3）半剖视图中的剖视图部分的位置通常按以下原则配置：主视图中应位于对称线右侧；俯视图中位于对称线下方；左视图中位于对称线右侧，如图 7-9 所示。

（4）半剖视图的标注与全剖视图相同，如图 7-9 中的 A—A 所示。

任务四　识读与绘制局部剖视图

一、局部剖视图的概念

用剖切平面局部地剖开机件所得的剖视图，称为局部剖视图，如图 7-11 所示。

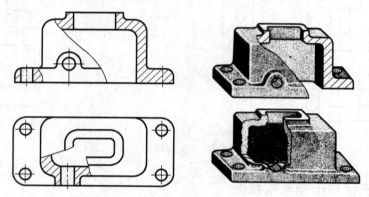

图 7-11　局部剖视图

二、局部剖视图的应用

局部剖视图不受机件是否对称的限制，可根据机件结构、形状特点灵活选择剖切位置和剖切范围，所以应用广泛，常应用于：

（1）不对称机件，既需要表达外形又需要表达内部形状时，如图 7-11 所示。

（2）机件上仅需表达局部内形，但不必或不宜采用全剖视图时。

（3）对称机件的内形或外形的轮廓线正好与图形对称中心线重合，因而不宜采用半剖视图时，如图 7-12 所示。

三、局部剖视图的画法

（1）一个视图中，局部剖视图的数量不宜过多，在不影响外形表达的情况下，可采用大面积的局部剖视，如图 7-11 所示。

（2）局部剖视图的剖视和视图用波浪线分界，波浪线应画在机件的实体上，不能超出实体轮廓线，也不能画在机件的中空处，如遇到孔、槽等结构时，波浪线必须断开如图 7-13 所示；波浪线不应画在轮廓线的延长线上，也不能用轮廓线代替，或与图样上其他图线重合，如图 7-12 所示。但当被剖切部位的局部结构为回转体时，允许将该结构的中心线作为局部剖视图与视图的分界线，如图 7-14 拉杆的局部剖视图所示。

（3）局部剖视图的标注方法和全剖视相同，但剖切位置明显的局部剖视图，一般省略剖视图的标注，如图 7-11、图 7-12 所示。若剖切位置不明确，应进行标注，如图 7-15 所示。

（4）如有需要，允许在剖视图中再作一次局部剖，采用这种画法，两个剖面区域的剖面线同方向、同间隔，但要相互错开，如图 7-16 所示。

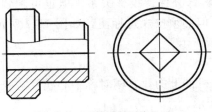
图 7-12　局部剖视图（一）

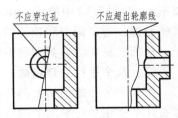
图 7-13　局部剖视图（二）

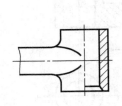
图 7-14　拉杆局部剖视图

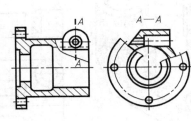
图 7-15　剖视图的标注

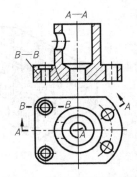
图 7-16　视图中再作局部剖视

注意：全剖视图、半剖视图、局部剖视图在画法、标注、应用上的区别与联系。

任务五　识读与绘制不同剖切面的剖视图

由于机件内部结构形状的复杂多变，常需选用不同数量、位置、范围和形状的剖切面来剖开机件，才能把机件的内部结构形状表达清楚。国标规定，可选以下几种剖切面。

一、单一剖切面——单一剖

只用一平面或柱面剖切机件的方法。如前所述的全剖视、半剖视和局部剖视都是用这种剖切面剖开机件而得的视图，但单一剖切面也可以是不平行于基本投影面的剖切平面（简称

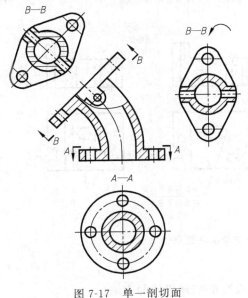
图 7-17　单一剖切面

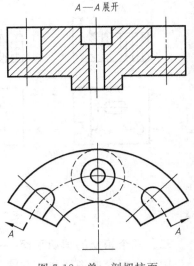
图 7-18　单一剖切柱面

斜剖），如图 7-17 中的 B—B。这种剖视图一般应与倾斜部分保持投影关系，但也可配置在其他位置。为了画图和读图的方便，也可将视图转正，但必须按规定标注，如图 7-17 所示。单一柱面的剖切面，其剖视图应按展开绘制，如图 7-18 所示。

二、几个平行的剖切面——阶梯剖

用几个平行的剖切面剖开机件的方法。它用来表示机件上的孔、槽对称中心线及空腔分布在几个互相平行平面上的机件内部结构，如图 7-19 所示。

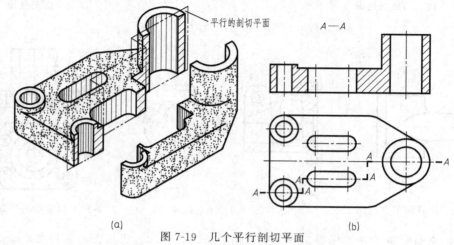

图 7-19 几个平行剖切平面

画法规定：

（1）把几个平行剖切面作一个平面考虑，不画剖切面转折处的界线，如图 7-20（b）所示。

（2）正确选择剖切位置，在剖视图中不应出现不完整要素，如图 7-20（d）所示。但当两个要素在图形上具有公共对称中心线或轴线时，可以对称中心线为界，各剖一半，如图 7-21 所示。

（3）用字母标注剖视图的名称，在相应视图上用剖切符号表示剖切平面的起讫和转折，并注上相同字母。注意剖切符号不与轮廓线重合，如图 7-20（c）所示。

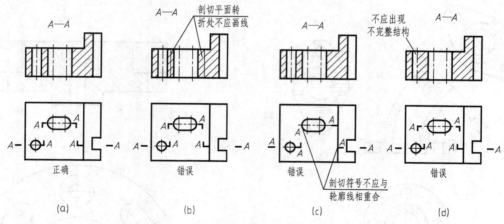

图 7-20 几个平行剖切平面画法注意点

三、几个相交的剖切平面——旋转剖

用几个相交的剖切面，并使其交线垂直于某一投影面剖开机件的方法。

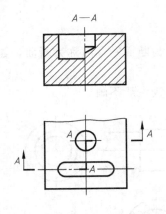

图 7-21　两要素具有公共对称
中心线的剖视图

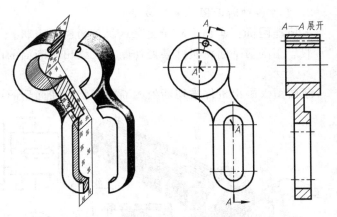

图 7-22　用三个相交剖切面剖切时
的剖视图（展开画法）

画法规定：

(1) 采用这种剖切，先假想按剖切位置剖开机件，然后将被倾斜剖切面剖开的结构及有关部分绕剖切面交线旋转到与选定的基本投影面平行时再进行投射，但位于剖切面后的其他结构一般仍应按原来位置投影，如图 7-22、图 7-23 所示。

(2) 采用这种剖切，应对剖视图加以标注。剖切符号的起讫及转折处用相同的字母标出，但当转折处空间狭小又不致引起误解时，转折处允许省略字母。

(3) 有些剖视图还要展开绘制，如图 7-22 所示。

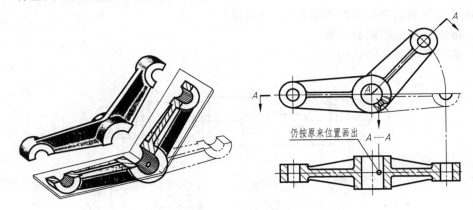

图 7-23　用相交剖切面剖切时未剖到部分仍按原位置投射

各种剖视的选用原则：外形简单宜全剖，形状对称用半剖，局部剖视很灵活，哪里需要哪里剖，一个剖面剖不到，可用阶梯旋转剖。

注意：几种剖切方法在画法、标注、应用上的异同点。

项目三　识读与绘制断面图

• **知识目标：**

1. 了解断面图的概念、分类。

2. 掌握各种断面图的表达方法。

• **技能目标**：掌握用断面图表达机件的断面形状。

假想用剖切平面将机件某处切断，仅画出其断面的图形，称为断面图，简称为断面，如图 7-24 所示。

断面图仅画出机件被切断处的断面形状，断面后的可见轮廓线一般不画。

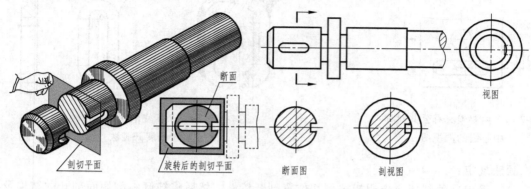

图 7-24　断面图

根据配置位置不同，断面图可分为移出断面和重合断面两种。

任务一　识读与绘制移出断面

一、移出断面的概念

画在视图轮廓线之外的断面图称为移出断面。

二、移出断面的画法与配置

（1）移出断面的轮廓线用粗实线绘制。

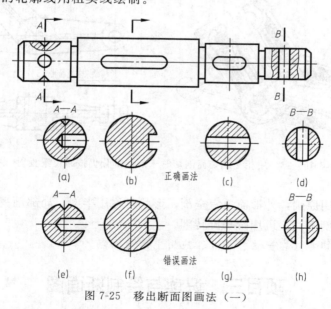

图 7-25　移出断面图画法（一）

（2）移出断面应尽量画在剖切线的延长线上，必要时也可配置在其他适当的位置，如图 7-25 中的 $B—B$ 断面图。

(3) 剖切平面通过由回转面形成的孔或凹坑的轴线时，这些结构按剖视绘制；剖切平面通过非圆孔，导致完全分离的两个断面时，这些结构按剖视绘制，如图 7-25 所示。

(4) 在不致引起误解时，允许将图形旋转，但需作必要的标注，如图 7-26 所示。

(5) 断面图形状对称时，也可以画在视图的中断处，如图 7-27 所示。

(6) 由两个或多个相交的剖切平面剖切所得的移出断面，中间一般应有波浪线断开，如图 7-28 所示。

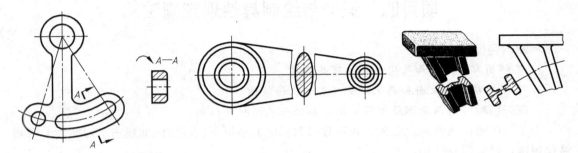

图 7-26　移出断面图画法（二）　　图 7-27　移出断面图画法（三）　　图 7-28　移出断面图画法（四）

三、移出断面的标注

移出断面图和剖视图的标注方法相同。一般用剖切符号表示剖切位置，用箭头表示投射方向，并注上字母，在断面图上方用对应字母注出名称"$X—X$"，如图 7-25（a）中的 $A—A$ 断面；如断面图在剖切位置延长线上，可省略字母；如果图形对称，可省略箭头；如果图形对称，又在剖切线延长线上，可不加任何标注，但应用点画线画出剖切线，表示剖切位置，如图 7-25 所示。

任务二　识读与绘制重合断面

一、重合断面的概念

画在视图轮廓线之内的断面图称为重合断面图。

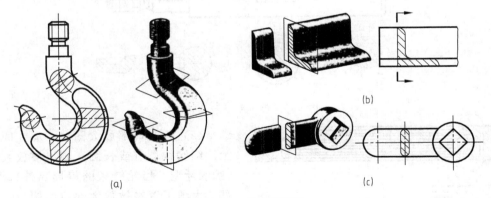

图 7-29　重合断面图

二、重合断面配置与画法

(1) 剖切后绕剖切平面迹线旋转并重合在视图之内。

(2) 轮廓线用细实线绘制。

(3) 轮廓线与视图的轮廓线重叠时，视图中的轮廓线仍需完整画出，不能间断，如图

7-29 所示。

三、重合断面的标注

不对称重合断面图应标注剖切符号和箭头；对称重合断面及配置在视图中断处的对称移出断面不必标注，如图 7-27、图 7-29 所示。

注意：断面图与剖视图的区别与联系。

项目四　识读与绘制其他规定画法

• 知识目标：
1. 了解局部放大图和简化画法的有关规定。
2. 掌握用局部放大图和简化画法来表达机件结构。

• 技能目标：能用局部放大图和简化画法来表达机件结构。

为了使图形清晰及简化画图，在不致引起误解的前提下，国家标准规定了局部放大图和简化画法，供绘图时选用。

任务一　识读与绘制局部放大图

一、局部放大图概念

将图样上所表示物体的结构用大于原图形所用的比例画出，这种图形称为局部放大图，如图 7-30 所示。

二、局部放大图画法

（1）局部放大图可画成视图、剖视图和断面图，与被放大部分的表达方式无关，如图 7-30、图 7-31 所示。

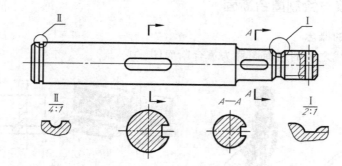

图 7-30　局部放大图（一）

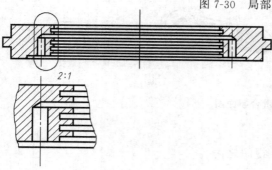

图 7-31　局部放大图（二）

（2）绘制局部放大图时，应在原视图上用细实线圆（或长圆）圈出被放大部位（螺纹牙型、齿轮链条的齿形除外），将局部放大图配置在被放大部位的附近，并在放大图上方标注出所采用的比例；如有几处被放大的部位时，必须用罗马数字依次标明，并在放大图标注比例的横线上方注明相应的罗马数字，如图 7-30 所示。

（3）同一机件上不同部位的局部放大

图，当图形相同或对称时，只需画一个，如图 7-32 所示。必要时可用同一局部放大图表达几处图形结构，如图 7-33 所示。

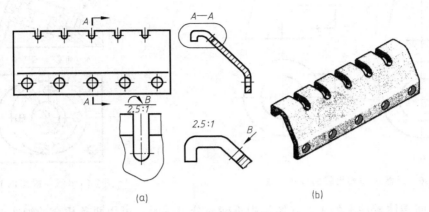

图 7-32　局部放大图（三）

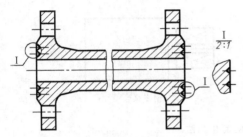

图 7-33　局部放大图（四）

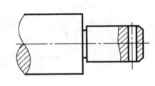

图 7-34　过渡线和相贯线的简化画法（一）

注意：局部放大图中放大比例选择应考虑的因素。

任务二　识读与绘制其他简化画法

一、机件上某些交线和投影的简化画法

（1）在不致引起误解时，图形中的过渡线、相贯线可简化。例如可用圆弧或直线代替非圆曲线，如图 7-34、图 7-35 所示。也可用模糊画法表示相贯线，如图 7-36 所示。

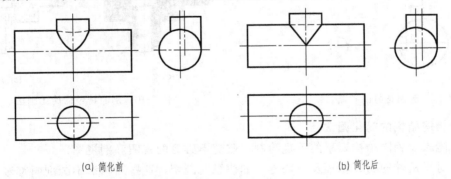

图 7-35　过渡线和相贯线的简化画法（二）

（2）与投影面倾斜角度小于或等于 30°的圆或圆弧，其投影可用圆或圆弧代替，如图 7-37 所示。

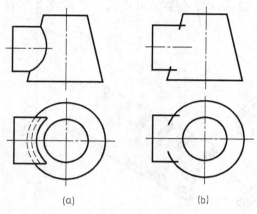

图 7-36 过渡线和相贯线的模糊画法

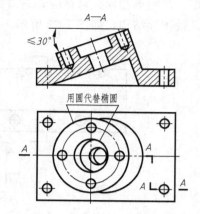

图 7-37 倾斜投影的简化画法

（3）当回转体零件上的平面在图形中不能充分表达时，可用两条相交的细实线表示这些平面，如图 7-38 所示。

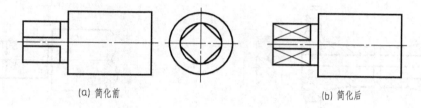

图 7-38 回转体上平面的简化画法

（4）在不致引起误解的情况下，剖面符号可省略，也可用点阵或涂色代替剖面符号，如图 7-39、图 7-40 所示。

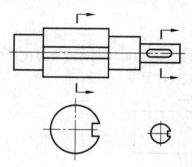

图 7-39 剖面符号的省略

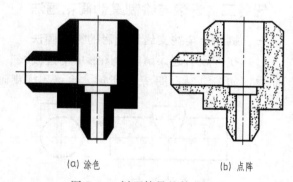

图 7-40 剖面符号的简化画法

二、相同结构的简化画法

尽可能减少相同结构要素的重复绘制，避免不必要的视图和剖视图。

（1）对于机件的肋、轮辐及薄壁等，如按纵向剖切，这些结构都不画剖面符号，而用粗实线将它们与其邻接部分分开；但横向剖切，则应画剖面线，如图 7-41 所示。当机件回转体上均匀分布的肋、轮辐、孔等结构不处于剖切平面上时，可将这些结构旋转到剖切平面上画出，如图 7-42 所示。

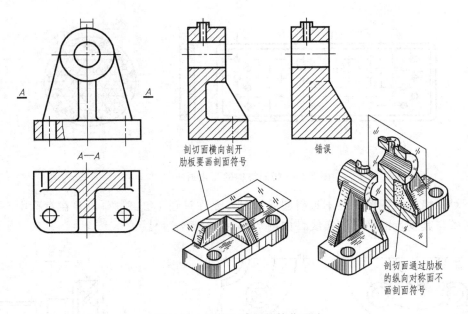

图 7-41 机件上肋板的简化画法

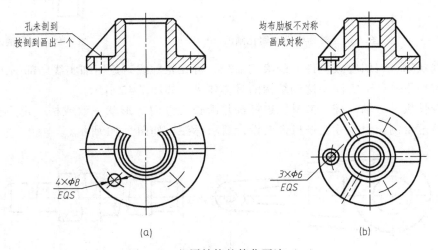

图 7-42 相同结构的简化画法（一）

（2）当机件具有若干相同结构的齿、槽、孔等，并按一定规律分布时，只需画出几个完整结构，其余用细实线连接或画中心线表示中心位置，在图中注明该结构的总数，如图 7-42、图 7-43 所示。

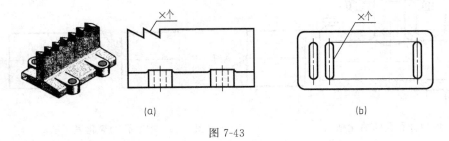

图 7-43

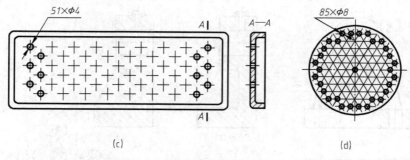

图 7-43 相同结构的简化画法（二）

（3）对称机件的视图，在不致引起误解时，允许只画 1/2 或 1/4，并在对称中心线的两端画出两条与其垂直的平行细实线，如图 7-44 所示。

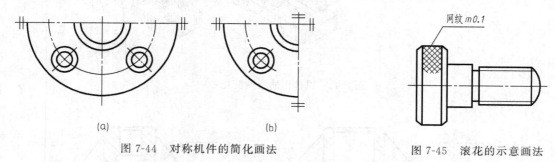

图 7-44 对称机件的简化画法　　　　　图 7-45 滚花的示意画法

（4）网状物、编织物或机件上的滚花部分，可在轮廓线附近用细实线局部画出的方法表示，也可省略不画，但需注明这些结构的具体要求，如图 7-45 所示。

（5）较长机件（轴、杆、型材、连杆等）沿长度方向的形状一致或按一定规律变化时，可断开后缩短绘制，但尺寸仍按机件的设计要求标注，如图 7-46 所示。

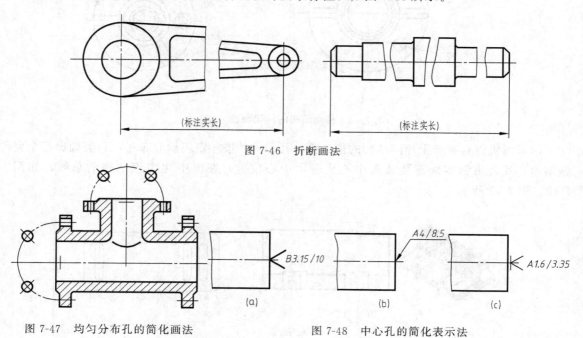

图 7-46 折断画法

图 7-47 均匀分布孔的简化画法　　　　图 7-48 中心孔的简化表示法

(6) 圆柱形法兰和类似零件上均匀分布的孔,可按图 7-47 所示方法表示。
(7) 尽可能使用有关标准中规定的符号,表达设计要求,如图 7-48 所示。

三、机件上较小结构的简化画法

(1) 当机件上的较小结构及斜度等已在一图形中表达清楚时,其他图形应简化或省略,如图 7-49 所示。

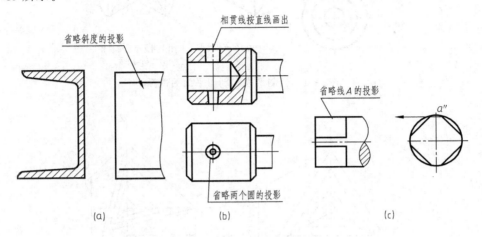

图 7-49　较小结构的简化画法

(2) 除确实需要表示某些结构圆角外,其他圆角在零件图中均可不画;在不致引起误解时,零件图上倒角可以省略不画,但图上必须注明尺寸或在技术要求中加以说明,如图7-50所示。

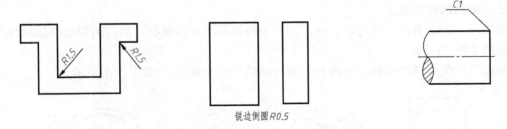

图 7-50　小圆角、小倒角的简化画法

注意：采用局部放大图和简化画法的前提。

＊项目五　识读与绘制轴测剖视图

- 知识目标：了解轴测剖视图的画法。
- 技能目标：能读懂轴测剖视图。

一、剖切面的选择
画轴测剖视图时,一般选择一个或两个平行于坐标的面作为剖切面,如图 7-51 所示。

二、剖面线画法
轴测剖视图的剖面线应遵循图 7-52 所示方向。

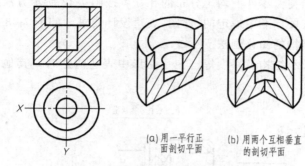

(a) 用一平行正面剖切平面
(b) 用两个互相垂直的剖切平面

图 7-51　轴测剖视图剖切平面的选择

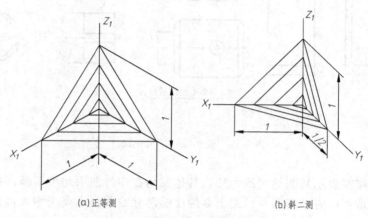

(a) 正等测　　　　　　　(b) 斜二测

图 7-52　轴测剖视图的剖面线画法

三、轴测剖视图画法

画法一：先画整体外形轮廓，再画剖面和内部看得见的形状，然后去掉已剖掉的外形轮廓，如图 7-53 所示。

画法二：先画剖面形状，后画外形及内部的可见轮廓线，如图 7-54 所示。

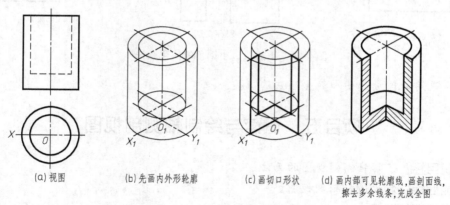

(a) 视图　　(b) 先画内外形轮廓　　(c) 画切口形状　　(d) 画内部可见轮廓线，画剖面线，擦去多余线条，完成全图

图 7-53　轴测剖视图画法（一）

画轴测剖视图应注意以下几点。

（1）剖切平面通过零件的肋或薄壁等结构的纵向对称平面时，这些结构都不画剖面符号，而用粗实线将它与邻接部分分开；在图中表现不够清晰时，也允许在肋或薄壁部分用细

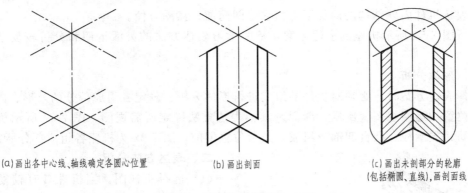

(a) 画出各中心线、轴线确定各圆心位置　　(b) 画出剖面　　(c) 画出未剖部分的轮廓（包括椭圆、直线），画剖面线

图 7-54　轴测剖视图画法（二）

点表示被剖切部分，如图 7-55 所示。

（2）表示零件中间折断或局部断裂时，断裂处的边界线应画波浪线，并在可见断裂面内加画细点以代替剖面线，如图 7-56 所示。

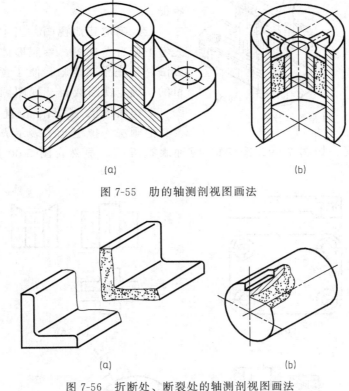

(a)　　(b)

图 7-55　肋的轴测剖视图画法

(a)　　(b)

图 7-56　折断处、断裂处的轴测剖视图画法

*项目六　机件表达方法综合应用

- **知识目标**：掌握确定机件表达方案的分析方法。
- **技能目标**：能灵活运用各种表达方法和分析较复杂机件图样。

选择机件视图方案，应根据机件的结构特点，综合应用图样的各种表达方法，在完整、清晰地表达机件内外结构的前提下,力求绘图简便、读图方便。

分析图 7-57 所示机座的表达方案,从中学习表达方法的灵活运用和分析较复杂图样的方法。

一、形体分析

选择表达方案时,必须对机件的组成进行形体分析,确定各组成部分的外形、内部结构及相对位置,运用视图、剖视、断面及其他表达方法确定所需视图。图 7-57 所示机座由底板、圆筒、支承板、凸台四部分组成,凸台位置偏前,图 7-58 为机座各组成部分所需视图。

二、表达方法分析

(1)选择主视图。当机件具有较复杂的内部结构时,除考虑外形特征外,更注重于把反映内部形状和相对位置更多、更明显的方向作为主视图的投射方向,并应兼顾其他视图表示的清晰性。如图 7-57 所示机座,从 A、B 两个方向投射,显然 A 向更能反映机座的内、外特征。

(2)确定其他视图。当主视图确定后,优先考虑俯、左视图,参照形体分析法所需表示方法,从完整、清晰、便于读图、简化作图为目的,确定视图数目、视图画法,是否用剖视图(剖切面形状、数目、位置及范围)、断面图及其他画法。拟定几个表示方案,进行分析比较,找出较佳方案。如图 7-59、图 7-60 两种表达方案,显然,图 7-60 所示的表达方案较佳。

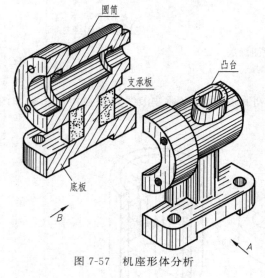

图 7-57 机座形体分析

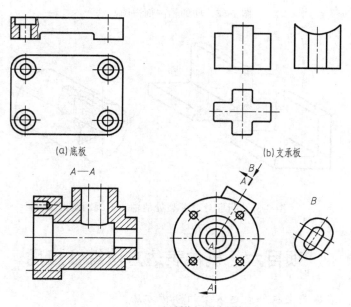

图 7-58 机座各组成部分所需的视图

图 7-60 中，主视图是局部剖和旋转剖的结合，既表达了圆筒、凸台、底板上沉孔的内部结构，又表达了圆筒、凸台、底板、支承板之间的上下、左右关系；左视图采用基本视图的表达方法，着重表达四者的上下、前后关系，特别是凸台和圆筒的前后关系；俯视图采用全剖视图，表达支承板的断面形状及底板的外形；C 向斜视图表达了凸台的结构形状。

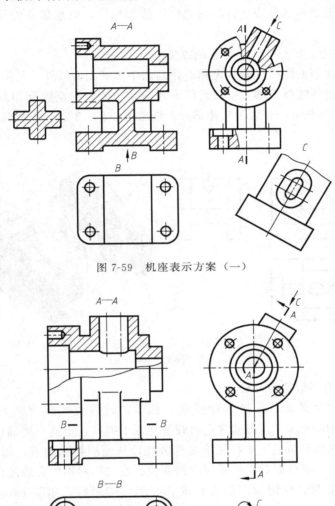

图 7-59 机座表示方案（一）

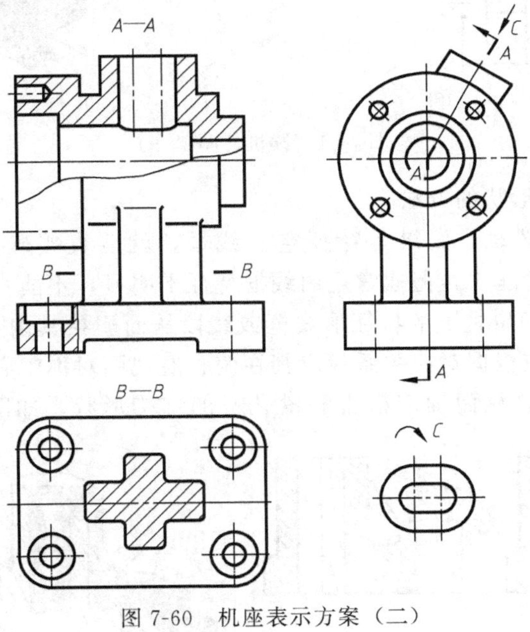

图 7-60 机座表示方案（二）

*项目七 读视图、剖视图和断面图的综合举例

- **知识目标**：掌握机件图的读图步骤与分析方法。
- **技能目标**：能读懂较复杂机件图样。

由于机件结构的多样性，表达机件时通常除用基本视图之外，还需用到前面所学过的视图、剖视、剖面等多种表达方法，本节是要求大家通过分析机件的各种表达方法，读懂机件各视图、剖视图和断面图的对应关系以及表达示意图，从而想象出机件的内外结构形状。

一、读机件表达方法的思维基础

读机件图时，除应用读组合体的思维方法外，还应熟悉各种图样画法的知识，如各种视图、剖视图、断面图以及其他表达方法的规定画法和标注，以想象机件的内外结构，对此，应掌握如下要点。

1. 区分机件结构上实与空、远与近的方法

机件的剖视图和断面图中（除规定和简化画法中不画剖面线外）凡是画有剖面符号的封闭形线框一般表示机件实体范围，空白封闭形线框，一般表示空腔范围及剖切面后的结构，如图 7-61（a）所示线框 $6'$、$7'$ 表示实体部分，线框 $1'$、$2'$、$3'$、$4'$ 表示空腔部分，线框 $5'$ 表示剖切面后肋板。

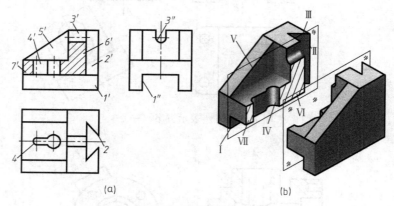

图 7-61 读机件图（一）

2. 确定机件上内部形状的方法

确定空白线框的含义时，如果是特征空白线框，就能直接确定其表示的形状，如图 7-61（a）所示主视图的线框 $5'$，但通常空白线框特征不明显，不能直接确定其形状，此时应从对应视图上找出在剖切位置上的特征形线框或线段从而想象其内形，如图 7-61（a）所示的主视图线框 $3'$、$4'$，应根据对应关系找出其在俯、左视图对称中心线的剖切位置上的特征线框 $3''$ 和线框 4 的形状，从而确定槽Ⅲ和槽孔Ⅵ的结构形状，如图 7-61（b）所示。线框

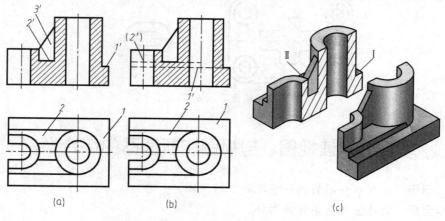

图 7-62 读机件图（二）

1′、2′所表达形状的分析也是同样道理。

3. 从局部线段推想整个面形的方法

由于剖视图一般不画虚线，读图时，应借助于剖视图中线段的延伸，判断整个面的形状和范围。如图 7-62（a）所示的线段 1′、2′延伸到如图 7-62（b）所示虚线，就能想象出面 Ⅰ、Ⅱ形状和范围。

二、读机件表达方法的步骤

以图 7-63 四通管图为例进行说明。

1. 概括了解

通过了解机件选用的视图、剖视图、断面图等表达方法，初步了解其所表示形体的复杂程度。

图 7-63 有 $A—A$、$B—B$、$C—C$ 三个全剖的主、俯、右视图，以及 $E—E$ 斜剖视、D 向局部视图等五个图形。从 $A—A$、$B—B$ 这两个具有代表性的图中可以想象四通管的大致形状为相交管状。

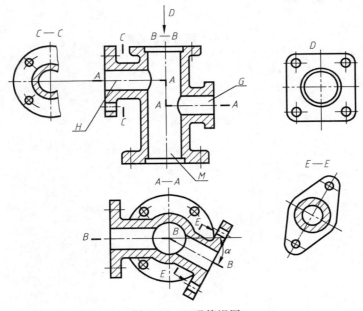

图 7-63　四通管视图

2. 分析视图对应

分析时，从主要视图入手，运用形体分析法和判断形体空与实、远与近的思维方法，逐个想象机件各部分（先主体形状，后次要形状）的内部形状。

图 7-63 所示四通管的视图中，主、俯视图是主要视图，从其标注的剖切符号可以确定 $B—B$ 全剖主视图是用两相交剖切面剖开而形成，$A—A$ 全剖俯视图是用两个平行剖切平面剖开而形成，从两个视图的对应关系及实体线框、空白线框 M、G 及 H 的投影关系中，可想象四通管主体结构是带凸缘圆筒 M 与高、低孔 G、H 正交，G、H 孔轴线斜交 α 角。再从 $C—C$、$E—E$ 斜剖视图与主、俯视图（剖切符号）关系中，进一步确定 H、G 是圆柱孔，两圆筒端部有带小圆孔的凸缘；从 D 向局部视图可想象圆筒 M 上端凸缘形状，从 $E—E$ 斜剖视图可想象圆筒 G 前端凸缘形的形状。

3. 综合归纳，想象形状

通过上述分析，已想象出各部分形状，然后再根据他们之间相对位置和连接关系，从而在脑中综合出四通管整体形状，如图 7-64 所示。

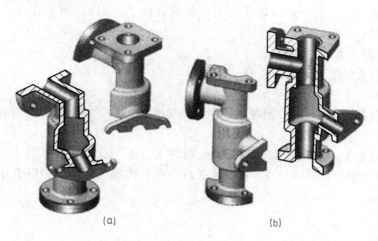

(a)　　　　　　　(b)

图 7-64　四通管的结构

模块八　识读与绘制标准件和常用件

• 知识目标：
1. 标准件和常用件的作用。
2. 标准件和常用件的基本要素。
3. 标准件和常用件的规定画法。

• 技能目标：
1. 熟练掌握标准件和常用件的规定画法。
2. 熟练掌握标准件和常用件的标注。
3. 掌握标准件的查表方法。
4. 掌握标准件和常用件的装配画法。

在各种机械设备中，广泛应用螺栓、螺母、螺钉、键、销、齿轮、弹簧、滚动轴承等通用的零、部件。由于它们的使用量大，为便于设计、制造和选用，对这些零部件的结构、尺寸或某些参数有的已全部实行了标准化，如螺栓、螺母、螺钉、键、销、滚动轴承等均称为标准件；也有的只是部分实行了标准化，如齿轮、弹簧等，通常把这些零件称为常用件，如图 8-1 所示。

本章将介绍螺纹和螺纹紧固件、键、销、齿轮、弹簧、滚动轴承等常用件的规定画法及其标准结构要素的特殊表示法。

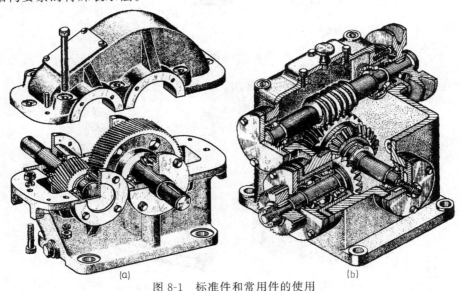

图 8-1　标准件和常用件的使用

项目一　识读与绘制螺纹

• 知识目标：
1. 螺纹的形成。

2. 内、外螺纹及其连接的规定画法。

3. 螺纹的标注。

• 技能目标：

1. 内、外螺纹图样表达。

2. 螺纹的标注。

3. 查螺纹标准件表。

任务一　认识螺纹

一、螺纹的形成

螺纹是圆柱或圆锥表面上沿着螺旋线所形成的具有规定牙型的连续凸起和沟槽。加工螺纹通常采用车加工方法。图 8-1 所示为车削螺纹的示意图，工具作等速旋转运动，具有一定牙型形状的刀具则沿轴线方向作等速移动即可车出螺纹。在圆柱（或圆锥）外表面上加工出的螺纹称为外螺纹，在圆柱（或圆锥）内表面上加工出的螺纹称为内螺纹，如图 8-2 所示。

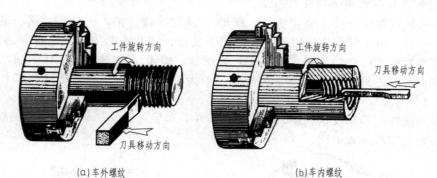

图 8-2　车削螺纹

对于直径较小的螺纹，可用板牙和丝锥加工，如图 8-3 所示。

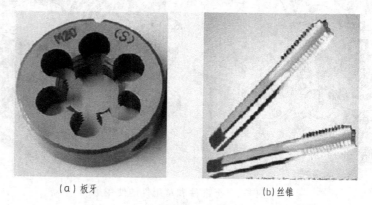

图 8-3　板牙和丝锥

二、螺纹的种类

为了便于设计、制造与选用，国家标准对螺纹的牙型、大径、螺距等都作了规定，凡这三项符合标准规定的，称为标准螺纹。牙型符合标准规定，其他不符合标准规定的称特殊螺纹。三项都不符合标准规定的称非标准螺纹。

根据使用要求不同，常用标准螺纹按用途可分为：

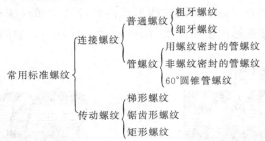

三、螺纹的基本要素

1. 螺纹牙型

螺纹牙型是指在通过螺纹轴线剖开的断面图上螺纹的轮廓形状。常用的螺纹牙型有三角形、梯形和锯齿形等，如图 8-4 所示。

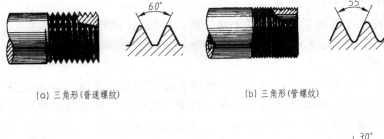

(a) 三角形(普通螺纹)　　　　(b) 三角形(管螺纹)

(c) 梯形螺纹　　　　(d) 锯齿形螺纹

图 8-4　常用标准螺纹的牙型

2. 螺纹直径

螺纹直径分大径、中径和小径，如图 8-5 所示。

公称直径：代表螺纹尺寸的直径，指螺纹大径。图样上一般都是标注大径。

(1) 大径。与外螺纹牙顶或内螺纹牙底相切的假想圆柱面的直径称为大径。内螺纹大径代号是 D，外螺纹大径代号是 d。

(2) 小径。与外螺纹牙底或内螺纹牙顶相切的假想圆柱面的直径称为小径。内螺纹小径代号是 D_1，外螺纹小径代号是 d_1。

(3) 中径。中径是一个假想圆柱的直径，该圆柱的母线通过牙型上沟槽和凸起宽度相等的地方，此假想圆柱称为中径圆柱（内外螺纹的中径分别用 D_2、d_2 表示）。

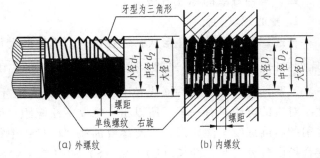

(a) 外螺纹　　　　(b) 内螺纹

图 8-5　螺纹结构要素

3. 螺纹的线数（n）

螺纹有单线和多线之分。沿一条螺旋线形成的螺纹称为单线螺纹（$n=1$）；沿两条或两条以上螺旋线所形成的螺纹称为多线螺纹（$n=2$、3、4……），如图 8-6 所示。

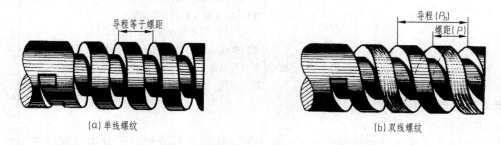

图 8-6　螺纹的线数、螺距与导程

4. 螺纹的螺距（P）与导程（P_h）

螺距 P：螺纹相邻两牙在中径线上对应两点间的轴向距离。

导程 P_h：同一螺旋线上相邻两牙在中径线上对应两点间的轴向距离，$P_h=nP$。

5. 螺纹的旋向

螺纹按旋进方向的不同，可分为右旋螺纹和左旋螺纹。逆时针方向旋进的螺纹称为左旋螺纹［图 8-7（a）］，其螺旋线的特征是左高右低。顺时针方向旋进的螺纹称为右旋螺纹［图 8-7（b）］，其螺旋线的特征是右高左低，右旋螺纹使用较多。

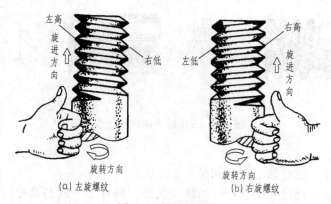

图 8-7　螺纹的旋向

四、常用螺纹的标注方法

1. 普通螺纹的标注

普通螺纹用尺寸标注形式，注在内、外螺纹的大径上，其标注的具体项目及格式如下：

螺纹特征代号 公称直径×螺距或导程（螺距） 旋向-中径、顶径公差带代号-旋合长度代号

说明：普通螺纹的特征代号用 M 表示，分为粗牙和细牙两种；因粗牙螺纹每一公称尺寸所对应的螺距只有一个，所以粗牙螺纹不注螺距，而注出螺距即表示该螺纹为细牙螺纹；常用的右旋螺纹不注旋向，左旋螺纹加注"LH"；中径和顶径公差带代号相同时只注一次；旋合长度共分三组，即长（L）、短（S）和中等（N），中等旋合长度可省略标注 N。

［例 8-1］　"M16×1.5LH-5g6g-S"，其含义为：普通螺纹，公称直径为 16mm，细牙，

螺距为 1.5mm，左旋（LH）；中径公差带为 5g，顶径公差带为 6g，短旋合长度（S）。

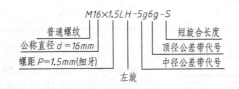

2. 梯形螺纹的标注

| 牙型符号 | 公称直径 | × | 螺距或导程（螺距） | 旋向 | -中径公差带代号- | 旋合长度代号 |

说明：梯形螺纹的特征代号用 Tr 表示，左旋螺纹加注"LH"，右旋螺纹不注旋向。梯形螺纹的大径公差带只有一种（内螺纹为 4H，外螺纹为 4h），所以梯形螺纹只注中径公差带代号。旋合长度分中等（N）和长（L）旋合长度，中等旋合长度可省略标注 N。

[例 8-2]"Tr40×14（P7）-8e-L"，其含义为：梯形螺纹，公称直径为 40mm，导程为 14mm，螺距为 7mm，双线螺纹，中径公差带为 8e，长旋合长度。

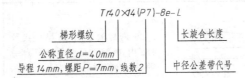

3. 常用标准螺纹的种类、代号及标注示例

各种常用螺纹的螺纹标记列于表 8-1，其中梯形和锯齿形螺纹为多线螺纹时，螺距应注在括号中，并冠以 P 字，括号前注写导程。

另外，管螺纹（G、R、R$_c$、R$_P$）在表 8-2 中的标记中，紧随着特征代号之后的分数（1/2）称为尺寸代号。

表 8-1 常用标准螺纹的种类、代号及标注示例

螺纹种类	特征代号	标注示例	标注含义	应用说明
普通螺纹（粗牙）	M	M20-6g	粗牙普通螺纹，公称直径 20mm，右旋，中径、顶径公差带代号均为 6g，中等旋合长度	是一种应用广泛的连接螺纹
普通螺纹（细牙）	M	M16×1.5-5g6g-S	细牙普通螺纹，公称直径 16mm，螺距 1.5mm，右旋，中径公差带代号为 5g，顶径公差带代号为 6g，短旋合长度	常用于薄壁、振动、受冲击零件，如微调机构
梯形螺纹	Tr	Tr32×12（P6）-LH-7e	梯形螺纹，公称直径 32mm，导程 12mm，螺距 6mm，双线，左旋，中径公差带代号为 7e，中等旋合长度	用于传递动力，如机床丝杠等

续表

螺纹种类	特征代号	标注示例	标注含义	应用说明
锯齿螺纹	B	B40×7LH-7e	锯齿形螺纹,大径40mm,螺距7mm,单线,左旋,中径公差带代号为7e,中等旋合长度	用于单向受力的传力螺旋,如螺旋压力机、千斤顶等
55°非螺纹密封的管螺纹	G	G1A	非螺纹密封的管螺纹,尺寸代号1,外螺纹公差等级为A级、B级,内螺纹公差等级只有一种,不标记	用于水、煤气管路,润滑和电线管路系统
55°螺纹密封的管螺纹	R_1 R_2 R_c R_p	R1/2-LH R_c 1/2	55°密封的管螺纹,尺寸代号1/2,内、外螺纹公差等级只有一种,故省略不标记 R_1 表示与圆柱内螺纹相配合的圆锥外螺纹 R_2 表示与圆锥内螺纹相配合的圆锥外螺纹 R_c 表示圆锥内螺纹 R_p 表示圆柱内螺纹	用于高温、高压和润滑系统

任务二 螺纹的规定画法

螺纹的规定画法(GB/T 4459.1—1995)见表8-2。

表8-2 螺纹的规定画法

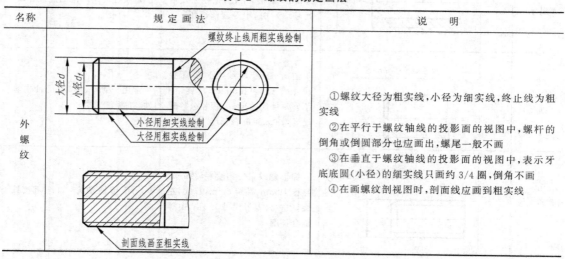

名称	规定画法	说 明
外螺纹	(见图)	①螺纹大径为粗实线,小径为细实线,终止线为粗实线 ②在平行于螺纹轴线的投影面的视图中,螺杆的倒角或倒圆部分也应画出,螺尾一般不画 ③在垂直于螺纹轴线的投影面的视图中,表示牙底底圆(小径)的细实线只画约3/4圈,倒角不画 ④在画螺纹剖视图时,剖面线应画到粗实线

续表

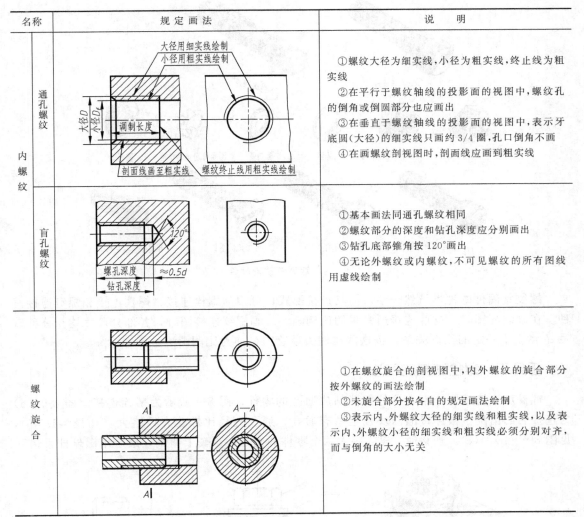

名称		规定画法	说明
内螺纹	通孔螺纹		①螺纹大径为细实线,小径为粗实线,终止线为粗实线 ②在平行于螺纹轴线的投影面的视图中,螺纹孔的倒角或倒圆部分也应画出 ③在垂直于螺纹轴线的投影面的视图中,表示牙底圆(大径)的细实线只画约3/4圈,孔口倒角不画 ④在画螺纹剖视图时,剖面线应画到粗实线
	盲孔螺纹		①基本画法同通孔螺纹相同 ②螺纹部分的深度和钻孔深度应分别画出 ③钻孔底部锥角按120°画出 ④无论外螺纹或内螺纹,不可见螺纹的所有图线用虚线绘制
螺纹旋合			①在螺纹旋合的剖视图中,内外螺纹的旋合部分按外螺纹的画法绘制 ②未旋合部分按各自的规定画法绘制 ③表示内、外螺纹大径的细实线和粗实线,以及表示内、外螺纹小径的细实线和粗实线必须分别对齐,而与倒角的大小无关

项目二　识读与绘制螺纹紧固件

• 知识目标:
1. 常用螺纹紧固件种类。
2. 常螺纹紧固件连接方法。
3. 螺纹紧固件比例画法。
• 技能目标:利用比例画法,正确绘制螺栓连接、螺柱连接和螺钉连接视图。

任务一　认识螺纹紧固件

常见的螺纹紧固件有螺栓、双头螺柱、螺母、垫圈及螺钉等,如图8-8所示。它们的结构、尺寸都已标准化。使用或绘图时,可以从相应标准中查到所需的结构尺寸。因此,在一套完整的产品图样中,符合标准的螺纹紧固件,不需要再画出它们的零件图。

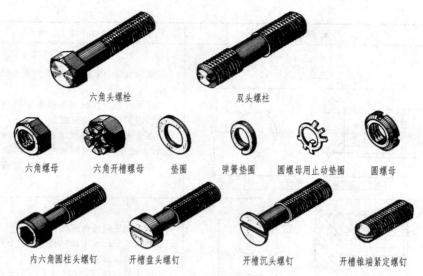

图 8-8 常见螺纹紧固件

螺纹紧固件的种类虽然很多,但其连接形式,可归为螺栓连接、螺柱连接和螺钉连接三种。在画装配图时,这些连接通常采用比例画法。画螺纹连接图时,各部分尺寸均与公称直径 d 建立了一定的比例关系,按这些比例关系绘图,称为比例画法。

任务二 螺栓连接的画法

螺栓用来连接两个不太厚的并能钻成通孔的零件,图 8-9 所示为螺栓连接。图 8-9(a)为连接后的情况。被连接的两块板上钻有通孔,通孔直径比螺栓大径略大(孔径≈1.1d),见图 8-9(b)、(c)。连接时,螺栓穿入两个零件的光孔,再套上垫圈,最后用螺母拧紧。

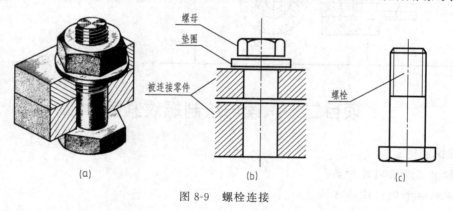

图 8-9 螺栓连接

螺栓连接采用比例画法可以按如下尺寸比例关系进行绘制,如图 8-10 所示。
(1)螺栓公称长度 l 应按下式估算:
$$l=\delta_1+\delta_2+b+H+a$$
式中 δ_1,δ_2——被连接零件的厚度。

用上式算出的 l 值,在螺栓标准长度 L 的公称系列中,选取一个相等或略大的标准值。
$$a=(0.3\sim0.4)d$$

式中 d——螺栓的公称直径。

$$b = 0.15d$$
$$H = 0.8d$$

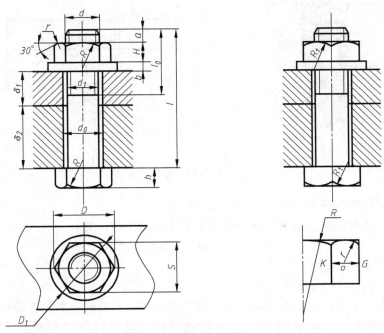

图 8-10 螺栓连接比例画法

(2) 图 8-10 中其他尺寸与 d 的比例关系为：

$d_0 = 1.1d$；$R = 1.5d$；$h = 0.7d$；$d_1 = 0.85d$；$l = (1.5 \sim 2)d$；$D = 2d$；$D_1 = 2.2d$；$R_1 = d$

S、r 可由作图得出。

画螺栓连接时应注意以下问题。

(1) 螺纹紧固件的工艺结构，如倒角、退刀槽、缩颈、凸肩等均可省略不画。

(2) 为了保证装配工艺合理，被连接件的光孔直径应比螺纹大径大些，一般按 $1.1d$ 画。

(3) 螺栓的螺纹终止线必须画到垫圈之下和被连接两零件接触面的上方，以便于螺母调整、拧紧。

(4) 两个被连接零件的接触面只画一条线；两个零件相邻但不接触，仍画成两条线。

(5) 在装配图中，当剖切平面通过螺杆的轴线时，对于螺柱、螺栓、螺钉、螺母及垫圈等均按未剖切绘制。

(6) 在剖视图中表示相邻的两个零件时，相邻零件的剖面线必须以不同的方向或以不同的间隔画出。同一零件的各个剖面区域，其剖面线画法应一致。

任务三　螺柱连接的画法

当两个被连接的零件中，有一个较厚不适宜钻成通孔时，常采用螺柱连接。双头螺柱两头制有螺纹，一端旋入较厚零件的螺孔中，称为旋入端；另一端穿过较薄零件的通孔，套上垫圈，再用螺母拧紧，称为紧固端，如图 8-11（a）表示。

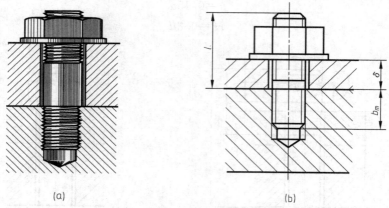

图 8-11 双头螺柱连接的画法

双头螺柱连接的比例画法如图 8-11（b）所示。

画双头螺柱装配图时，双头螺柱的公称长度 l 应按下式估算：

$$l = \delta + 0.15d + 0.8d + 0.3d$$

式中　d——螺纹公称直径；

　　　δ——被连接零件的厚度。

用上式算出的 l 值，在螺栓标准长度 l 的公称系列中，选取一个相等或略大的标准值。其中双头螺柱的旋入端长度（b_m）与带螺纹孔的被连接件材料有关，常用的有以下四种：

GB/T 897—1988　　　　$b_m = d$　　　　　　用于铜与青铜材料

GB/T 898—1988　　　　$b_m = 1.25d$　　　　用于铸铁材料

GB/T 899—1988　　　　$b_m = 1.5d$　　　　 用于铸铁或铝合金材料

GB/T 900—1988　　　　$b_m = 2d$　　　　　用于铝合金材料

画双头螺柱连接应注意以下问题。

(1) 旋入端的螺纹终止线应与螺纹孔口的端面平齐，表示旋入端已足够地拧紧，如图 8-11（b）所示。

(2) 被连接件螺孔的螺纹深度应大于旋入端的螺纹长度 b_m，一般螺孔的螺纹深度按 $b_m + 0.5d$ 画出。

(3) 其余部分的画法与螺栓连接画法相同。

任务四　螺钉连接画法

螺钉连接是一种不需与螺母配用而仅用螺钉连接两个零件的连接方式。常用于受力不大而又不需经常拆卸的零件间的连接，如图 8-12（a）所示。

其中螺钉的公称长度 l 可按下式估算：

$$l = b_m + \delta$$

式中，b_m 根据被旋入零件的材料而定。然后将估算出的数值（l）在螺栓标准长度 L 的公称系列中，选取一个相等或略大的标准值。

画螺钉连接应注意以下问题：

(1) 在垂直于螺钉轴线的视图中，螺钉头部的一字槽要偏转 45°，并采用简化的单线画出。

(2) 螺纹的旋入深度，也是由被连接件的材料决定的。

(3) 螺钉口的槽口在主视图被放正绘制。在俯视图按规定画成与水平线成 45°，不和主视图保持投影关系。当槽口的宽度小于 2mm 时，槽口投影可涂黑。

(4) 在装配图中，对于不穿通的螺纹孔，可以不画出钻孔深度，仅按有效螺纹部分的深度画出，如图 8-12（b）所示。

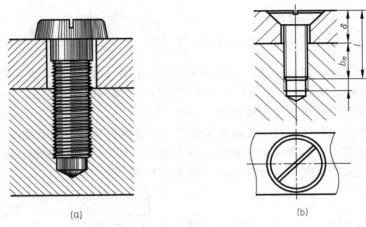

图 8-12　螺钉连接的画法

项目三　识读与绘制键、销连接

• 知识目标：

1. 键和销的作用。
2. 普通平键常用结构及标注方法。
3. 普通平键键槽的画法及尺寸标记。
4. 键的连接画法。
5. 内、外花键及其连接的规定画法。

• 技能目标：

1. 普通平键标注。
2. 查标准表绘制轴及轮毂上键槽。
3. 绘制普通平键在轴中的装配图。
4. 绘制内、外花键及其装配图。

任务一　普通平键连接的画法

键连接是一种可拆连接，如图 8-13 所示。键用于连接轴和轴上的传动件（如齿轮、带轮），使轴和传动件不产生相对转动，保证两者同步旋转，传递转矩和旋转运动。

一、普通平键的结构形式

常用的键有普通平键、半圆键及钩头楔键等。它们都是标准件，根据连接处的轴径 d 在有关标准中可查得相应的尺寸、结构及标记。本节重点介绍应用最多的普通平键及其画

(a) 键连接   (b) 花键连接

图 8-13 键连接

法,其次是花键的画法。普通平键有三种结构形式,A 型(圆头)、B 型(平头)、C 型(单圆头)。除 A 型省略型号外,B 型和 C 型要注出型号,如表 8-3 所示。

二、普通平键键槽的画法及尺寸标记

因为键是标准件,所以一般不必画出零件图,但要画出零件上与键相配合的键槽,如图 8-14 所示。键槽的宽度 b 可根据轴的直径 d 查表确定,轴上的槽 t_1 和轮毂上的槽深 t_2 可从键的标准中查得,键的长度 L 应小于或等于轮毂的长度。

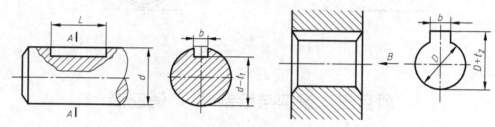

图 8-14 轴及轮毂上键槽的画法和尺寸标注

普通平键的尺寸和槽键的断面尺寸可按轴的直径 d 从附录中查出。

表 8-3 键的型式、标准、画法及标记

名称	标准号	图例	标记示例
普通平键 GB/T 1096	A型		键 18×11×100 GB/T 1096 表示 $b=18, h=11, L=100$ 圆头普通平键(A 型)
	B型		键 B 18×100 GB/T 1096 表示 $b=18, h=11, L=100$ 的方头普通平键(B 型)

续表

名称	标准号	图例	标记示例
普通平键 GB/T 1096			键 C 18×100 GB/T 1096 表示 $b=18, h=11, L=100$ 的单圆头普通平键（C型）
半圆键 GB/T 1099			键 6×25 GB/T 1099 表示 $b=6, h=10, d_1=25, L=24.5$ 的半圆键
钩头楔键 GB/T 1565			键 18×100 GB/T 1565 表示 $b=18, h=11, L=100$ 的钩头楔键

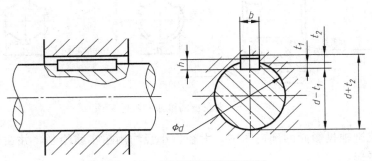

图 8-15 普通平键连接装配图

三、键连接画法

普通平键在轴的装配画法中，为表示键在轴上的装配情况，当剖切平面通过轴和键的轴线时，轴采用局部剖视，键按不剖表示，如图 8-15 所示。由于平键的两个侧面是其工作表面，键的两个侧面分别与轴的键槽和轮毂的键槽的两侧面配合，键的底面与轴的键槽底面接触，画一条线。而键的顶面不与轮毂槽底面接触，画两条线。左视图中键被垂直轴线的剖切面横向剖切时，键要画剖画线（与轮的剖面线方向相反，或一致但间隔不等）。

任务二 花键连接的画法

花键不是常用件，是零件上一种常用的标准结构，它本身的结构和尺寸都已标准化，并得到了广泛应用。

花键的齿形有矩形和渐开线形等，其中矩形花键应用较广。本节只介绍矩形花键画法与尺寸标注法。

(1) 外花键的画法和尺寸标注，如图8-16所示。

在平行于花键轴投影面的视图中，大径用粗实线，小径用细实线绘制，并在断面图中画出一部分或全部齿形。外花键工作长度的终止端和尾部长度的末端均用细实线绘制，与轴线垂直，小径尾部则画成与轴线成30°的斜线。

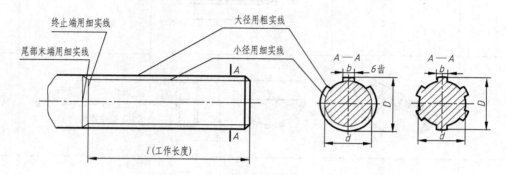

图8-16　外花键的画法及尺寸标注

(2) 内花键的画法和尺寸标注，如图8-17所示。

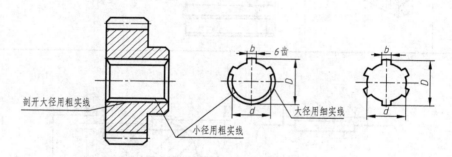

图8-17　内花键的画法和尺寸标注

在平行于花键轴投影面的剖视图中，大径、小径均用粗实线绘制，并在局部视图中画出一部分或全部齿形。

(3) 花键连接的画法。

花键连接用剖视图或断面图表示，其结合部分按外花键的画法绘制，如图8-18所示。

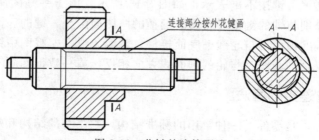

图8-18　花键的连接画法

任务三　销连接的画法

销也是标准件，通常用于零件间的连接或定位。常用的销有圆柱销、圆锥销和开口销等。其中开口销用在带孔螺栓和带槽螺母上，将其插入槽形螺母的槽口和带孔螺栓的孔，并将销的尾部叉开，以防止螺母与螺栓松脱。它们都是标准件，使用及绘图时，可在有关标准或手册中查得其规格、尺寸及标记。销的型式、画法及标记示例见表 8-4。

表 8-4　销的型式、标准、画法及标记

名称	图例与标准号	标记示例	连接画法
圆柱销	GB/T 119.1 d×l	公称直径 $d=6$mm、公差为 m6、公称长度 $l=30$mm，材料为不淬硬钢和奥氏体不锈钢，不经淬火、不经表面处理的圆柱销： 销 GB/T 119.1　6×30	
圆锥销	GB/T 117 d×l	公称直径 $d=6$mm、公称长度 $l=30$mm，材料为 35 钢、热处理硬度为 28～38HRC、表面氧化处理的 A 型圆锥销： 销 GB/T 117　6×30	
开口销	GB/T 91 d×l	公称规格为 5mm、公称长度 $l=50$mm，材料为 Q215 或 Q235 不经表面处理的开口销： 销 GB/T 91　5×50	

项目四　识读与绘制齿轮

- **知识目标：**
1. 了解齿轮的种类。
2. 直齿圆柱齿轮的基本参数及简单计算。
3. 单个圆柱齿轮的规定画法。
4. 两圆柱齿轮的啮合画法。

- **技能目标：**
1. 绘制单个圆柱齿轮。

2. 绘制两圆柱齿轮的啮合图。

任务一　认识齿轮

齿轮是广泛用于机器或部件中的传动零件，它不仅可以用来传递动力，还能改变转速和回转方向。齿轮的轮齿部分和螺纹一样，也是多次重复出现的结构要素，为简化绘图，国家标准对齿轮部分的画法规定了简化的表示法。

常见的齿轮有以下几种。

(1) 圆柱齿轮——常用于两平行轴的传动，如图 8-19 (a) 所示。

(2) 锥齿轮——常用于两相交（一般是正交）轴的传动，如图 8-19 (b) 所示。

(3) 蜗杆蜗轮——用于两交叉（一般是垂直交叉）轴的传动，如图 8-19 (c) 所示。

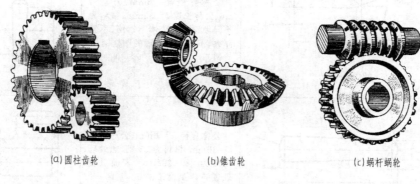

(a) 圆柱齿轮　　(b) 锥齿轮　　(c) 蜗杆蜗轮

图 8-19　齿轮

一、圆柱齿轮各部分的名称、代号

圆柱齿轮分为直齿圆柱齿轮、斜齿圆柱齿轮和人字齿轮，如图 8-20 所示。

(a) 直齿轮　　(b) 斜齿轮　　(c) 人字齿轮

图 8-20　圆柱齿轮

本节只重点介绍直齿圆柱齿轮的基本参数及画法规定，如图 8-20 所示。

直齿圆柱齿轮的各几何要素的名称及代号如图 8-21 所示。

(1) 齿顶圆。通过轮齿顶部的圆，其直径用 d_a 表示。

(2) 齿根圆。通过轮齿根部的圆，其直径用 d_f 表示。

(3) 分度圆 (d)。分度圆为一假想圆，在该圆上，齿厚 s 等于齿槽宽 e。

(4) 齿顶高。齿顶圆与分度圆之间的径向距离，用 h_a 表示。

(5) 齿根高。齿根圆与分度圆之间的径向距离，用 h_f 表示。

(6) 齿高。齿顶圆与齿根圆之间的径向距离，用 h 表示。

(7) 齿厚。一个齿的两侧齿廓之间的分度圆弧长，用 s 表示。

(8) 槽宽。一个齿槽的两侧齿廓之间的分度圆弧长,用 e 表示。

(9) 齿距。相邻两齿的同侧齿廓之间的分度圆弧长,用 p 表示,$p=s+e$。

(10) 齿宽。齿轮轮齿的轴向宽度,用 b 表示,$b=(2\sim3)p$。

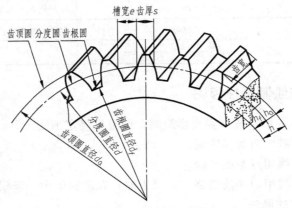

图 8-21 直齿圆柱齿轮

二、直齿圆柱齿轮的基本参数

(1) 齿数 z。齿轮上轮齿的个数。

(2) 模数 m。齿轮的齿数 z、齿距 p 和分度圆直径 d 之间有如下关系:

$$\pi d = zp$$

即 $d = zp/\pi$

令 $p/\pi = m$

则 $d = mz$

式中　m——齿轮的模数,mm。

由于两啮合齿轮的齿距 p 必须相等,所以两啮合齿轮的模数也必须相等。

模数 m 是齿轮设计、制造的一个重要参数。模数越大,轮齿各部分尺寸也随之成比例增大,轮齿上所能承受的力也越大。为了设计和制造的方便,模数的数值已经标准化了,标准模数见表 8-5。

表 8-5　渐开线圆柱齿轮模数

第一系列	1　1.25　1.5　2　2.5　3　4　5　6　8　10　12　16　20　25　32　40　50
第二系列	1.75　2.25　2.75　(3.25)　3.5　(3.75)　4.5　5.5　(6.5)7　9　(11)　14　18　22

注:选用模数时,应优先选用第一系列,其次选用第二系列,括号内的模数尽可能不用。本表未摘录小于 1 的模数。

三、直齿圆柱齿轮各部分尺寸计算

标准直齿圆柱齿轮的计算公式见表 8-6。

表 8-6　标准直齿圆柱齿轮的计算公式

名称	代号	计算公式	说明
齿数	z	根据设计要求或测绘而定	z、m 是齿轮的基本参数,设计计算时,先确定 m、z,然后得出其他各部分尺寸
模数	m	$m=p/\pi$ 根据强度计算或测绘而得	
分度圆直径	d	$d=mz$	

续表

名称	代号	计算公式	说明
齿顶圆直径	d_a	$d_a = d + 2h_a = m(z+2)$	齿顶高 $h_a = m$
齿根圆直径	d_f	$d_f = d - 2h_f = m(z-2.5)$	齿根高 $h_f = 1.25m$
齿宽	b	$b = 2p \sim 3p$	齿距 $p = \pi m$
中心距	a	$a = \dfrac{d_1 + d_2}{2} = \dfrac{m}{2}(z_1 + z_2)$	

任务二 识读与绘制圆柱齿轮

齿轮的轮齿部分，一般不按真实投影绘制，而是按规定画法。
（1）齿顶圆和齿顶线用粗实线绘制。
（2）分度圆和分度线用点画线绘制。
（3）齿根圆和齿根线用细实线绘制，可以省略；在剖视图中，齿根线用粗实线绘制。

一、单个圆柱齿轮的画法

通常用两个视图表示，轴线放成水平，如图8-22（a）所示。表示分度线的点画线应超出轮廓线。剖视图中，当剖切平面通过齿轮轴线时，轮齿一律按不剖处理，如图8-22（b）所示。轮齿为斜齿、人字齿时，按图8-22（c）、（d）形式画出。

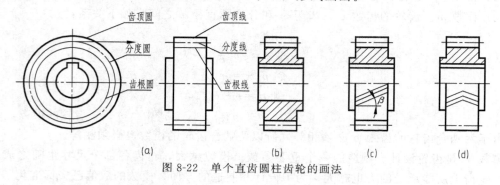

图8-22 单个直齿圆柱齿轮的画法

二、两圆柱齿轮的啮合画法

两标准齿轮互相啮合时，两者的分度圆处于相切的位置，此时分度圆又称为节圆。两齿

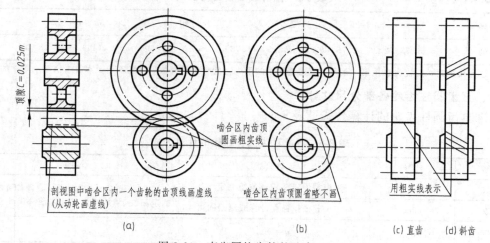

图8-23 直齿圆柱齿轮的啮合画法

轮的啮合画法，关键是啮合区的画法，其他部分仍按单个齿轮的画法规定绘制。啮合区的规定画法如下。

（1）在投影为圆的视图中，两齿轮的节圆相切。啮合区内的齿顶圆均画粗实线，如图 8-23（a）所示；也可以省略不画，如图 8-23（b）所示。

（2）在非圆投影的剖视图中，两齿轮节线重合，画细点画线，齿根线画粗实线。齿顶线的画法是将一个轮的轮齿作为可见画成粗实线，另一个轮的轮齿被遮住部分画成虚线，如图 8-23（a）、图 8-24 所示。该虚线也可省略不画。

（3）在非圆投影的外形视图中，啮合区的齿顶线和齿根线不必画出，节线画成粗实线。如图 8-23（c）、（d）所示，分别是直齿、斜齿的外形图。

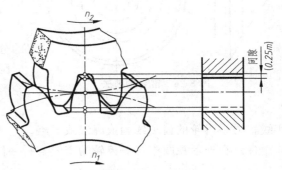

图 8-24　齿轮啮合区在剖视图上的画法

任务三　识读与绘制圆锥齿轮

圆锥齿轮通常用于交角 90°的两轴之间的传动，其各部分结构如图 8-25 所示。由于圆锥齿轮的轮齿加工在圆锥面上，所以圆锥齿轮在齿宽范围内有大、小端之分，如图 8-25（a）所示。为了计算和制造方便，国家标准规定以大端为准。在圆锥齿轮上，有关的名称和术语有：齿顶圆锥面（顶锥）、齿根圆锥面（根锥）、分度圆锥面（分锥）、背锥面（背锥）、前锥面（前锥）、分度圆锥角 δ、齿高 h、齿顶高 h_a 及齿根高 h_f 等，如图 8-25（b）所示。

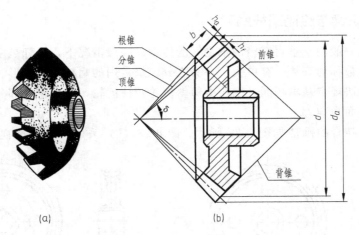

图 8-25　圆锥齿轮结构

一、单个圆锥齿轮的画法

锥齿轮画法如图 8-26 所示。

（1）在投影为非圆的视图中，画法与圆柱齿轮类似。即常采用剖视，其轮按不剖处理，用粗实线画出齿顶线和齿根线，用细点画线画出分度线。

（2）在投影为圆的视图中，轮齿部分只需用粗实线画出大端和小端的齿顶圆；用细点画

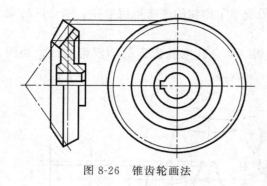

线画出大端的分度圆；齿根圆不画。投影为圆的视图一般也可用仅表达键槽轴孔的局部视图取代。

二、两圆锥齿轮的啮合画法

圆锥齿轮的啮合画法如图 8-27 所示。

一对安装准确的标准圆锥齿轮啮合时，它们的分度圆锥应相切（分度圆锥与节圆锥重合，分度圆与节圆重合），其啮合区的画法，与圆柱齿轮类似。

图 8-26 锥齿轮画法

（1）在剖视图中，将一齿轮的齿顶线画成粗实线，另一齿轮的齿顶线画成虚线或省略。

（2）在外形视图中，一齿轮的节线与另一齿轮的节圆相切。

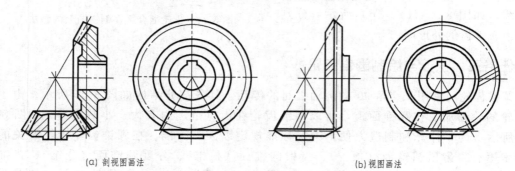

(a) 剖视图画法　　　　　　　　(b) 视图画法

图 8-27 圆锥齿轮啮合的画法

任务四　识读与绘制蜗杆蜗轮

蜗杆与蜗轮一般用于垂直交错两轴之间的传动。一般情况下，蜗杆是主动的，蜗轮是从动的。蜗杆的齿数称为头数，有单头、多头之分，最常用的蜗杆为圆柱形。蜗杆的画法规定与圆柱齿轮的画法规定基本相同。蜗轮类似斜齿轮圆柱齿轮，蜗轮轮齿部分的主要尺寸以垂直轴线的中间平面为准。

蜗杆与蜗轮啮合的画法如图 8-28 所示。图 8-28（a）采用两个外形视图，图 8-28（b）

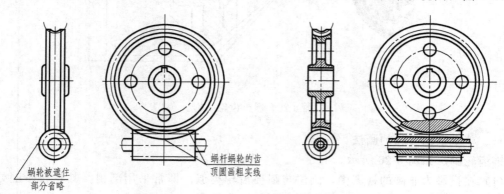

蜗轮被遮住　　　　　　　　　　蜗杆蜗轮的齿
部分省略　　　　　　　　　　　顶圆画粗实线

(a) 视图画法　　　　　　　　　(b) 剖视图画法

图 8-28 蜗杆与蜗轮啮合画法

采用全剖视图和局部剖视。在全剖视图中，蜗轮在啮合区被遮挡部分的虚线省略不画，局部剖视中啮合区内蜗轮的齿顶圆和蜗杆的齿顶线也可省略不画。

项目五　识读与绘制滚动轴承

• 知识目标：
1. 了解滚动轴承的作用。
2. 了解滚动轴承的结构的代号。
3. 掌握滚动轴承的图样表示方法。

• 技能目标：
1. 掌握滚动轴承的画法。
2. 记住滚动轴承代号含义及特殊内径尺寸。

任务一　认识滚动轴承

在机器中，滚动轴承是用来支承轴的标准部件。由于它可以大大减少轴与孔相对旋转时的摩擦力，且具有机械效率高、结构紧凑等优点，因此应用极为广泛。

一、滚动轴承的结构

滚动轴承一般由四部分组成，如图8-29所示。

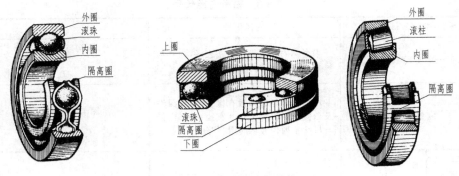

图 8-29　滚动轴承的结构

(1) 外圈。外圈一般都固定在机体或轴承座内，一般不转动。

(2) 内圈。内圈与轴相配合，通常与轴一起转动。内圈孔径称为轴承内径，用符号 d 表示，它是轴承的规格尺寸。

(3) 滚动体。滚动体位于内外圈的滚道之间，滚动体的形状有球、圆柱、圆锥等多种形状。

(4) 保持架。保持架用来保持滚动体在滚道之间彼此有一定的距离，防止相互间摩擦和碰撞。

二、滚动轴承的代号

1. 滚动轴承代号的构成

滚动轴承代号由基本代号、前置代号和后置代号构成，其排列顺序为：

| 前置代号 |　| 基本代号 |　| 后置代号 |

2. 基本代号

基本代号表示轴承的基本类型、结构和尺寸，是轴承代号的基础。基本代号由轴承类型、尺寸系列代号及内径代号构成。其排列顺序为：

| 类型代号 | 尺寸系列代号 | 内径代号 |

(1) 类型代号。轴承类型代号用阿拉伯数字或大写拉丁字母表示，见表 8-7。

表 8-7 滚动轴承类型代号

代号	轴承类型	代号	轴承类型
0	双列角接触球轴承	5	推力球轴承
1	调心球轴承	6	深沟球轴承
2	调心滚子轴承和推力调心滚子轴承	7	角接触球轴承
3	圆锥滚子轴承	8	推力圆柱滚子轴承
4	双列深沟球轴承	N	圆柱滚子轴承（双列或多列用字母 NN 表示）

注：在表中代号后或前加字母或数字表示该类轴承中的不同结构。

(2) 尺寸系列代号。尺寸系列代号由轴承的宽（高）度系列代号和直径系列代号组成，用两位数字表示。它主要区分内径相同，而宽（高）和外径不同的轴承。具体代号见附录。

(3) 内径代号。内径代号表示轴承的公称内径，用数字表示，见表 8-8。

表 8-8 轴承内径代号

轴承公称内径/mm	内径代号	举例
0.6～10（非整数）	用公称内径毫米数直接表示，在其与尺寸系列代号之间用"/"分开	深沟球轴承 618/2.5 $d=2.5$mm
1～9（整数）	用公称内径毫米数直接表示，对深沟及角接触球轴承 7,8,9 直径系列，内径与尺寸系列代号之间用"/"分开	深沟球轴承 625 618/5 $d=5$mm
10～17 10 12 15 17	00 01 02 03	深沟球轴承 6200 $d=10$mm
20～480（22,28,32 除外）	公称内径除以 5 的商数，商数为个位数，需在商数左边加"0"，如 08	调心滚子轴承 23208 $d=40$mm
大于或等于 500 以及 22,28,32	用公称内径毫米数直接表示，但在与尺寸系列之间用"/"分开	调心滚子轴承 230/500 $d=500$mm 深沟球轴承 62/22 $d=22$mm

3. 滚动轴承的前置、后置代号

前置、后置代号是轴承在结构形状、尺寸、公差、技术要求等有改变时，在其基本代号左右添加的补充代号。前置代号用字母表示，后置代号用字母或加数字表示。

轴承代号标记示例：

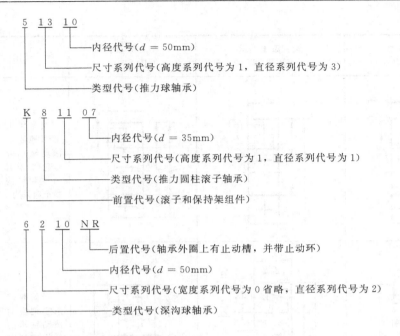

```
5 1 3 10
        └─ 内径代号（d = 50mm）
      └─── 尺寸系列代号（高度系列代号为1，直径系列代号为3）
    └───── 类型代号（推力球轴承）

K 8 1 1 07
         └─ 内径代号（d = 35mm）
       └─── 尺寸系列代号（高度系列代号为1，直径系列代号为1）
     └───── 类型代号（推力圆柱滚子轴承）
   └─────── 前置代号（滚子和保持架组件）

6 2 10 NR
        └─ 后置代号（轴承外圈上有止动槽，并带止动环）
      └─── 内径代号（d = 50mm）
    └───── 尺寸系列代号（宽度系列代号为0省略，直径系列代号为2）
  └─────── 类型代号（深沟球轴承）
```

任务二　滚动轴承的画法

滚动轴承的画法包括：通用画法、特征画法和规定画法。一般不单独画出滚动轴承的零件图，仅在装配图中根据其代号，从标准中查得外径 D、内径 d、宽度 B（或 T）等几个主要尺寸来进行绘图的。表8-9 介绍了常用的深沟球轴承、圆锥滚子轴承及推力球轴承的结构及画法。

表 8-9　滚动轴承的简化画法和规定画法（摘自 GB/T 4459.7—1998）

名称标准号	深沟球轴承 GB/T 276	圆锥滚子轴承 GB/T 297	推力球轴承 GB/T 301	使用范围
查表主要数据	D　d　B	D　d　B　T　C	D　d　T	
结构				

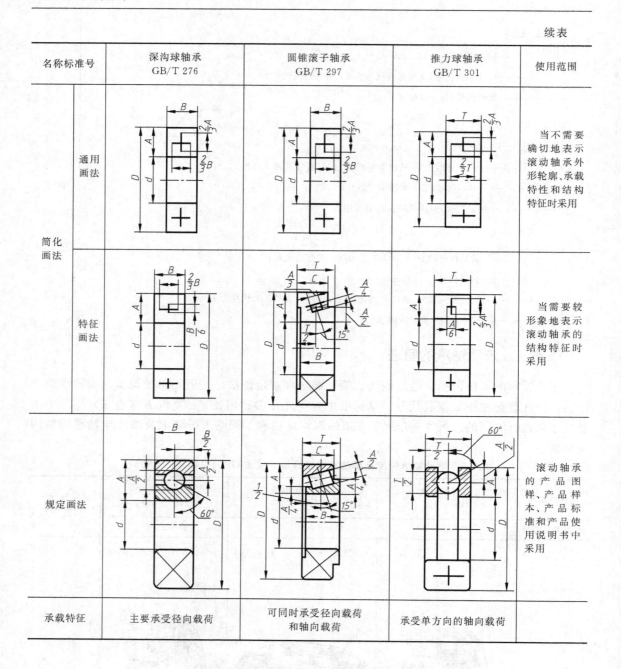

项目六 识读与绘制弹簧

• **知识目标:**
1. 了解弹簧的作用。
2. 了解圆柱螺旋压缩弹簧的各部分名称和尺寸关系。
3. 掌握螺旋弹簧的规定画法。

• **技能目标:**
1. 熟练掌握弹簧的画法。

2. 会识读弹簧。

任务一 认识弹簧

弹簧是用途很广的常用零件。它主要用于减振、夹紧、自动复位、测力和储存能量等方面。弹簧的种类很多，常用的有螺旋弹簧（图 8-30）、涡卷弹簧（图 8-31）和板弹簧（图 8-32）。本节着重介绍机械中最常用的圆柱螺旋压缩弹簧的画法。

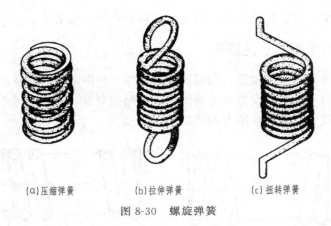

(a)压缩弹簧　　(b)拉伸弹簧　　(c)扭转弹簧

图 8-30　螺旋弹簧

图 8-31　涡卷弹簧

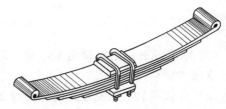

图 8-32　板弹簧

圆柱螺旋压缩弹簧的各部分名称和尺寸关系如下（图 8-33）：

(1) 簧丝直径 d。弹簧钢丝直径。

(2) 弹簧外径 D。弹簧最大直径。

(3) 弹簧内径 D_1。弹簧最小直径。

其计算式为：　　　$D_1 = D - 2d$

(4) 弹簧中径 D_2。弹簧的平均直径。

其计算式为：$D_2 = \dfrac{D + D_1}{2} = D_1 + d = D - d$

(5) 节距 t。除磨平压紧的支承圈外，相邻两有效圈上对应点之间的轴向距离称为节距。

(6) 有效圈数 n、支承圈数 n_2 和总圈数 n_1。

① 支承圈数 n_2。为了使弹簧在工作时受力均匀，增加弹簧的平稳性，将弹簧的两端并紧、磨平。并紧、磨平的圈数主要起支承作用，称为支承圈。支承圈数（n_2）有 1.5 圈、2 圈、2.5 圈三种。一般情况下，支承圈数 $n_2 = 2.5$ 圈，即两端

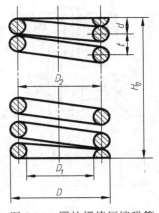

图 8-33　圆柱螺旋压缩弹簧

各并紧 $1\frac{1}{4}$ 圈，其中包括磨平 $\frac{3}{4}$ 圈。图 8-33 所示的弹簧，两端各有 $1\frac{1}{4}$ 圈为支承圈，即 $n_2=2.5$。

② 有效圈数 n。除支承圈外，保持相等节距 t 的圈数称为有效圈数，它是计算弹簧受力的主要依据。

③ 总圈数 n_1。有效圈数与支承圈数之和称为总圈数，即 $n_1=n+n_2$。

（7）弹簧自由长度（高度）H_0。弹簧在不受任何外力的作用下，即处于自由状态时的长度称弹簧自由长度，即 $H_0=nt+(n_2-0.5)d$。

（8）弹簧钢丝的展开长度 L。制造弹簧时坯料的长度，即 $L\approx n_1\sqrt{(\pi D_2)^2+t^2}$。

任务二　螺旋弹簧的规定画法

圆柱螺旋压缩弹簧可画成视图、剖视图或示意图。画图时，应注意以下几点。

（1）弹簧在平行于轴线的投影面的视图中，各圈的轮廓不必按螺旋线的真实投影画出，而用直线代替螺旋线的投影，如图 8-34（b）所示。

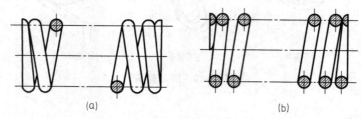

图 8-34　螺旋弹簧的画法

（2）螺旋弹簧不论右旋还是左旋，均可画成右旋；但左旋螺旋弹簧，要注出旋向"左"字（或注"LH"）。

（3）有效圈数在四圈以上的螺旋弹簧，中间部分可以省略不画，只画其两端的 1～2 圈（不包括支承圈），中间只需用通过簧丝断面中心的细点画线连起来。省略后，允许适当缩短

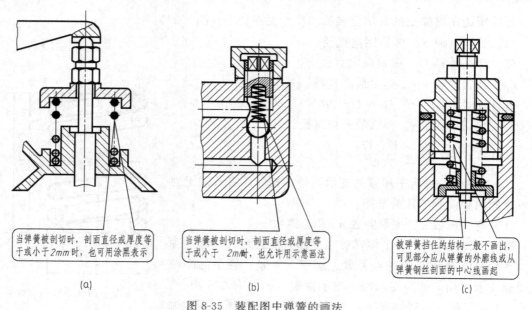

图 8-35　装配图中弹簧的画法

图形的长度,但应注明弹簧设计要求的自由高度,如图 8-33 所示。

(4) 在装配图中,如果弹簧丝直径在图形上等于或小于 2mm 时,可用涂黑表示[图 8-35 (a)],也可采用示意画法[图 8-35 (b)]。

(5) 在装配图中,螺旋弹簧被剖切时后,不论中间各圈是否省略,被弹簧挡住的结构一般不画出,可见部分应从弹簧的外轮廓线或从弹簧钢丝断面的中心线画起[图 8-35 (c)]。

[例 8-3] 某弹簧簧丝直径 $d=6$mm,弹簧外径 $D=50$mm,节距 $t=12.3$mm,有效圈数 $n=6$,支承圈 $n_2=2.5$。右旋,试画出弹簧的剖视图。

1. 计算

(1) 总圈数　$n_1 = n + n_2 = 6 + 2.5 = 8.5$

(2) 自由高度　$H_0 = nt + 2d = 6 \times 12.3 + 2 \times 6 = 85.8$mm

(3) 中径　$D_2 = D - d = 50 - 6 = 44$mm

2. 画图

(1) 根据 D_2 和 H_0 作出矩形,如图 8-36 (a) 所示。

(2) 根据 d 画出两端支承圈,如图 8-36 (b) 所示。

(3) 根据节距 t 画出中间各圈,如图 8-36 (c) 所示。

(4) 按右旋方向作相应圆的公切线,再画上剖面符号,完成全图,如图 8-36 (d) 所示。

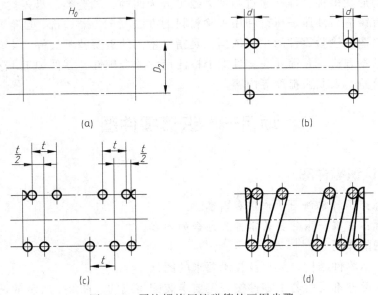

图 8-36　圆柱螺旋压缩弹簧的画图步骤

模块九　识读与绘制零件图

• 知识目标：
1. 了解零件图的作用，熟悉各项内容。
2. 掌握零件图的识读方法。
3. 了解常见零件结构特点和工艺要求。
4. 了解零件测绘的方法步骤。

• 技能目标：
1. 学会识读和绘制各种典型零件零件图的方法和步骤。
2. 学会常见零件的表达方法、尺寸及技术要求的标注方法。
3. 能读懂或绘制各类零件图（中职侧重读图）。

机器或部件都是由许多零件装配而成，制造机器或部件必须首先制造零件。零件图是表示零件结构、大小及技术要求的图样。

机械零件的形状多种多样，通过归纳大致可分为四种：轴套类、盘盖类、叉架类、箱体类。制造方法有铸造、冲压、压铸和用去除材料的方法（车、磨、铣、刨等）加工成型。

零件图是制造和检验零件的主要依据，是指导生产的重要技术文件。本章将介绍识读和绘制零件图的基本方法，并简介在零件图上标注尺寸的合理性、零件加工工艺结构以及极限与配合、几何公差、表面粗糙度等内容。

项目一　识读零件图

任务一　认识零件图

• 知识目标：了解零件图的作用和内容。
• 技能目标：掌握一张完整的零件应包含的内容。

一、零件图的作用

零件图是表示零件结构、大小及技术要求的图样。

任何机器或部件都是由若干零件按一定要求装配而成的。图 9-1 所示的铣刀头是铣床上的一个部件，供装铣刀盘用。它是由座体 7、轴 6、端盖 10、带轮 5 等十多种零件组成。图 9-2 所示为其中座体的零件图。

零件图是制造和检验零件的主要依据，是指导生产的重要技术文件。

二、零件图的内容

零件图是生产中指导制造和检验该零件的主要图样，它不仅仅是把零件的内、外结构形状和大小表达清楚，还需要对零件的材料、加工、检验、测量提出必要的技术要求。零件图必须包含制造和检验零件的全部技术资料。因此，一张完整的零件图一般应包括以下几项内容。

（1）一组图形。用于正确、完整、清晰和简便地表达出零件内外形状的图形，其中包括

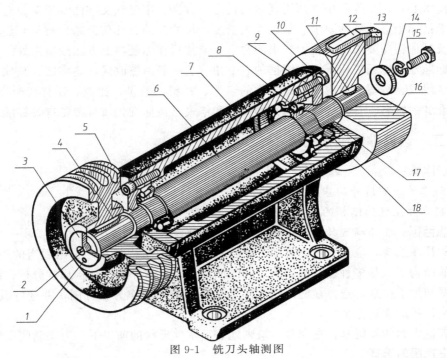

图 9-1 铣刀头轴测图

1—销；2—螺钉；3—挡圈；4—键；5—带轮；6—轴；7—座体；8—滚动轴承；9—螺钉；10—端盖；
11—键；12—铣刀；13—挡圈；14—垫圈；15—螺钉；16—铣刀盘；17—毡圈；18—调整环

机件的各种表达方法，如视图、剖视图、断面图、局部放大图和简化画法等。

（2）完整的尺寸。零件图中应正确、完整、清晰、合理地注出制造零件所需的全部尺寸。

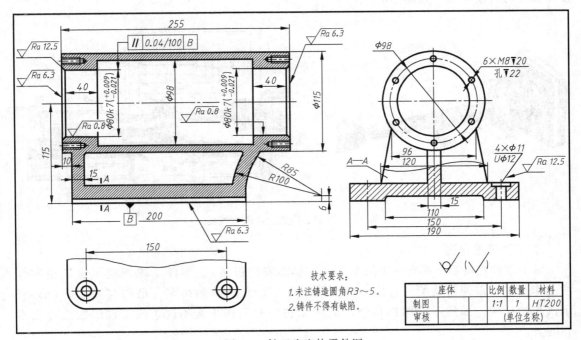

图 9-2 铣刀头座体零件图

（3）技术要求。零件图中必须用规定的代号、数字、字母和文字注解说明制造和检验零件时在技术指标上应达到的要求。如表面粗糙度、尺寸公差、几何公差、材料和热处理、检验方法以及其他特殊要求等。技术要求的文字一般注写在标题栏上方图纸空白处。

（4）标题栏。标题栏应配置在图框的右下角。它一般由更改区、签字区、其他区、名称以及代号区组成。填写的内容主要有零件的名称、材料、数量、比例、图样代号以及设计、审核、批准者的姓名、日期等。标题栏的尺寸和格式已经标准化，可参见有关标准。

任务二 选择零件图视图

• 知识目标：
1. 了解零件视图选择的基本要求。
2. 掌握零件主视图选择的基本原则。

• 技能目标：能正确选择零件图的主视图和其他视图。

零件的视图选择，应首先考虑看图方便。根据零件的结构特点，选用适当的表示方法。由于零件的结构形状是多种多样的，所以在画图前，应对零件进行结构形状分析，结合零件的工作位置和加工位置，选择最能反映零件形状特征的视图作为主视图，并选好其他视图，以确定一组最佳的表达方案。

选择表达方案的原则是：在完整、清晰地表示零件形状的前提下，力求制图简便。

一、主视图的选择

主视图是一组图形的核心。在选择主视图时，一般应根据以下三方面综合考虑。

1. 加工位置原则

主视图的选择应尽量与零件在机械加工时所处的位置一致，如加工轴、套、轮、圆盘等零件大部分工序是在车床或磨床上进行的，因此这类零件的主视图应将其轴线水平放置，以便于加工时方便看图，如图9-3所示。

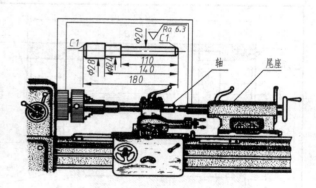

图9-3 按加工位置选择的主视图

2. 工作位置原则

每个零件在机器上都有一定的工作位置（即安装位置）。零件主视图应尽量反映零件的工作位置，以便与装配图直接对照。如图9-4（a）所示的吊车、吊钩与图9-4（b）所示汽车的拖钩，虽然形状结构相似，但由于它们的工作位置不同，两主视图的选择也不相同。

图 9-4 按工作位置选择的主视图

3. 形状特征原则

主视图的投射方向，应符合最能表达零件各部分的形状特征。图 9-5 中箭头 K 所示方向的投影清楚地显示出该支座各部形状、大小及相互位置关系。支座由圆筒、连接板、底板、支撑肋四部分组成，所选择的主视图投射方向 K 较其他方向（如 Q、R 向）更清楚地显示了零件的形状特征。因此，主视图的选择应尽量多地反映出零件各组成部分的结构特征及相互位置关系。形状特征原则是选择主视图一般性原则。

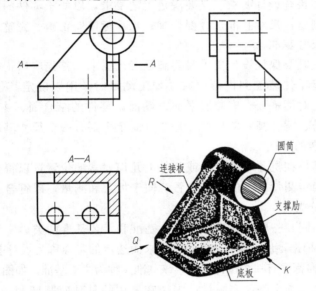

图 9-5 按形状特征原则选择的主视图

主视图的选择一般方法：加工位置原则（或工作位置原则）＋形状特征原则。

二、其他视图的选择

一般来讲，仅用一个主视图是不能完全反映零件的结构形状的，必须选择其他视图，包括剖视、断面图、局部放大图和简化画法等各种表达方法。主视图确定后，对其表达未尽的部分，再选择其他视图予以完善表达。具体选用时，应注意以下几点。

（1）根据零件的复杂程度及内、外结构形状，全面地考虑还应需要的其他视图，使每个所选视图应具有独立存在的意义及明确的表达重点，注意避免不必要的细节重复，在明确表达零件的前提下，使视图数量为最少。

（2）优先考虑采用基本视图，当有内部结构时应尽量在基本视图上作剖视；对尚未表达清楚的局部结构和倾斜部分结构,可增加必要的局部(剖)视图和局部放大图;有关的视图应尽量保持直接投影关系,配置在相关视图附近。

(3) 按照视图表达零件形状要正确、完整、清晰、简便的要求,进一步综合、比较、调整、完善,选出最佳的表达方案。

项目二　识读与标注零件图尺寸

任务一　识读零件图尺寸

• **知识目标**:
1. 了解基准的概念、种类和选择。
2. 了解尺寸注法的三种形式。

• **技能目标**:能正确选择尺寸基准标注零件尺寸。

零件图尺寸是加工和检验零件的重要依据,因此标注尺寸是零件图的重要内容之一。除要满足前几章节所述的正确、完整、清晰的要求之外,还应做到合理。合理地标注尺寸是指零件图所注尺寸既要符合设计要求,又要满足工艺要求,以便于零件的加工、测量和检验。

尺寸标注的原则是:尺寸基准选择要合理;尺寸标注要正确、完整、清晰、合理。

一、正确选择尺寸基准

零件图尺寸标注既要保证设计要求又要满足工艺要求,首先应当正确选择尺寸基准。所谓尺寸基准,就是指零件装配到机器上或在加工测量时,用以确定其位置的一些面、线或点。它可以是零件上对称平面、安装底平面、端面、零件的结合面、主要孔和轴的轴线等。零件有三个方向(长、宽、高)的尺寸,每个方向至少要有一个尺寸基准。

1. 选择尺寸基准的目的

一是为了确定零件在机器中的位置或零件上几何元素的位置,以符合设计要求;二是为了在制作零件时,确定测量尺寸的起点位置,便于加工和测量,以符合工艺要求。

2. 尺寸基准的分类

根据基准作用不同,一般将基准分为设计基准和工艺基准两类。

(1) 设计基准。根据零件结构特点和设计要求而选定的基准称为设计基准。零件有长、宽、高三个方向,每个方向都要有一个设计基准,该基准又称为主要基准,如图9-6 (a) 所示。

对于轴套类和轮盘类零件,实际设计中经常采用的是轴向基准和径向基准,而不用长、宽、高基准,如图9-6 (b) 所示。

(2) 工艺基准。在加工时,确定零件装夹位置和刀具位置的一些基准以及检测时所使用的基准称为工艺基准。工艺基准有时可能与设计基准重合,该基准不与设计基准重合时又称为辅助基准。零件同一方向有多个尺寸基准时,主要基准只有一个,其余均为辅助基准,辅助基准必有一个尺寸与主要基准相联系,该尺寸称为联系尺寸。如图9-6 (a) 中的40mm、11mm、30mm,图9-6 (b) 中的30mm、90mm。

3. 选择基准的原则

尽可能使设计基准与工艺基准一致,以减少两个基准不重合而引起的尺寸误差。当设计基准与工艺基准不一致时,应以保证设计要求为主,将重要尺寸从设计基准注出,次要基准从工艺基准注出,以便加工和测量。

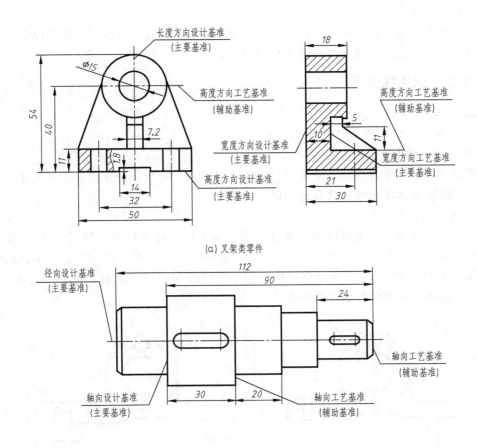

图 9-6 零件的尺寸基准

二、尺寸标注的三种形式

(1) 链式注法。如图 9-7 (a) 所示，同一方向的尺寸逐段首尾相接地注出，后一个尺寸以前一尺寸的终端为基准。其主要优点是：前段加工尺寸的误差并不影响后段加工尺寸。其主要缺点是：总尺寸有加工累计误差。

(2) 坐标式注法。如图 9-7 (b) 所示，所有尺寸从同一基准注起。其主要优点是：任一尺寸的加工精度只决定于本段加工误差，不受其他尺寸误差的影响。其主要缺点是：某些加

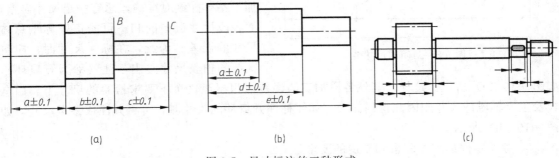

图 9-7 尺寸标注的三种形式

工工序的检验不太方便。

（3）综合式注法。如图 9-7（c）所示，综合式注法是链式和坐标式注法的综合，它具备了上述两种方法的优点，在尺寸标注中应用最广。

任务二 标注零件图尺寸

- 知识目标：

1. 掌握标注尺寸时应注意的事项。
2. 常见零件图形上孔的尺寸注法。

- 技能目标：能正确选择尺寸基准，能正确、完整、清晰、合理标注零件尺寸。

一、合理选择标注尺寸应注意的问题

1. 结构上的重要尺寸必须直接注出

重要的尺寸主要是指直接影响零件在机器中的工作性能和相对位置的尺寸。常见的如零件间的配合尺寸、重要的安装、定位尺寸等。如图 9-8（a）所示轴承座，轴承孔的中心高 h_1 和安装孔的间距尺寸 l_1 必须直接注出，而不应像图 9-8（b）那样，重要尺寸 h_1、l_1 需靠间接计算得到，从而造成误差的积累。

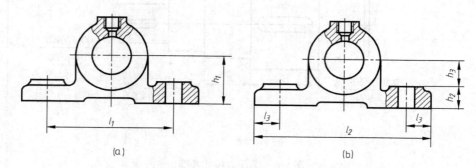

图 9-8 重要尺寸从设计基准直接注出

2. 避免出现封闭的尺寸链

封闭的尺寸链是指一个零件同一方向上的尺寸像车链一样，一环扣一环首尾相连，成为封闭形状的情况。如图 9-9 所示，各分段尺寸与总体尺寸间形成封闭的尺寸链，在机器生产中这是不允许的，因为各段尺寸加工不可能绝对准确，总有一定尺寸误差，而各段尺寸误差的和不可能正好等于总体尺寸的误差。为此，在标注尺寸时，应将次要的轴段尺寸空出不注（称为开口环），

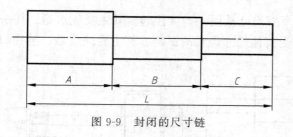

图 9-9 封闭的尺寸链

如图 9-10（a）所示。这样，其他各段加工的误差都积累至这个不要求检验的尺寸上，而全长及主要轴段的尺寸则因此得到保证。如需标注开口环的尺寸时，可将其注成参考尺寸，如图 9-10（b）所示。

3. 考虑零件加工、测量和制造的要求

（1）考虑加工看图方便。不同加工方法所用尺寸分开标注，便于看图加工。如图 9-11

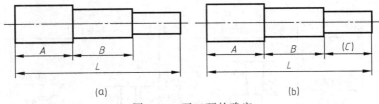

图 9-10 开口环的确定

所示，是把车削与铣削所需要的尺寸分开标注。

(2) 考虑测量方便。尺寸标注有多种方案，但要注意所注尺寸是否便于测量，如图 9-12 所示结构，两种不同标注方案中，不便于测量的标注方案是不合理的。

二、零件上常见孔的尺寸注法

光孔、锪孔、沉孔和螺孔是零件图上常见的结构，它们的尺寸标注分为普通注法和旁注法。零件上常用孔的尺寸注法见表 9-1，尺寸标注常用符号及缩写见表 9-2。

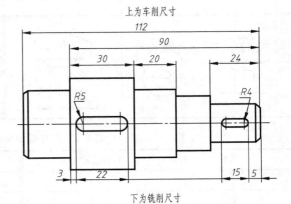

图 9-11 按加工方法标注尺寸

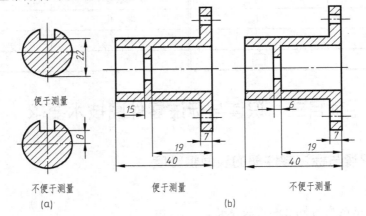

图 9-12 考虑尺寸测量方便

表 9-1 零件上常见孔的简化注法

类型	简化注法		一般注法	类型	简化注法		一般注法
一般光孔	4×φ5↧10	4×φ5↧10	4×φ5	柱形沉孔	4×φ7 ⌴φ13↧3	4×φ7 ⌴φ13↧3	φ13 4×φ7
精加工孔	4×φ5⁺⁰·⁰¹²↧10 孔↧12	4×φ5⁺⁰·⁰¹²↧10 孔↧12	4×φ5⁺⁰·⁰¹²	锪平沉孔	4×φ7 ⌴φ13	4×φ7 ⌴φ13	φ13 锪平 4×φ7

续表

类型	简化注法	一般注法	类型	简化注法	一般注法
锥孔	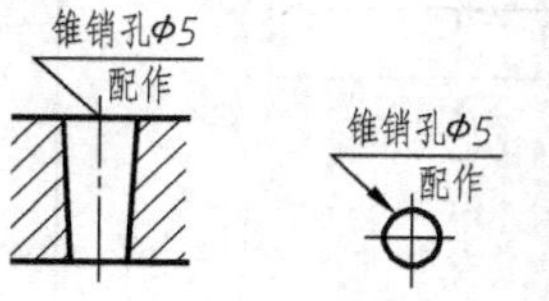 锥销孔φ5 配作	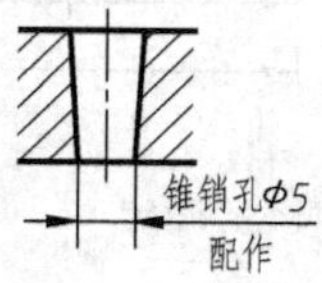 锥销孔φ5 配作	通孔螺纹	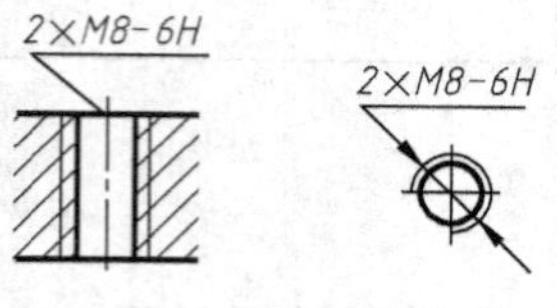 2×M8-6H	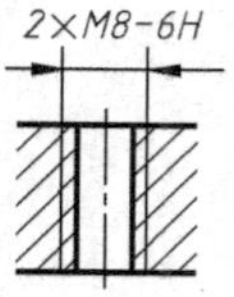 2×M8-6H
锥形沉孔	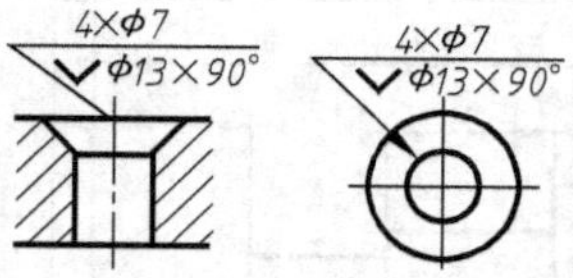 4×φ7 ⌵φ13×90°	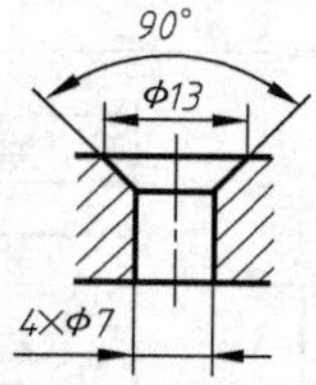 4×φ7 ⌵φ13×90°	盲孔螺纹	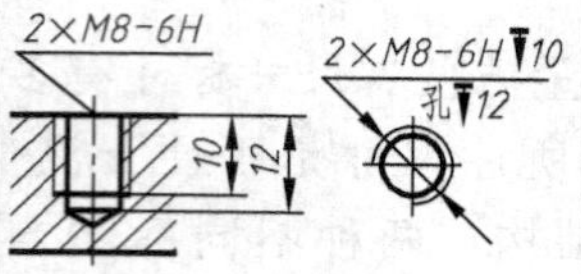 2×M8-6H▼10 孔▼12	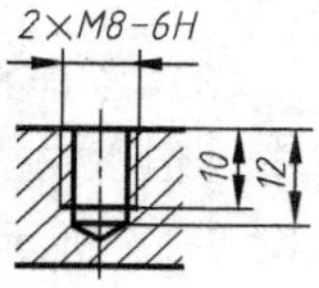 2×M8-6H

表 9-2　尺寸标注常用符号和缩写

名称	符号或缩写词	名称	符号或缩写词
直径	φ	45°倒角	C
半径	R	深度	↧
球直径	Sφ	沉孔或锪平	⌴
球半径	SR	埋头孔	∨
厚度	t	均布	EQS
正方形	□		

项目三　识读与标注零件图技术要求

任务一　识读与标注零件图的表面粗糙度

• **知识目标：**

1. 了解表面粗糙度的概念和有关术语。
2. 掌握表面粗糙度代号在图样上的标注方法。

• **技能目标：** 能对零件图上粗糙度符号进行标注和识读。

为了使零件达到预定的设计要求，保证零件的使用性能，在零件上还必须注明零件在制造过程中必须达到的质量要求，即技术要求，如表面粗糙度、尺寸公差、几何公差、材料热处理及表面处理等。技术要求一般应尽量用技术标准规定的代号（符号）标注在零件图中，没有规定的可用简明的文字逐项写在标题栏附近的适当位置。

一、表面粗糙度

新国标 GB/T 131—2006《产品几何技术规范（GPS）技术产品文件中表面结构的表示法》中，定义表面结构是表面粗糙度、表面波纹度、表面缺陷和表面几何形状的总称。

GB/T 131—2006 表面结构的表示法，完全代替了 GB/T 131—1993 标准。在技术内容上有很大变化，标准中的某些标注已全部重新解释。

1. 表面粗糙度的概念

零件表面经加工后看起来很光滑，但在显微镜下观察，则会看到如图 9-13 所示的许多高低不平的粗糙痕迹。这种零件表面所存在的较小间距和峰谷组成的微观几何特性称为表面粗糙度。表面粗糙度与加工方法、刀刃形状等各种因素有关。

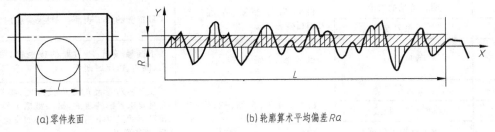

图 9-13　零件的表面粗糙度概念

表面粗糙度是在微观上评定零件表面质量的一项重要技术指标、对零件的耐磨性、耐腐蚀性、疲劳强度都有极大的影响。因此应在满足零件功能的前提下，合理地选取粗糙度参考值。

2. 表面波纹度

在机械加工过程中，由于机床、工件和刀具系统的振动，在工件表面所形成的间距比粗糙度大得多的表面不平度称为波纹度。零件表面的波纹度是影响零件使用寿命和引起振动的重要因素。

表面粗糙度、表面波纹度以及表面几何形状总是同时生成并存在于同一表面，如图 9-14 所示。

在测量与评定以上参数时，必须先将表面轮廓在特定仪器（如高斯滤波器）上滤波分离，然后得到原始轮廓（P）、粗糙度轮廓（R）和波纹度轮廓（W）后再求出极限判断其是否合格。

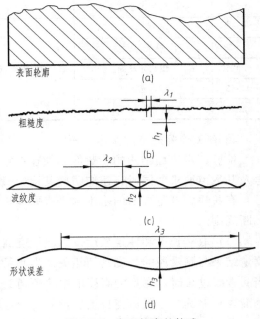

图 9-14　表面轮廓的构成

3. 评定表面结构常用的轮廓参数、图形参数、支承率曲线参数加以评定。我国机械图样中目前最常用的评定参数为轮廓参数（R 轮廓）的两个高度参数 Ra 和 Rz。算数平均偏差 Ra。指在一个取样长度内，纵坐标 $z(x)$ 绝对值的自述平均值，如图 9-15 所示。

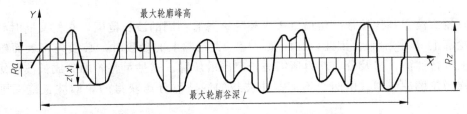

图 9-15　算术平均偏差 Ra 和轮廓的最大高度 Rz

表面粗糙度高度参数中算术平均偏差 Ra，其数值见表 9-3。

表 9-3 Ra 数值与加工方法的关系及应用举例

$Ra/\mu m$	表面特征	主要加工方法	应用举例
50	明显可见的刀痕	粗车、粗铣、粗刨、钻、粗纹锉刀和粗砂轮加工	最粗糙的加工表面，一般很少应用
25	可见刀痕		
12.5	微见刀痕	粗车、刨、立铣、平铣、钻	不接触表面、不重要的接触面，如螺钉孔、倒角、机座底面等
6.3	可见加工痕迹	精车、精铣、精刨、铰、镗、粗磨等	没有相对运动的零件接触面，如箱、盖、套筒要求紧贴的表面，键和键槽工作表面；相对运动速度不高的接触面，如支架孔、衬套、带轮轴孔的工作表面
3.2	微见加工痕迹		
1.6	看不见加工痕迹		
0.8	可辨加工痕迹方向	精车、精铰、精拉、精镗、精磨等	要求很好的接触面，如与滚动轴承配合的表面、锥销孔等；相对运动速度较高的接触面，如滑动轴承的配合表面、齿轮轮齿的工作表面等
0.4	微辨加工痕迹方向		
0.2	不可辨加工痕迹方向		
0.1	暗光泽面	研磨、抛光、超级精细研磨等	精密量具的表面及重要零件的摩擦面，如汽缸的内表面、精密机床的主轴颈、坐标镗床的主轴颈等
0.05	亮光泽面		
0.025	镜状光泽面		
0.012	雾状光泽面		
0.008	镜面		

4. 有关检验规范的基本术语

检验评定表面结构的参数值必须在特定条件下进行。国家标准规定，图样中注写参数代号及其数值要求的同时，还应明确其检验规范。

有关检验规范方面的基本术语有取样长度和评定长度、轮廓滤波器和传输带以及极限值判断规则。

（1）取样长度和评定长度。以粗糙度高度参数的测量为例，由于表面轮廓的不规则性，测量结果与测量段的长度密切相关。当测量段过短时，各处的测量结果会产生很大的差异；当测量段过长时，测量的高度值中将不可避免地包含波纹度的幅值。因此，应在 X 轴（即基准线）上选取一段适当长度进行测量，这段长度称为取样长度（L_r）。

在每一段取样长度内的测得值通常是不等的，为取得表面粗糙度最可靠的值，一般取几个连续的取样长度进行测量，并以各取样长度内测量值的平均值作为测得的参考值。这段在 X 轴方向上用于评定轮廓的、包含着一个或几个取样长度的测量段称为评定长度（L_n）。

当参数代号后未注明取样长度个数时，评定长度即默认为 5 个取样长度，否则应注明个数。例如，$Rz0.4$、$Ra3\ 0.8$、$Rz1\ 3.2$ 分别表示评定长度为 5 个（默认）、3 个、1 个取样长度。

（2）轮廓波器和传输带。粗糙度等三类轮廓各有不同的波长范围，它们又同时叠加在同一表面轮廓上（图 9-14），因此，在测量评定三类轮廓上的参数时，必须先将表面轮廓在特定仪器上进行滤波，以及分离获得所需波长范围的轮廓。这种可将轮廓分成长波和短波成分的仪器称为轮廓滤波器。由两个不同截止波长的滤波器分离获得的轮廓波长范围则称为传输带。

按滤波器的不同截止波长值，由小到大顺次分为 λ_s、λ_c 和 λ_f 三种，粗糙度等三类轮廓就是分别应用这些滤波器修正表面轮廓后获得的;应用 λ_s 滤波器修正后形成的轮廓称为原始轮廓(P 轮廓);在 P 轮廓上再应用 λ_c 滤波器修正后形成的轮廓即为粗糙度轮廓(R 轮廓);对 P 轮廓连续应用 λ_f 和 λ_c 滤波器修正后形成的轮廓称为波纹度轮廓(W 轮廓)。

(3) 极限值判断规则。完工零件的表面按检验规范测得轮廓参数值后,需与图样上给定的极限值比较,以判断其是否合格。极限值判断规则有两种,16%规则和最大规则。

① 16%规则。运用本规则时,当被检表面测得的全部参数值中超过极限值的个数不多于总个数的 16% 时,该表面是合格的,标注如图 9-16 所示。

图 9-16　当应用 16%规则（默认传输带）时参数的标注

② 最大规则。运用本规则时,被检的整个表面上测得的参数值都不应超过给定的极限值。

图 9-17　当应用最大规则（默认传输带）时参数的注法

16%规则是所有表面结构要求标注的默认规则,即当参数代号后未注写"max"字样时,均默认为 16% 规则（如 $Ra0.8$）。反之,则应用最大规则（如 $Ra\,\mathrm{max}\,0.8$）,标注如图 9-17 所示。

二、图形符号及结构代号

1. 标注表面结构图形符号

标注表面要求时的图形符号见表 9-4。

表 9-4　标注表面结构要求时的图形符号

符号名称	符　　号	含　　义
基本图形符号	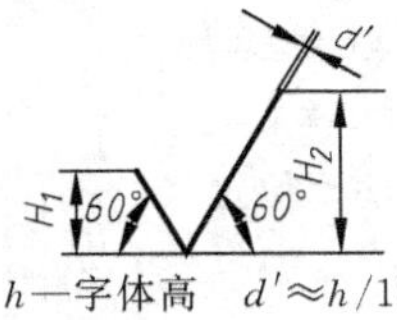 h—字体高　　$d'\approx h/10$ $H_1=1.4h$　　$H_2=2H_1$	未指定工艺方法的表面,当通过一个注释解释时可单独使用
扩展图形符号		用去材料方法获得的表面,仅当其含义是"被加工表面时"可单独使用
		不去除材料的表面,也可用于保持上道工序形成的表面,不管这种状况是通过去除或不去除材料形成的
完整图形符号	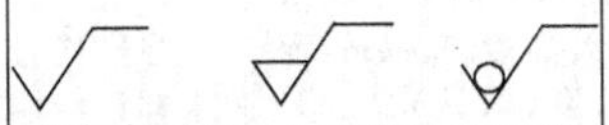 文本中:(APA)(MRR)(NMR)	在以上各种符号的长边上加一横线,以便注写对表面结构的各种要求 APA——允许任何工艺 MRR——去除材料 NMR——不去除材料

注：表中 d'、H_1 和 H_2 的大小是当图样中尺寸数字高度选取 $h=3.5$mm 的相应规定给定的。表中 H_2 是最小值,必要时允许加大。

当图样中某个视图上构成封闭轮廓的各表面有相同的表面结构要求时,在完整图形符号上加一圆圈,标注在封闭轮廓线上,如图 9-18 所示。

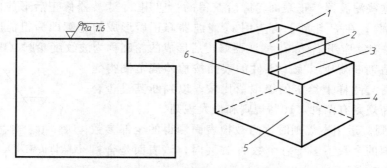

图 9-18 对周边各面有相同的表面结构要求的注法

注：1. 图示的表面结构符号是指对图形中封闭轮廓的六个面的共同要求（不包括前后面）。
2. 1~6 表示 6 个面。

2. 表面结构要求在图形符号中的注写位置

为了明确表面结构的要求，除标注表面结构参数和数值外，必要时应标注补充要求，包括传输带、取样长度、加工工艺、表面纹理及方向、加工余量等。这些要求在图形符号中的注写位置如图 9-19 所示。

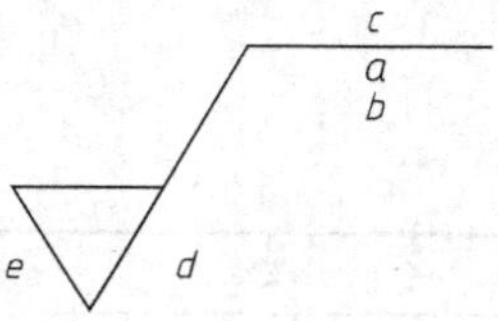

单一要求：
a —— 第一个表面粗糙度要求(传输带/取样长度参数代号数值)；
b —— 第二个表面粗糙度要求(传输带/取样长度参数代号数值)。

补充要求：
c —— 加工方法(车、铣、磨、涂镀等)；
d —— 表面纹理和方向；
e —— 加工余量。

图 9-19 补充要求的注写位置（$a \sim e$）

3. 表面结构代号

表面结构代号中注写了具体参数代号及数值等要求后即称为表面结构代号。表面结构代号的示例及含义见表 9-5。

表 9-5 表面结构代号的示例及含义

序号	代号示例	含义/解释	补充说明
1	⎷Ra 0.8	表示不允许去除材料，单向上限值，默认传输带，R 轮廓，算术平均偏差为 $0.8\mu m$，评定长度为 5 个取样长度（默认），"16%规则"（默认）	参数代号与极限值之间应留空格。本例未标注传输带，应理解为默认传输带，此时取样长度可在 GB/T 10610 和 GB/T 6062 中查取
2	⎷Rz 0.4	表示不允许去除材料，单向上限默认传输带，粗糙度的最大高度 $0.4\mu m$，评定长度为 5 个取样长度（默认），"16%规则"（默认）	参数代号与极限值之间应留空格。本例未标注传输带，应理解为默认传输带
3	⎷Rz max 0.2	表示去除材料，单向上限值默认传输带，R 轮廓，粗糙度最大高度的最大值设为 $0.2\mu m$，评定长度为 5 个取样长度（默认），"最大规则"	示例 1~4 均为单向极限要求，且均为单向上限值，则均可不加注"U"；若为单向下限值，则应加注"L"

续表

序号	代号示例	含义/解释	补充说明
4	∇ 0.008-0.8/ Ra 3.2	表示去除材料,单向上限值,传输带 0.008~0.8mm,R 轮廓,算术平均偏差 3.2μm,评定长度为 5 个取样长度（默认）,"16%规则"（默认）	传输带"0.008~0.8"中前后数值分别为短波和长波滤波器的截止波长(λ_s和λ_c),以示波长范围,此时取样长度等于λ_c,即L_r=0.8mm
5	∇ -0.8/ Ra3 3.2	表示去除材料,单向上限值,传输带:取样长度 0.8μm(λ_s 默认 0.0025mm),算术平均偏差 3.2μm,评定长度包含 3 个取样长度,"16%规则"（默认）	传输带仅注出一个截止波长值（本例 0.8 表示λ_c值）时,另一截止波长值λ_s应理解为默认值,由 GB/T 6062 中查知λ_s=0.0025mm
6	∇ U Ra max 0.2 L Ra 0.8	表示不允许去除材料,双向极值,两极限值均使用默认传输带,R 轮廓,上限值:算术平均偏差为 3.2μm,评定长度为 5 个取样长度（默认）,"最大规则",下限值:算术平均偏差为 0.8μm,评定长度为 5 个取样长度（默认）,"16%规则"（默认）	本例双向极限要求,用"U"和"L"分别表示上限值和下限值,在不致引起歧义时也可不加注"U""L"

三、表面结构要求在图样中的注法

（1）表面结构要求对每一表面一般只注一次,并尽可能注在相应的尺寸及其公差的同一视图上。除非另有说明,所标注的表面结构要求是对完工零件表面的要求。

（2）表面结构的注写和读取方向与尺寸的注写和读取方向一致,表面结构要求可标注在轮廓线上,其符号应从材料外指向并接触表面,如图 9-20 所示。必要时,表面结构也可用带箭头或黑点的指引线引出标注,如图 9-21 所示。

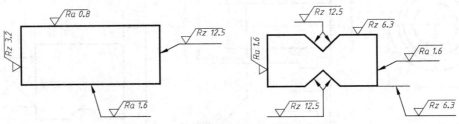

图 9-20 表面结构要求在轮廓线上的标注

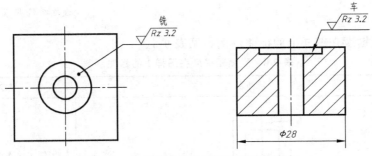

图 9-21 用指引线引出标注表面结构要求

（3）在不致引起误解时,表面结构要求可以标注在给定的尺寸线上,如图 9-22 所示。

（4）表面结构要求可标注在形位公差框格的上方,如图 9-23 所示。

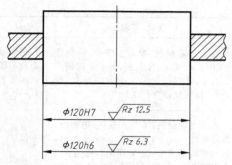

图 9-22 表面结构要求标注在尺寸线上

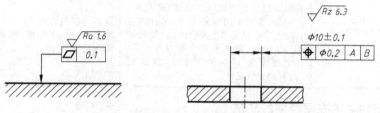

图 9-23 表面结构要求标注在形位公差框格的上方

(5) 圆柱和棱柱的表面结构要求只标注一次，如图 9-24 所示。如果每个棱柱表面有不同的表面结构要求，则应分别单独标注，如图 9-25 所示。

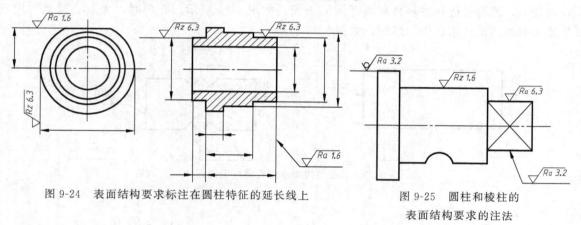

图 9-24 表面结构要求标注在圆柱特征的延长线上　　图 9-25 圆柱和棱柱的表面结构要求的注法

(6) 表面粗糙度在图样上的标注示例，见表 9-6。

表 9-6 表面粗糙度在图样上的标注示例

序号	标注示例	规定及说明
1		用细实线连接的不连续的同一表面，其粗糙度代号只标注一次

续表

序号	标注示例	规定及说明
2	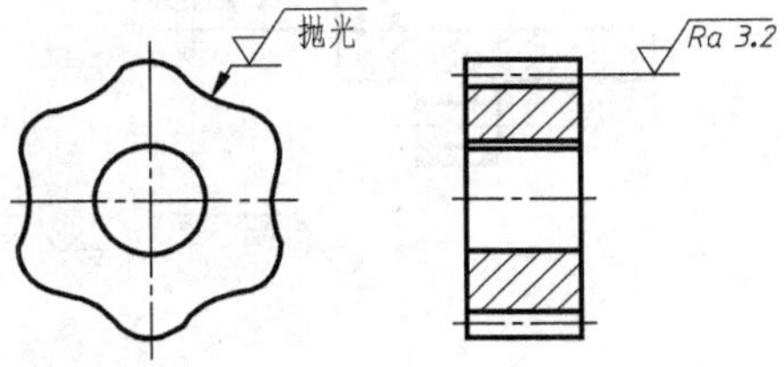	零件上的连续表面及重复要素（如槽、孔、齿等）的表面，其粗糙度代号只标注一次
3	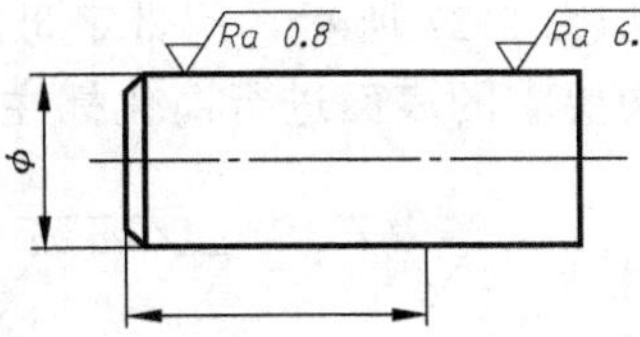	同一表面有不同粗糙度要求时需用细实线作为分界线，并注出分界线的位置
4	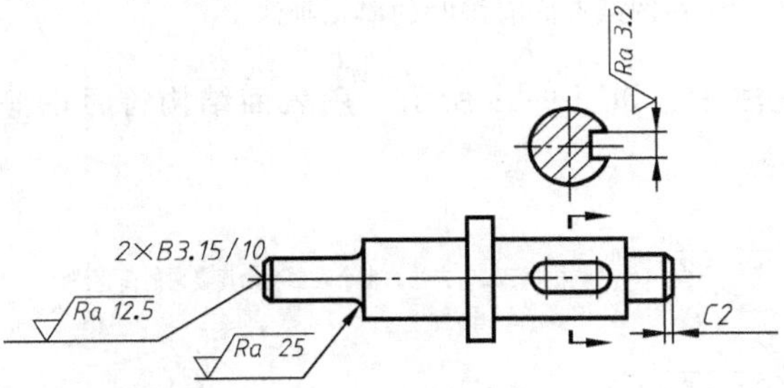	中心孔的工作表面，键槽工作面、倒角、圆角的表面粗糙度代号，可按左图所示形式简化标注
5	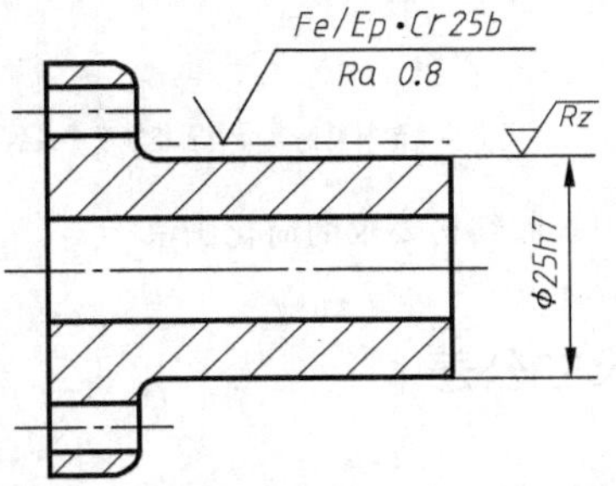	当需要明确每种工艺方法的表面结构要求时，可按左图所示形式标注，该图给出了镀覆前后的表面结构要求，这里与以往标注不同的是，不需要镀覆"前、后"等字样，只需用粗虚线画出其范围

四、表面结构要求在图样中的简化注法

（1）有相同表面结构要求的简化注法。如果在工件的多数（包括全部）表面有相同的表面结构要求时，则其表面结构要求可统一标注在图样的标题栏附近（不同的表面结构要求应直接标注在图形中）。此时，表面结构要求的符号后面应有：

① 在圆括号内给出无任何其他标注的基本符号，如图9-26（a）所示；

② 在圆括号内给出不同的表面结构要求，如图9-26（b）所示。

（2）多个表面有共同要求的注法。当多个表面有共同要求时，可采用下列方法标注。

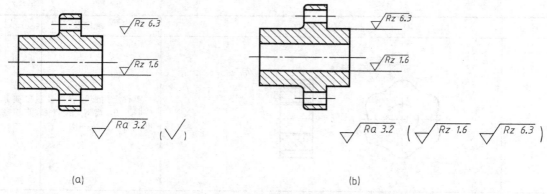

图 9-26　大多数表面有相同表面结构要求的简化画法

① 用带字母的完整符号的简化注法。如图 9-27 所示，用带字母的完整符号以等式的形式，在图形或标题栏附近对有相同表面结构要求的表面进行简化标注。

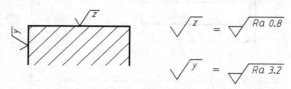

图 9-27　在图纸空间有限时的简化画法

② 只用表面结构符号的简化注法。如图 9-28 所示，用表面结构符号以等式的形式给出多个表面共同的表面结构要求。

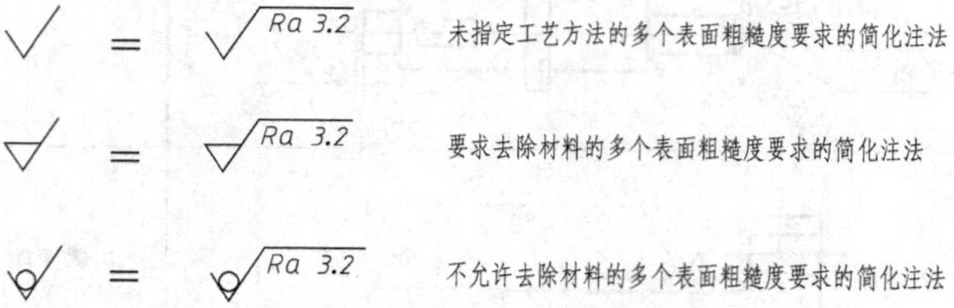

√ = √Ra 3.2　　未指定工艺方法的多个表面粗糙度要求的简化注法

√ = √Ra 3.2　　要求去除材料的多个表面粗糙度要求的简化注法

√ = √Ra 3.2　　不允许去除材料的多个表面粗糙度要求的简化注法

图 9-28　多个表面结构要求的简化画法

任务二　识读与标注零件图的尺寸公差

·知识目标：
1. 了解极限和配合的基本概念和有关术语。
2. 掌握极限与配合代号、尺寸公差在图样上的标注方法。

·技能目标： 能对零件图上尺寸公差进行标注和识读。

现代化大规模生产要求零件具有互换性，即同一规格零件，不经选择和修配就能顺利地装配在一起，并能保证使用要求。零件的互换性是机械产品批量生产的前提。为了满足零件的互换性，国家制定了与国际标准统一的国家标准 GB/T 1800—2009 产品几何技术规范（GPS）极限与配合。

一、尺寸公差

在实际生产中,零件的尺寸不可能加工得绝对精准,而是允许零件的尺寸在一个合理的范围内变动。这个允许的尺寸变动量就是尺寸偏差,简称公差。

如图9-29所示,当轴与孔配合时,为了满足使用过程中不同松紧程度的要求,必须对轴和孔的直径分别给出一个尺寸大小的限制范围。例如轴和孔的直径φ50后面的"$^{+0.025}_{0}$"和"$^{-0.025}_{-0.050}$"就是极限范围,它们的含义是孔直径的允许变动范围为φ50~50.025mm,轴直径允许变动范围为φ49.975~49.950mm。这个范围即为尺寸公差。关于尺寸公差的名词术语,以图9-29为例作简要说明。

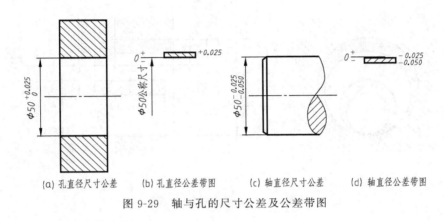

图9-29 轴与孔的尺寸公差及公差带图

1. 公称尺寸与极限尺寸

公称尺寸——设计给定的尺寸,是用来决定极限尺寸和偏差的基准尺寸。

极限尺寸——允许尺寸变动的两个极限值。

最大极限尺寸——孔　50+0.025=50.025mm

　　　　　　　——轴　50+(-0.025)=49.975mm

最小极限尺寸——孔　50-0=50mm

　　　　　　　——轴　50-0.050=49.950mm

零件经过测量所得的尺寸称为实际尺寸,若实际尺寸在最大和最小极限尺寸之间,即为合格零件。

2. 极限偏差与尺寸公差

极限偏差——极限尺寸减去公称尺寸所得的代数差。

上极限偏差——最大极限尺寸减去公称尺寸所得的代数差。

下极限偏差——最小极限尺寸减去公称尺寸所得的代数差。

孔的上、下极限偏差代号用大写字母ES、EI表示。轴的上、下极限偏差代号用小写字母es、ei表示。

孔——上极限偏差　ES=50.025-50=0.025mm

　　——下极限偏差　EI=0mm

轴——上极限偏差　es=49.975-50=-0.025mm

　　——下极限偏差　ei=49.950-50=-0.050mm

尺寸公差——零件尺寸的允许变动量。

公差＝最大极限尺寸－最小极限尺寸＝上极限偏差－下极限偏差
孔的公差　　50.025－50＝0.025mm 或＋0.025－0＝0.025mm
轴的公差　　49.975－49.950＝0.025mm 或－0.025－(－0.050)＝0.025mm

3. 公差带图

图 9-30 为轴与孔极限与配合的示意图，它表明了上述术语的关系。在实际工作中，常将示意图简化为公差带图（图 9-31），其作用是给极限尺寸的计算和零件间互相配合的性质分析带来方便。

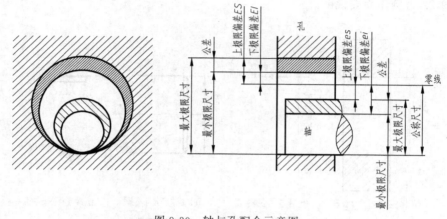

图 9-30　轴与孔配合示意图

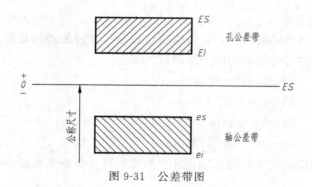

图 9-31　公差带图

零线——在极限与配合图解中表示公称尺寸的一条直线，以其为基准确定偏差和公差，通常零线沿水平方向测绘，正偏差位于其上，负偏差位于其下。

孔、轴公差带表示方法：在公差带图中，为了区别孔和轴的公差带，一般用方向相反的剖面线来分别表示孔和轴的公差区域。公差带宽度应基本成比例，公差带的左右长度可根据需要而定。

二、标准公差与基本偏差

1. 标准公差（IT）

公差带由公差带大小和公差带位置两个要素确定。公差带大小由标准公差来确定。标准公差分为 20 个等级，即：IT01、IT0、IT1、…、IT18。IT 表示标准公差，数字表示公差等级，IT01 公差值最小，精度最高；IT18 公差值最大，精度最低（标准公差的数值见表 9-7）。

表 9-7 公称尺寸小于 500mm 的标准公差   μm

公称尺寸/mm	公差等级																		
	IT01	IT0	IT1	IT2	IT3	IT4	IT5	IT6	IT7	IT8	IT9	IT10	IT11	IT12	IT13	IT14	IT15	IT16	IT17	IT18
≤3	0.3	0.5	0.8	1.2	2	3	4	6	10	14	25	40	60	100	140	250	400	600	1000	1400
>3～6	0.4	0.6	1	1.5	2.5	4	5	8	12	18	30	48	75	120	180	300	480	750	1200	1800
>6～10	0.4	0.6	1	1.5	2.5	4	6	9	15	22	36	58	90	150	220	360	580	900	1500	2200
>10～18	0.5	0.8	1.2	2	3	5	8	11	18	27	43	70	110	180	270	430	700	1100	1800	2700
>18～30	0.6	1	1.5	2.5	4	6	9	13	21	33	52	84	130	210	330	520	840	1300	2100	3300
>30～50	0.7	1	1.5	2.5	4	7	11	16	25	39	62	100	160	250	390	620	1000	1600	2500	3900
>50～80	0.8	1.2	2	3	5	8	13	19	30	46	74	120	190	300	460	740	1200	1900	3000	4600
>80～120	1	1.5	2.5	4	6	10	15	22	35	54	87	140	220	350	540	870	1400	2200	3500	5400
>120～180	1.2	2	3.5	5	8	12	18	25	40	63	100	160	250	400	630	1000	1600	2500	4000	6300
>180～250	2	3	4.5	7	10	14	20	29	46	72	115	185	290	460	720	1150	1850	2900	4600	7200
>250～315	2.5	4	6	8	12	16	23	32	52	81	130	210	320	520	810	1300	2100	3200	5200	8100
>315～400	3	5	7	9	13	18	25	36	57	89	140	230	360	570	890	1400	2300	3600	5700	8900
>400～500	4	6	8	10	15	20	27	40	63	97	155	250	400	630	970	1550	2500	4000	6300	9700

2. 基本偏差

基本偏差是国家标准规定的用以确定公差带相对于零线位置的上极限偏差或下极限偏差,一般为靠近零线的那个偏差。

图 9-32 所示的基本偏差系列中,孔与轴分别规定了 28 个基本偏差,其代号用拉丁字母(一个或两个)按顺序表示,大写字母表示孔的基本偏差代号,小写字母表示轴的基本偏差代号。

基本偏差系列图只表示了公差带的各种位置,所以只画出属于基本偏差的一端,另一端是开口的,即公差带的另一端取决于标准公差(IT)的大小。

在基本偏差系列图中,只有 JS(js)的上、下极限分别为+IT/2 和-IT/2。

轴和孔的公差代号,由基本偏差代号和标准偏差代号(省略书写"IT")组成。两种代号并列,位于公称尺寸之后并与其字号相同,如图 9-33 所示。

三、配合制度

公称尺寸相同的、互相结合的孔和轴公差带之间的关系称为配合。

根据使用要求的不同,孔和轴之间的配合有松有紧,"松"则出现间隙,"紧"则出现过盈,如图 9-34 所示。

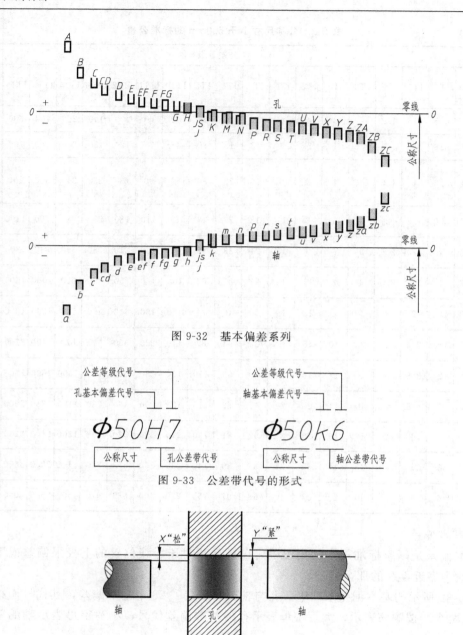

图 9-32 基本偏差系列

图 9-33 公差带代号的形式

图 9-34 间隙（X）与过盈（Y）示意图

1. 配合的种类

根据零件间的要求，国家标准将配合分为三类。

(1) 间隙配合。具有间隙（包括最小间隙等于零）的配合。此时，孔的公差带在轴的公差带之上。

(2) 过盈配合。具有过盈（包括最小过盈等于零）的配合。此时，孔的公差带在轴的公差带之下。

(3) 过渡配合。可能具有间隙或过盈的配合，此时，孔的公差带与轴的公差带互相交叠。

以上三种配合公差带之间关系图例见表 9-8。

2. 配合的基准制

当公称尺寸确定后，为得到孔和轴之间各种不同性质的配合，如果孔和轴公差带都可以任意变动，则配合情况变化极多，不便于零件的设计和制造，因此国家标准规定了两种不同的配合制度——基孔制配合与基轴制配合。

表 9-8 配合的种类

名称	公差带图例	说 明
间隙配合		孔的尺寸减去相配合的轴的尺寸之差为正，称为间隙 具有间隙(包括最小间隙等于零)的配合称为间隙配合。此时，孔的公差带在轴的公差带之上
过盈配合		孔的尺寸减去相配合的轴的尺寸之差为负，称为过盈 具有过盈(包括最小过盈等于零)的配合称为过盈配合。此时，孔的公差带在轴的公差带之下
过渡配合		可能具有间隙或过盈配合称为过渡配合。此时，孔的公差带与轴的公差带相互交叠

(1) 基孔制配合。基本偏差为一定的孔的偏差带与不同基本偏差的轴的公差带所形成的各种配合的一种制度，称为基孔制配合，如图 9-35 所示。

基孔制配合中，选作基准的孔称为基准孔，用基本偏差代号 H 表示，其下极限偏差为零。在基孔制配合中，轴的基本偏差 a～h 用于间隙配合；j～zc 用于过渡配合和过盈配合。例如，在基孔制配合中：$\phi 50H7/f7$ 为间隙配合，$\phi 50H7/n6$ 为过渡配合，$\phi 50H7/s6$ 为过盈配合。它们的配合示意图，即孔、轴公差带之间的关系如图 9-35 所示。

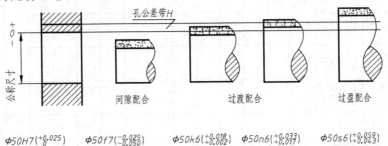

图 9-35 基孔制几种配合示意图

(2) 基轴制配合。基本偏差为一定的轴的公差带，与不同基本偏差的孔的公差带形成各种配合的一种制度，称为基轴制配合，如图 9-36 所示。

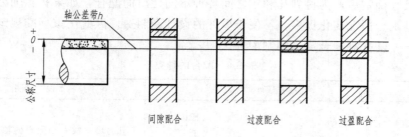

图 9-36 基轴制的几种配合示意图

基轴制配合中，选作基准的轴称为基准轴，用基本偏差带号 h 表示，其上极限偏差为零。在基轴制的配合中，孔的基本偏差 A～H 用于间隙配合；J～ZC 用于过度配合和过盈配合。例如，在基轴制配合中：$\phi50F7/h6$ 为间隙配合；$\phi50N7/h6$ 为过渡配合；$\phi50S7/h6$ 为过盈配合。它们的配合示意图，即孔、轴公差带之间的关系，如图 9-36 所示。

为取得较好的经济性和工艺性，在机械制造中优先采用基孔制（轴比孔容易加工）。

基孔制配合和基轴制配合的优先配合和常用配合见表 9-9、表 9-10。

表 9-9 基孔制优先、常用配合

基准孔	轴																			
	a	b	c	d	e	f	g	h	js	k	m	n	p	r	s	t	u	v	x	y	z
	间隙配合								过渡配合				过盈配合								
H6						$\frac{H6}{f5}$	$\frac{H6}{g5}$	$\frac{H6}{h5}$	$\frac{H6}{js5}$	$\frac{H6}{k5}$	$\frac{H6}{m5}$	$\frac{H6}{n5}$	$\frac{H6}{p5}$	$\frac{H6}{r5}$	$\frac{H6}{s5}$	$\frac{H6}{t5}$					
H7						$\frac{H7}{f6}$	$\frac{H7}{g6}$	$\frac{H7}{h6}$	$\frac{H7}{js6}$	$\frac{H7}{k6}$	$\frac{H7}{m6}$	$\frac{H7}{n6}$	$\frac{H7}{p6}$	$\frac{H7}{r6}$	$\frac{H7}{s6}$	$\frac{H7}{t6}$	$\frac{H7}{u6}$	$\frac{H7}{v6}$	$\frac{H7}{x6}$	$\frac{H7}{y6}$	$\frac{H7}{z6}$
H8					$\frac{H8}{e7}$	$\frac{H8}{f7}$	$\frac{H8}{g7}$	$\frac{H8}{h7}$	$\frac{H8}{js7}$	$\frac{H8}{k7}$	$\frac{H8}{m7}$	$\frac{H8}{n7}$	$\frac{H8}{p7}$	$\frac{H8}{r7}$	$\frac{H8}{s7}$	$\frac{H8}{t7}$	$\frac{H8}{u7}$				
				$\frac{H8}{d8}$	$\frac{H8}{e8}$	$\frac{H8}{f8}$		$\frac{H8}{h8}$													
H9			$\frac{H9}{c9}$	$\frac{H9}{d9}$	$\frac{H9}{e9}$	$\frac{H9}{f9}$		$\frac{H9}{h9}$													
H10			$\frac{H10}{c10}$	$\frac{H10}{d10}$				$\frac{H10}{h10}$													
H11	$\frac{H11}{a11}$	$\frac{H11}{b11}$	$\frac{H11}{c11}$	$\frac{H11}{d11}$				$\frac{H11}{h11}$													
H12		$\frac{H12}{b12}$						$\frac{H12}{h12}$													

注：1. H7/p6 在基本尺寸小于或等于 3mm 时，H8/r7 在小于或等于 100mm 时，为过渡配合。

2. 标注 ▼ 的配合为优先配合。

表 9-10 基轴制优先、常用配合

基准轴	孔																			
	A	B	C	D	E	F	G	H	JS	K	M	N	P	R	S	T	U	V	X	Y	Z
	间隙配合								过渡配合				过盈配合								
h5						$\frac{F6}{h5}$	$\frac{G6}{h5}$	$\frac{H6}{h5}$	$\frac{JS6}{h5}$	$\frac{K6}{h5}$	$\frac{M6}{h5}$	$\frac{N6}{h5}$	$\frac{P6}{h5}$	$\frac{R6}{h5}$	$\frac{S6}{h5}$	$\frac{T6}{h5}$					
h6						$\frac{F7}{h6}$	$\frac{G7}{h6}$	$\frac{H7}{h6}$	$\frac{JS7}{h6}$	$\frac{K7}{h6}$	$\frac{M7}{h6}$	$\frac{N7}{h6}$	$\frac{P7}{h6}$	$\frac{R7}{h6}$	$\frac{S7}{h6}$	$\frac{T7}{h6}$	$\frac{U7}{h6}$				
h7					$\frac{E8}{h7}$	$\frac{F8}{h7}$		$\frac{H8}{h7}$	$\frac{JS8}{h7}$	$\frac{K8}{h7}$	$\frac{M8}{h7}$	$\frac{N8}{h7}$									
h8				$\frac{D8}{h8}$	$\frac{E8}{h8}$	$\frac{F8}{h8}$		$\frac{H8}{h8}$													
h9				$\frac{D9}{h9}$	$\frac{E9}{h9}$	$\frac{F9}{h9}$		$\frac{H9}{h9}$													
h10				$\frac{D10}{h10}$				$\frac{H10}{h10}$													
h11	$\frac{A11}{h11}$	$\frac{B11}{h11}$	$\frac{C11}{h11}$	$\frac{D11}{h11}$				$\frac{H11}{h11}$													
h12		$\frac{B12}{h12}$						$\frac{H12}{h12}$													

注：标注▼的配合为优先配合。

四、极限与配合的标注

1. 在零件图上的公差注法

用于大批量生产的零件图，可只标注公差带代号；用于单件、中小批量生产的零件图，一般只注极限偏差数值。当需要同时注出公差带代号和数值时，则其偏差数值应加上圆括号。

如图 9-37 所示，注极限偏差时，应注意上极限偏差注在公称尺寸的右上方，下极限偏差应与公称尺寸注在同一底线上，字高要比基本尺寸的字高小一号；上下极限偏差的小数点必须对齐，小数点后位数也必须相同；若上极限偏差或下极限偏差为"零"时，用数字"0"标出，并与下极限偏差或上极限偏差的小数点前的个位数对齐。

当上、下极限偏差数值相同时，其数值只需标注一次，其字高与公称尺寸相同，如 $\phi 50 \pm 0.03$。

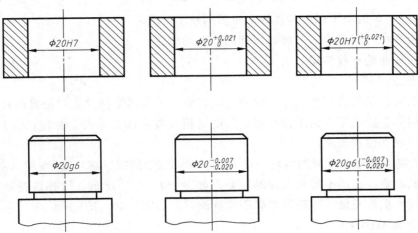

图 9-37 公差带代号、极限偏差在零件图上标注的三种形式

轴与孔的极限偏差数值可由极限偏差数值表（见附录）查出，表中所列的数值单位为微米（μm），标注时需换算成毫米（mm）。

2. 在装配图上的配合注法

在装配图上标注线性尺寸的配合代号时，必须在公称尺寸的右边用分数形式注出，分子位置注孔的公差带代号，分母位置注轴的公差带代号，如图9-38所示。

3. 标准件、外购件与零件配合的标注

在装配图上标注标准件、外购件与零件配合时，通常只标注于其相配零件的公差带代号，如图9-39所示。

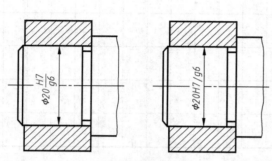

图9-38　配合代号在装配图上标注的两种形式

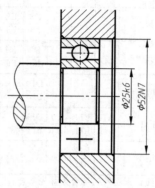

图9-39　标准件与零件配合时的标注

任务三　识读与标注零件图的几何公差

· 知识目标：

1. 了解几何公差的基本概念和有关术语。
2. 掌握几何公差代号在图样上的标注方法。

· 技能目标：能对零件图上几何公差的项目和符号进行标注和识读。

为了提高产品质量、保证零件具有良好的装配性，除对零件提出恰当的表面粗糙度和尺寸公差要求外，还要对零件要素（点、线、面）的形状和位置的精准度提出适当要求。为此，国家标准GB/T 1182—2008《产品几何技术规范（GPS）几何公差　形状、方向、位置和跳动公差标注》，规定了保证零件加工质量的技术要求。

本节主要介绍几何公差的一般知识和图样上的标注。

一、几何公差的一般知识

1. 基本概念

零件加工时，不仅会产生尺寸的误差，同时会产生几何形状及相对位置误差。形状和位置误差过大同样会影响零件的工作性能，因此对精度要求高的零件，除应保证尺寸精度外，还应控制其形状和位置误差。

例如：轴类零件加工时可能出现一端大、一端小或中间粗（细）、两端粗（细）等情况，其截面也可能不圆，这属于形状方面的误差，如图9-40（a）所示。阶梯轴在加工时，可能会出现各轴线不重合现象，这种误差属于位置误差，如图9-40（b）所示。

2. 几何公差的代号

GB/T 1182—2008对几何公差的几何特征、术语、代号、数值标注方法等都作了统一

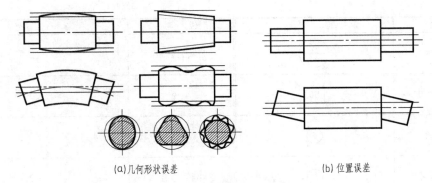

(a) 几何形状误差　　　　　　(b) 位置误差

图 9-40　几何形状误差与位置误差

规定。

(1) 几何公差符号。几何公差的公差类型分四类（形状公差、方向公差、位置公差、跳动公差），各类中几何特征、术语、符号见表 9-11。

表 9-11　几何特征符号

公差类型	几何特征	符号	有无基准	公差类型	几何特征	符号	有无基准
形状公差	直线度	—	无	方向公差	面轮廓度	⌒	有
	平面度	▱	无	位置公差	位置度	⊕	有或无
	圆度	○	无		同心度（用于中心点）	◎	有
	圆柱度	⌭	无		同轴度（用于轴线）	◎	有
	线轮廓度	⌒	无		对称度	═	有
	面轮廓度	⌒	无		线轮廓度	⌒	有
方向公差	平行度	∥	有		面轮廓度	⌒	有
	垂直度	⊥	有	跳动公差	圆跳动	↗	有
	倾斜度	∠	有		全跳动	⌰	有
	线轮廓度	⌒	有				

(2) 附加符号。常见符号如表 9-12 所示。

表 9-12　附加符号

说　明	符　号	说　明	符　号
被测要素		基准要素	

续表

说 明	符 号	说 明	符 号
基准目标	⌀2/A1	公共公差带	CZ
理论正确尺寸	50	小径	LD
延伸公差带	Ⓟ	大径	MD
最大实体要求	Ⓜ	中径、节径	PD
最小实体要求	Ⓛ	线索	LE
自由状态条件（非刚性零件）	Ⓕ	不凸起	NC
全周（轮廓）			
包容要求	Ⓔ	任意横截面	ACS

注：1. GB/T 1182—1996 中规定的基准符号为 ⌳。
2. 如需标注可逆要求，可采用符号 Ⓡ，见 GB/T 16671。

几何公差在图样上一般用框格形式表示，框格由两格或多格组成。框格中所填写的内容和符号如图 9-41 所示。

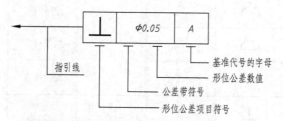

图 9-41 几何公差及基准代号的画法

基准代号，用一个大写字母表示。字母标注在基准方格内与一个漆黑的或空白的三角形相连以表示基准。漆黑的和空白的基准三角形含义相同，如图 9-42 所示。

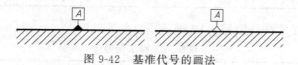

图 9-42 基准代号的画法

3. 几何公差的术语

（1）要素。指零件上的特征部分——点、线或面。这些要素是实际存在的，也可以是由实际要素取得的轴线或中心面。

（2）被测要素。给出形状或位置公差要素。

(3) 基准要素。用来确定被测要素方向或位置的要素。

(4) 形状公差。单一实际要素的形状所允许的变动全量。

(5) 方向公差、位置公差、跳动公差。关联实际要素的位置对基准所允许变动量。公差相关术语解释及图例如表 9-13 所示。

表 9-13　有关形位公差的基本术语

术语	定义及解释	图例
要素	指零件上的特征部分——点、线或面。这些要素是实际存在的，也可以是由实际要素取得的轴线或中心平面 点——圆心、球心、中心点 线——素线、曲线、轴线、中心线 面——平面、曲面、圆柱面、圆锥面、球面、中心平面	球面 圆锥面 平面 圆柱面 球心 中心线 轴线 素线 点
被测要素	给出形状或位置公差的要素	⌀0.08（直线度公差）被测要素
基准要素	用来确定被测要素方向或位置的要素	被测要素 ∥ 0.01 A（直线度公差）基准要素 A

二、形位公差在图样上的标注

1. 被测要素的标注

用带箭头的指引线将框格与被测要素相连，按以下方式标注。

(1) 当公差涉及轮廓线或轮廓面时，应将箭头指向该要素的轮廓线或其延长线上（应与尺寸线明显错开），如图 9-43 所示。

(2) 当指向实际表面时，箭头可指向引出线的水平线，引出线引自被测面，如图 9-44 所示。

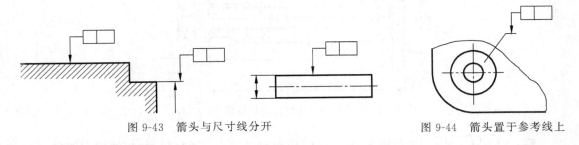

图 9-43　箭头与尺寸线分开　　　　　图 9-44　箭头置于参考线上

(3) 当公差涉及要素的中心线、中心面或中心点时，箭头应位于相应尺寸线的延长线上，如图 9-45 所示。

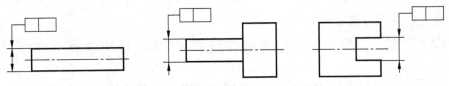

图 9-45　箭头与尺寸线的延长线重合

2. 基准要素的标注

(1) 当基准要素是轮廓线或轮廓面时，基准三角形放置在要素的轮廓线或其延长线上（但应与尺寸线明显地错开），如图 9-46 所示。另外，基准符号还可放置在该轮廓面引出线的水平线上，如图 9-47 所示。

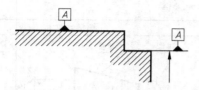

图 9-46 基准符号与尺寸线错开

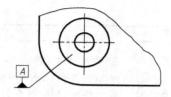

图 9-47 基准符号置于参考线上

(2) 当基准是尺寸要素确定的轴线、中心平面或中心点时，基准三角形应放置在该尺寸线的延长线上（图 9-48），如果没有足够的位置标注基准要素尺寸的两个尺寸箭头，则其中一个箭头可用基准三角形代替。

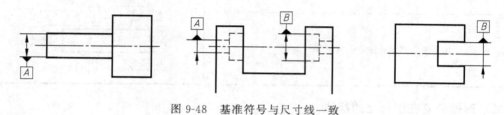

图 9-48 基准符号与尺寸线一致

3. 几何公差标注示例

[例 9-1] 解释图样中标注的几何公差的含义，如图 9-49 所示。

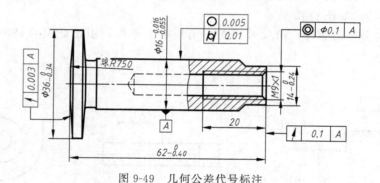

图 9-49 几何公差代号标注

解：(1) ⌭ 0.003 A 为左端 $R750$mm 的球面对 $\phi16$mm 圆柱轴线 A 的端面圆跳动公差为 0.003mm。

(2) ○ 0.005 为杆身 $\phi16$mm 圆柱表面的圆度公差为 0.005mm。

(3) ⌭ 0.01 为圆柱度公差为 0.01mm。

(4) ◎ $\phi0.1$ A 为 $M9\times1$ 螺纹孔轴线对于 $\phi16$mm 圆柱轴线 A 的同轴度公差为 $\phi0.1$mm。

(5) ⌭ 0.1 A 为右端端面对于 $\phi16$mm 圆柱轴线 A 的端面圆跳动公差为 0.1mm。

项目四 认识并绘制零件的工艺结构

- **知识目标**：了解常用的零件铸造工艺结构和机械加工工艺结构。
- **技能目标**：熟悉零件上常见的工艺结构，掌握其用途、查表方法及尺寸标注。

零件上因设计或工艺上的要求，常有一些特定的几何形状结构，如倒角、倒圆、孔凸、台凹、坑、沟、槽、拔模斜度、圆角过渡线等，以便于零件的成型、加工和装拆。画零件图时，必须清楚正确画出零件上的全部结构。

一、铸造零件的工艺结构

1. 拔模斜度

用铸造方法制造零件的毛坯时，为了便于将木模从砂型中取出，一般沿木模拔模的方向做成约 1∶20 的斜度，叫作拔模斜度。因而铸件上也有相应的斜度，如图 9-50（a）所示。这种斜度在图上可以不标注，也可不画出，如图 9-50（b）所示。必要时，可在技术要求中注明。

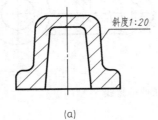 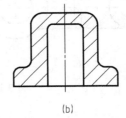

图 9-50 拔模斜度

2. 铸造圆角

在铸件毛坯各表面的相交处，都有铸造圆角，如图 9-51 所示。这样既便于起模，又能防止在浇铸时铁水将砂型转角处冲坏，还可避免铸件在冷却时产生裂纹或缩孔。铸造圆角半径在图上一般不注出，而写在技术要求中。铸件毛坯底面（作安装面）常需经切削加工，这时铸造圆角被削平。

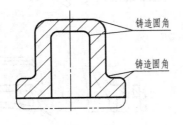 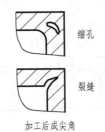

图 9-51 铸造圆角

铸件表面由于有圆角存在，使铸件表面的交线变得不很明显，如图 9-52 所示。这种不明显的交线称为过渡线。

过渡线的画法与交线画法基本相同，只是过渡线的两端与圆角轮廓线之间应留有空隙。图 9-53 是常见的几种过渡线的画法。

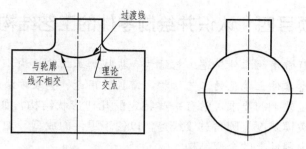

图 9-52 过渡线及其画法

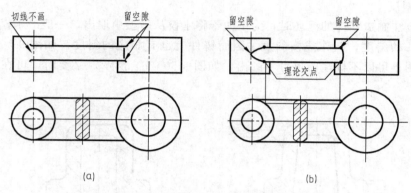

图 9-53 常见的几种过渡线

3. 铸件壁厚

在浇铸零件时，为了避免各部分因冷却速度不同而产生缩孔或裂纹，铸件的壁厚应保持大致均匀，或采用渐变的方法，并尽量保持壁厚均匀，见图 9-54。

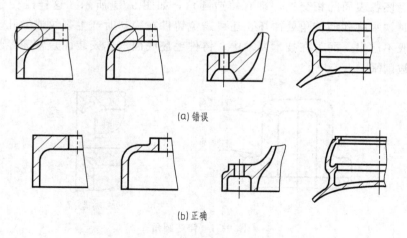

图 9-54 铸件壁厚的变化

二、机械加工工艺结构

机械加工工艺结构主要有：倒圆、倒角、越程槽、退刀槽、凸台和凹坑、中心孔等。

常见机械加工工艺结构的画法、尺寸标注及用途见表 9-14。

表 9-14 零件上常见的机械加工工艺结构

内容	图例	说明
倒角和倒圆	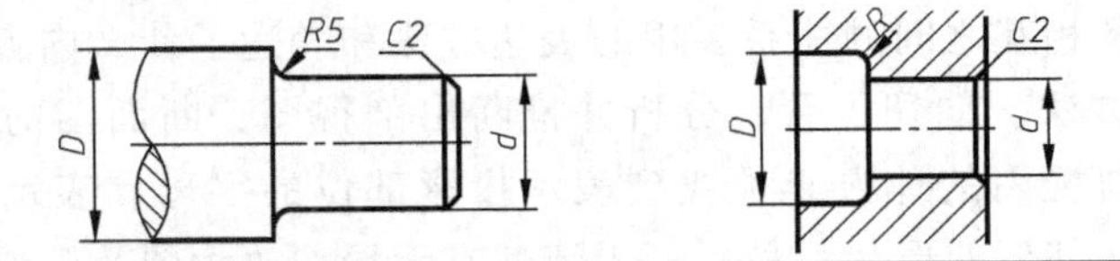	倒角便于装配、去锐边、毛刺，倒圆避免应力集中产生裂纹
退刀槽及砂轮越程槽	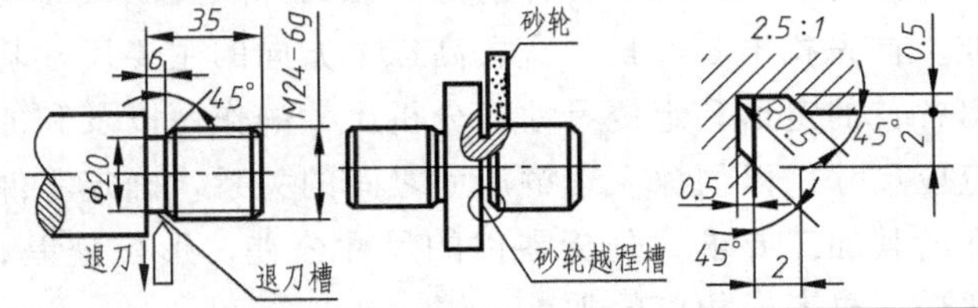	在轴肩、孔的台阶处加工出退刀槽和砂轮越程槽，便于退出刀具或使砂轮可以越过加工表面
钻孔底孔结构	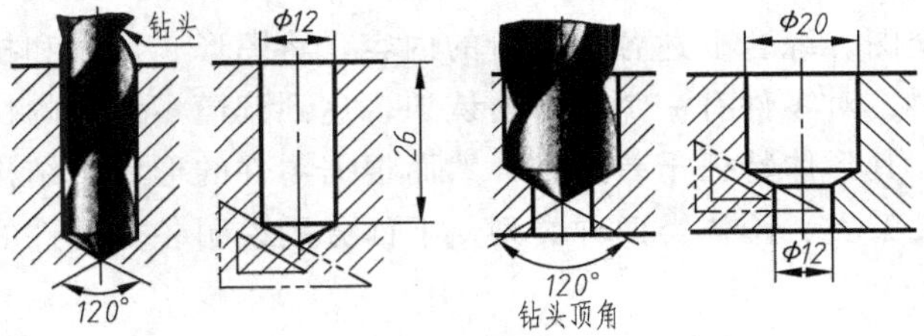	钻孔底孔结构是钻头顶角加工工件时在工件上自然形成的，如需画出时，锥顶角统一画成 120°
钻孔平面的结构	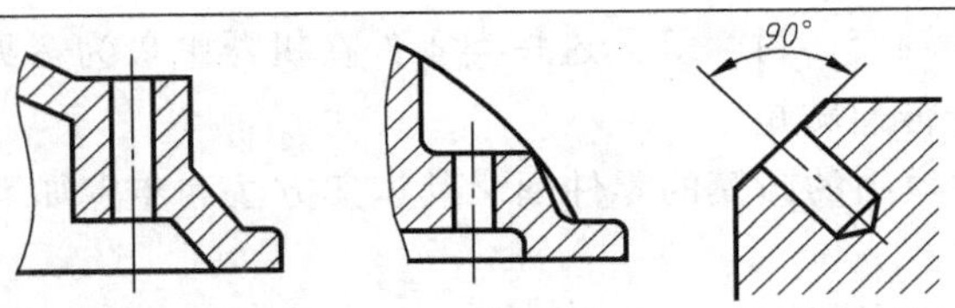 (a) 做凸平面　(b) 做凹平面　(c) 做斜平面	钻孔时，钻头应尽量垂直于被加工表面，以防止钻头因受力不均打滑或被折断
凸台和凹坑	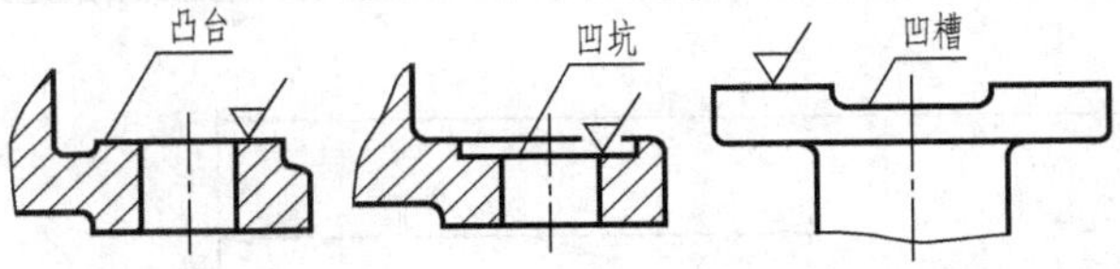 凸台　凹坑　凹槽	为了减少加工面积，并保证两零件表面之间接触良好，可把接触面设计成凸台、凹坑、凹槽

项目五　识读零件图

• **知识目标：**
1. 了解读零件图的要求。
2. 掌握读零件图的方法和步骤。

• **技能目标：** 能读懂中等复杂的四类典型零件图。

阅读零件图是一项经常性的工作。读零件图的目的，就是要根据零件图弄清零件的结构形状、零件的尺寸和技术要求等，以便指导零件的制造、检验和维修。识读零件图的一般方法和步骤如下。

（1）看标题栏，概括了解。通过标题栏可了解到零件的名称、材料、比例以及该零件在装配图中的编号等内容。如：通过零件名称可以了解到零件的类型；通过材料可了解到零件的加工方法；通过比例和图形可了解到零件的实际大小；通过零件在装配图中的编号，对照装配图可了解到零件的作用以及与其他零件的装配关系。

（2）分析视图，想形状。读零件的内、外形状和结构，是读图的重点。首先，从主视图开始，弄清各视图的名称及相互之间的关系、用的表达方法和表达了什么内容；其次，要根据剖视图、断面图的剖切方法、剖切位置，分析并推断出剖视图、断面图的表达目的和作用；再次，有局部视图和斜视图的地方必须找到表示投影部位的字母和表示投影方向的箭头，弄清它们表达的是什么部位的形状；最后，弄清楚有无局部放大图及简化画法等。

（3）分析尺寸，找基准。首先找出零件长、宽、高三个方向的主要尺寸基准和相应的辅助基准；再从基准出发找出各自的定形和定位尺寸。分析尺寸的作用以及和加工精度要求的关系，找出重要的定形和定位尺寸。以便深入理解尺寸之间的关系，确定零件的加工工序。

（4）分析技术要求，弄清其加工要求。分析零件的尺寸公差、形位公差、表面粗糙度、表面处理等技术要求，以便进一步考虑相应的加工方法。

（5）归纳总结，看懂全图。综合上述各项分析的内容，将图形、尺寸和技术要求等综合起来考虑，并参阅相关资料，对零件有一个整体的认识，达到读懂零件图的目的。

机器的零件种类繁多，其形体特征千差万别，然而根据零件的形状、结构、特点仍可将其分为轴套类、盘盖类、叉架类、箱体类四种类型。下面分别说明各类零件的零件图识读方法与步骤。

一、轴套类零件

轴套类零件包括轴、杆、轴套、衬套等。这一类零件在机器中最为多见。其作用是与传动件（齿轮、皮带轮等）结合传递转矩。

[例 9-2] 读图 9-55 冷冲模中的凸模的零件图，其识读方法和步骤如下。

1. 看标题栏，概括了解

由标题栏可知零件名称为凸模，材料是 Cr12MoV 合金钢，画图比例为 2∶1，编为冷冲

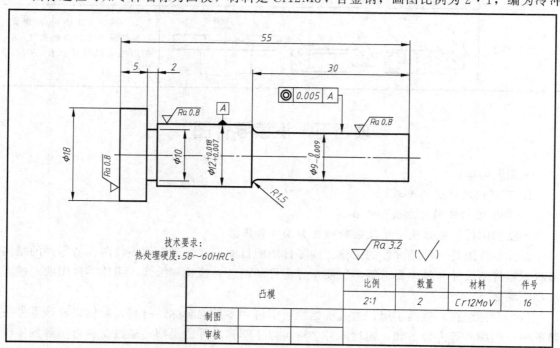

图 9-55　轴套类（凸模）零件图

模的 16 号零件。在该冷冲模中有两个这样的零件。

2. 读视图，想象零件形状结构

轴套类零件多在车床、磨床上加工，一般按加工位置确定主视图方向，零件水平放置，只采用一个主视图来表达轴上各段的形状特征，其他结构如键槽、退刀槽、越程槽、中心孔等可用剖视、断面、局部放大和简化画法等表达方法画出。本例凸模采用一个基本视图，从图中可以看出砂轮越程槽的规定画法。

3. 看尺寸，分析零件尺寸基准

由于零件是回转体，零件的径向基准，即高度和宽度方向的主基准是回转体的轴线，由这个基准注出 $\phi 18$mm、$\phi 10$mm、$\phi 12^{+0.018}_{+0.007}$mm、$\phi 9^{0}_{-0.009}$mm 等。凸模的左端面（此端面是确定齿轮轴在部件中轴向位置的重要表面）是长度方向的主要基准，由此注出 5mm、2mm、55mm。长度方向的第一辅助基准是凸模的右端面，由此注出凸模的总长度是 55mm。上述两基准之间联系尺寸 55mm。从右端向左 $\phi 9$mm 段长 30mm。

4. 看技术要求，明确零件加工要求

齿轮轴的径向尺寸 $\phi+12^{+0.018}_{+0.007}$mm、$\phi 9^{0}_{-0.009}$mm，均标注尺寸公差，表明这几部分凸模段均与冷冲模的相关零件有配合关系。相应的表面粗糙度也有较严格的要求，Ra 值分别为 $0.8\mu m$。另凸模的左端面也为配合面，技术要求严格，Ra 值为 $0.8\mu m$。$\phi 9$mm 段同轴度公差值为 0.005mm 的要求。

图 9-56 凸模的轴测图

凸模需淬火处理，硬度值为 58～60HRC。图 9-56 为凸模轴测图。

二、轮盘、盖板类零件

[例 9-3] 读 9-57 端盖零件图，其识读方法和步骤如下。

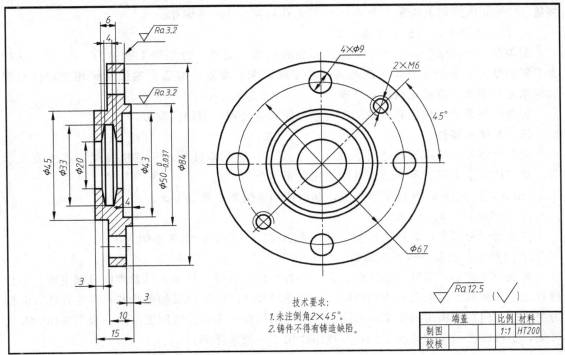

图 9-57 盘盖类（端盖）零件图

1. 看标题栏，概括了解

由标题栏可知零件名称为端盖，端盖是铸件，材料为牌号 HT200 铸铁，画图比例为 1∶1。

2. 读视图，想象零件形状结构

大多数盘盖类零件在车床上加工，因此主视图应按加工位置选择。本例端盖由全剖主视图、左视图两个基本视图表达，主视图按工作位置确定，采用 A—A 两相交剖切平面的方法，显示了端盖和其上凸缘的厚度、油封环槽、螺孔、光孔的结构。对照主视图和左视图，可看出端盖凸缘的轮廓形状以及螺孔和四个光孔的相对位置。端盖的轴测图如图 9-58 所示。

(a)　　　　　　　　　　(b)

图 9-58　端盖的轴测图

3. 看尺寸，分析零件尺寸基准

以端盖的右端面为长度方向的主要基准，注出泵盖的厚度尺寸 10mm 和总长尺寸 15mm，凸缘的厚度为 3mm。端盖的左端面为长度方向的次要基准，油封环槽就是以左端面向右 3mm 定位的，油封环槽断面为梯形，上端长为 4mm，下端为长 6mm。

以端盖水平回转中心线为高度方向的主要基准，注出端盖外形尺寸 φ84mm、凸缘外径 φ50mm、内径 φ43mm、轴径 φ20mm、油封环槽外径 φ33mm、左端凸台外径 φ45mm；在端盖 φ67mm 的圆周上均布 4 个 φ9mm 的光孔和两个 M6 的螺孔。

4. 看技术要求，明确零件加工要求

端盖凸缘外径 φ50mm 有尺寸公差和表面粗糙度要求，分别是下偏差为 −0.037mm 和表面粗糙度为 3.2μm，其说明该处和相关零件有配合要求。端盖右端面是和相关零件左端面相结合的表面，因此也有粗糙度要求，Ra 的值为 3.2μm。

另外，泵盖为铸件应有铸造工艺圆角和做时效处理，消除内应力。

三、叉架类零件

叉架类零件包括拨叉、连杆、支架、支座等。这类零件常用于变速操纵、连接或支承等。其结构特点是形状不规范，且多为扭曲歪斜形。

[例 9-4]　读图 9-59 托架零件图，其识读的方法和步骤如下。

1. 看标题栏，概括了解

由标题栏可知零件名称为托架，材料为灰铸铁 HT200，画图比例为 1∶1。

2. 读视图，想象零件形状结构

叉架类零件形式多样，结构较复杂，多为铸件、锻件。其加工位置难以分出主次，工作位置也不尽相同，因此在选主视图时，应将能较多地反映零件结构形状和相对位置的方向作为主视图方向。本例由两个基本视图、一个局视图和一个移出断面图组成。根据视图的配置可知，主视图使用了两处局部剖，左视图使用了一处局部剖。

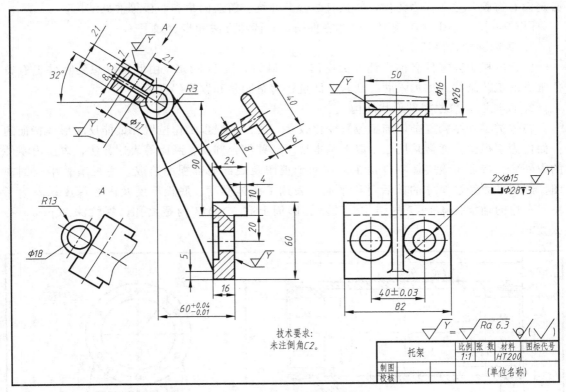

图 9-59 叉架类（托架）零件图

对照主、左视图可以看出托架的主要结构形状：上部呈空心圆柱形，圆柱水平向左 32°处有一圆头形凸耳，凸耳在圆柱水平向左 32°处开了一条 3mm 的槽，把凸耳分为上下两部分，在凸耳上部分的上表面有一 ϕ18mm 的凸台，在凸台上表面有一个与凸台同心的 ϕ11mm 的通孔；零件下部是一个宽 82mm 长 24mm、高 60mm 的倒 L 形底板，在底板上前后对称 40mm 处有两个沉头孔，分别是 ϕ15mm 通孔、ϕ28mm、深 3mm；圆柱和底板之间用一个"T"形的支撑板连接，图 9-60 为托架的轴测图。

3. 看尺寸，分析零件尺寸基准

高度方向的主要尺寸基准为沉头孔 ϕ15mm 的孔的轴线；长度方向的主要尺寸基准为托架底板的右端面；宽度方向的主要尺寸基准为前后对称中心线。

从上述三个基准出发，不难看出各部分的定形和定位尺寸，并由此进一步了解拨叉各部分的相对位置，从而想象出托架的整体形状。

4. 看技术要求，明确零件加工要求

托架的主要尺寸都注有公差要求，如上部空心圆柱形的定位尺寸 60mm，底板前后对称分布的两个沉孔的定位尺寸 40mm。对应的表面粗糙度要求也严格，Ra 值为 6.3μm。

图 9-60 托架的轴测图

四、箱体类零件

箱体类零件包括各种机座、箱体、泵和阀体。其作用是包容和支承运动件等。因此它们必定设有空腔。毛坯多为铸件，并且有凸台、凹坑、铸造圆角和肋板等常见结构。

[例9-5] 读图9-61铣刀头座体零件图，其读图方法和步骤如下。

1. 看标题栏，概括了解

由标题栏可知零件名称为铣刀头座体，材料为铸铁HT200，由此可以想到零件上有铸件常见的工艺结构，如加强肋、凸台、凹坑、铸造圆角和取模斜度等。

2. 读视图，想象零件形状结构

箱体类零件结构复杂，加工位置变化较多，所以一般以工作位置和最能反映形体特征的一面作为主视图。通常采用三个以上基本视图。并结合剖视、断面等表达方法，表达出零件的内外形状特征。该座体零件由主、左两个视图及底部局部视图组成。主视图采用全剖视图，剖切平面经过箱体的前后对称平面，表达了座体厚度、底板厚度及内腔深度；表达了左、右边的轴承孔φ80K7的结构，轴承孔圆周上有6×M8内螺纹孔，螺纹深20mm，孔深22mm。

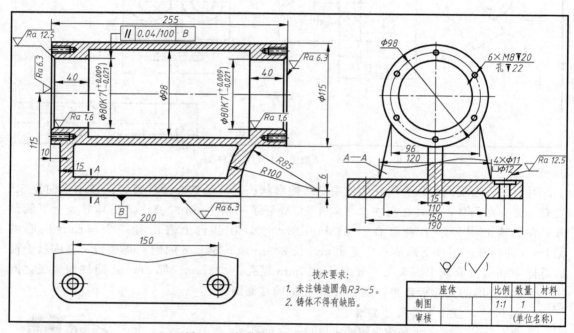

图9-61 箱体类（铣刀头座体）零件图

3. 看尺寸，分析零件尺寸基准

长度方向的主要尺寸基准是座体左端面，由此基准注出尺寸有255mm、10mm等；高度方向的主要尺寸基准是座体底面，由此基准注出的尺寸有115mm，高度方向的辅助尺寸基准是座体腔中心线；宽度方向的尺寸基准是座体的前后对称平面，由此基准注出的尺寸有110mm、150mm、190mm等。

4. 看技术要求，明确零件加工要求

从零件图中不难看出，座体所注尺寸虽多，但注有尺寸的公差的只有2处，其对应粗糙度Ra值分别为1.6μm，说明座体的这个部位和相关零件（轴承）有较严格的配合要求。另外，座体与端盖结合面有表面粗糙度要求，其值为6.3μm，轴承孔倒角及底部沉孔表面粗糙度都要求不高，其值为12.5μm。座体1处有几何公差要求，轴承孔φ80K7中心轴线对底面的平行度为 0.04/100。其轴测图见图 9-1。

项目六　测绘零件图

- **知识目标:**
1. 了解零件测绘的方法和步骤。
2. 掌握零件尺寸的测量方法。
- **技能目标:** 能正确测量，徒手绘制零件草图，并能根据零件草图绘制零件图。

零件的测绘就是根据实际零件画出它的图形，测量出它的尺寸并制订出技术要求。测绘时，首先以徒手画出零件草图，然后根据该草图画出零件工作图。在仿造和修配机器部件以及技术改造时，常常要进行零件测绘，因此，它是工程技术人员必备的技能之一。

一、零件测绘的一般过程

1. 了解测绘对象

首先应了解零件的名称、材料以及它在机器或部件中的位置、作用及与相邻零件的关系，然后对零件的内外结构形状进行分析。

2. 拟定零件表达方案

在对所测绘零件进行认真分析的基础上，根据零件表达方案的选择原则绘制零件草图。零件草图是绘制零件工作图的依据。

3. 绘制零件草图

根据零件草图，绘制零件工作图。对零件草图必须进行认真的检查核对，补充完善后，依此画出正规的零件工作图，用以指导零件加工制造。

二、画零件草图的方法与步骤

现以图 9-62 所示支架零件为例说明绘制零件草图的方法及步骤。查相关资料，该零件名称为支架、材料 HT200 为铸件，属于叉架类零件。此类零件一般用三个基本视图加其他视图可表达清楚。其绘制草图步骤如图 9-63 所示。

(1) 确定零件表达方案，选比例，选图幅，在图纸上（采用方格纸）上画图框及标题栏，画出主、左、视图的对称中心线和作图基准线，布置视图时，要考虑各视图间留有注写尺寸的位置。如图 9-63（a）所示。

(2) 以目测比例画出零件内、外结构形状的底稿，如图 9-63（b）所示。

(3) 检查底稿、描深和画剖面线，标注尺寸和技术要求，如图 9-63（c）所示。

(4) 填写标题栏，如图 9-63（d）所示。

图 9-62　支架

三、画零件图

在现场绘制的零件草图，由于工作条件限制，在表达方案、尺寸标注及技术要求注写等方面可能存在欠缺。因此，对所画零件草图必须进行校核，并作必要的调整补充，再绘制零件图。

画零件图要选择合适的比例和选用标准幅面的图纸。

画零件图的步骤与画零件草图的步骤基本相同，只是有时为了让图面保持清洁，常在画完底稿后，先画出尺寸线，标注尺寸数字，再画剖面线，而最后描深。

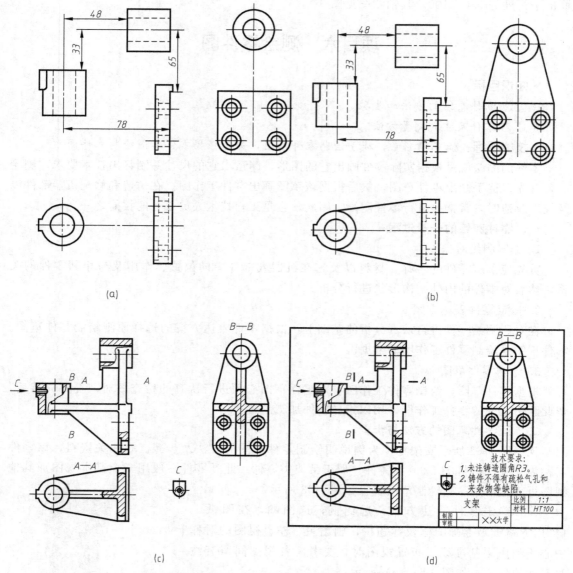

图 9-63　零件草图的绘制方法及步骤

四、绘制零件草图

(1) 绘制图形。根据选定的表达方案，徒手画出视图、剖视等图形，其作图步骤与画零件画相同。但需注意以下两点。

① 零件上的制造缺陷（如砂眼、气孔等），以及由于长期使用造成的磨损、碰伤等，均不应画出。

② 零件上的细小结构（如铸造圆角、倒角、倒圆、退刀槽、砂轮越程槽、凸台和凹坑等）必须画出。

(2) 标注尺寸。先选定基准，再标注尺寸。具体应注意以下三点。

① 先集中画出所有的尺寸界线、尺寸线和箭头，再依次测量，逐个记入尺寸数字。

② 零件上标准结构（如键槽、退刀槽、销孔、中心孔、螺纹等）的尺寸，必须查阅相

应国家标准，并予以标准化。

③ 与相邻零件的相关尺寸（如泵体上螺孔、销孔、沉孔的定位尺寸，以及有配合关系的尺寸等）一定要一致。

(3) 注写技术要求。零件上的表面粗糙度、极限与配合、形位公差等技术要求，通常可采用类比法给出。具体注写时需注意以下三点。

① 主要尺寸要保证其精度。泵体的两轴线、轴线距底面以及有配合关系的尺寸等，都应给出公差。

② 有相对运动的表面及对形状、位置要求较严格的线、面等要素，要给出既合理又经济的粗糙度或形位公差要求。

③ 有配合关系的孔与轴，要查阅与其相结合的轴与孔的相应资料（装配图或零件图），以核准配合制度和配合性质。

只有这样，经测绘而制造出的零件，才能顺利地装配到机器上去并达到其功能要求。

(4) 填写标题栏。一般可填写零件的名称、材料及绘图者的姓名和完成时间等。

五、根据零件草图画零件图

草图完成后，便要根据它绘制零件图，其绘图方法和步骤同前，这里不再赘述。

六、零件尺寸的测量方法

测量尺寸是零件测绘过程中一个很重要的环节，尺寸测量得准确与否，将直接影响机器的装配和工作性能，因此，测量尺寸要谨慎。

测量时，应根据对尺寸精度要求的不同选用不同的测量工具。常用的量具有钢直尺、内、外卡钳等；精密的量具有游标卡尺、千分尺等；此外，还有专用量具，如螺纹规、圆角规等。

图 9-64～图 9-67 为常见尺寸的测量方法。

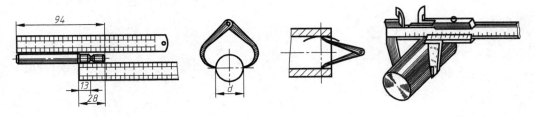

(a) 用钢尺测一般轮廓　　(b) 用外卡钳测外径　　(c) 用内卡钳测内径　　(d) 用游标卡尺测精确尺寸

图 9-64　线性尺寸及内、外径尺寸的测量方法

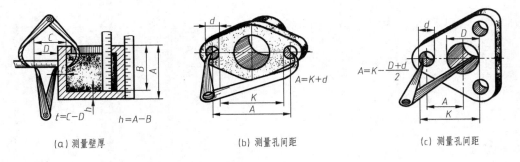

(a) 测量壁厚　　　　　　(b) 测量孔间距　　　　　(c) 测量孔间距

图 9-65　壁厚、孔间距的测量方法

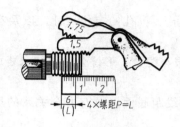 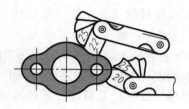

(a) 用螺纹规测量螺距　　　　　　　　(b) 用圆角规测量圆弧半径

图 9-66　螺距、圆弧半径的测量方法

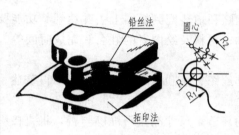 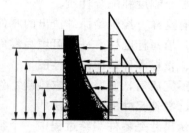

(a) 用铅线法和拓印法测量曲面　　　　(b) 用坐标法测量曲线

图 9-67　曲面、曲线的测量方法

模块十　识读与绘制装配图

- 知识目标：
1. 了解装配图的内容和作用。
2. 掌握装配图图样表达方案的选择原则。
3. 掌握装配图的特殊画法和规定画法。
4. 掌握装配图的尺寸标注及技术要求。

- 技能目标：
1. 学会装配图的识读方法和步骤，能看懂简单装配图和主要零件的装配关系。
2. 学会绘制简单装配图。

项目一　认识装配图

- 知识目标：
1. 了解装配图的作用。
2. 了解装配图的内容。

- 技能目标：学会根据装配图的内容读装配图。

一、装配图的作用

装配图是表达装配体（机器或部件）中零件之间的装配关系、连接方式、工作原理等内容的技术图样。设计、制造机器或部件的过程一般为：构思确定设计方案→画出装配图→由装配图拆画零件图→按照零件图加工零件→按照装配图将零件装配成机器或部件。所以装配图是设计制造、检验、安装、使用和维修机器或部件以及进行技术交流的重要的技术文件。

图 10-1 为安全阀，是用于油压回路中控制油的压力的。当油压处于使用范围以内时，压力油从下部的管口压入，从右边的管口流出。当油压超过使用范围时，压力油即克服弹簧压力，顶开阀门，从左边管道流回油池，从而保持油压处于规定范围以内。

二、装配图的内容

图 10-2 为安全阀的装配图。从图中可以看出，一张完整的装配图应具有下列内容。

1. 一组视图

用来表达装配体的工作原理、传动路线、各组成零件之间的相对位置、装配关系、连接方式和零件的主要结构形状等。图 10-2 共有两个基本视图，主视图采用全剖视图，俯视图采用拆卸画法，另加 A、B 两个局部视图。

2. 必要的尺寸

用来确定与机器或部件的性能、规格、安装、装配、外形等有关的尺寸。如图 9-2 中，$\phi 20mm$ 是规格尺寸；$43mm$、$20mm$、$4\times\phi 9mm$、$4\times M6$、$\phi 60mm$ 和 $\phi 56mm$ 是

图 10-1　安全阀

安装尺寸；φ26H9/f9、φ34H7/g6 是装配尺寸；φ77mm、173.5mm 和 104mm 是外形尺寸。

3. 技术要求

用文字或符号说明装配、检验、调整、试车及使用等方面的要求。

4. 零件的序号及明细表

在装配图中，须对每个零件编写序号。明细表是用来说明装配图中全部零件的详细目录，它包括零件的序号、代号、名称、材料、数量等内容。零件的序号及明细表是装配图和零件图的重要区别之一。通过零件的序号及明细表使装配图与相应的零部件图有机地联系起来，既有利于加工生产，也便于查找和管理。

5. 标题栏

用来说明机器或部件的名称、图号、绘图比例、必要的签署和设计单位等。

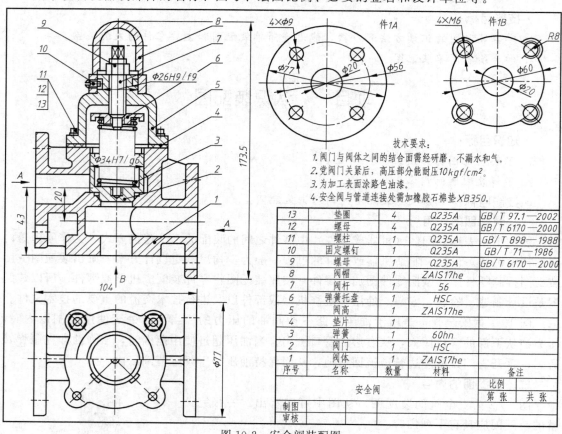

图 10-2 安全阀装配图

项目二　识读并掌握装配图的规定画法和特殊画法

任务一　识读并掌握装配图的规定画法

- 知识目标：

1. 了解装配图的一般表达方法。
2. 掌握装配图的规定画法。

• **技能目标**：能运用装配图的规定画法读懂装配图。

一、装配图的一般表达方法

在前面模块介绍的视图、剖视图、断面图、简化画法等机件的图样画法都适用于装配图。与零件图比较，由于表达的对象和目的不同，装配图还有规定画法和特殊画法。

二、装配图的规定画法

1. 接触面和配合面的画法

在装配图中，两相邻零件的接触面和配合面只画一条线。非接触、非配合面不论间隙大小都必须画出两条线，如图 10-3 所示。

2. 剖面线的画法

（1）在同一装配图中，同一零件在各个视图上的剖面线的倾斜方向和间隔必须相同。

（2）相邻两零件的剖面线的倾斜方向应相反，当零件厚度小于 2mm 时，允许用涂黑代替剖面符号。

（3）三个零件相邻时，其中两个零件的剖面线方向相反，第三个零件要采用不同的剖面线间隔并与同方向的剖面线错开的方法画出，如图 10-3 所示。

3. 实心零件和标准件的画法

在装配图中，剖切平面通过实心零件（如轴、手柄、杆、球、键、销等）和标准件（如螺栓、螺母、垫圈等）的轴线时按不剖绘制，如图 10-3 所示。若剖切平面沿垂直于这些零件的轴线方向剖切时，仍按剖视绘制，如图 10-4 所示。俯视图中双头螺柱被剖切，必须画出剖面线。

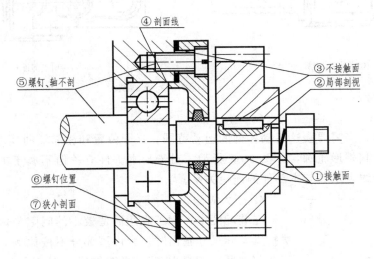

图 10-3　装配图的规定画法

任务二　识读并掌握装配图的特殊画法

• **知识目标**：掌握装配图的特殊画法。

• **技能目标**：能运用装配图的特殊画法表达设计意图。

装配图的特殊画法介绍如下。

1. 沿零件的结合面剖切

在装配图中，可假想沿某零件的结合面剖切，以表达装配体内部零件间的装配关系。

如图 10-4（a）所示，俯视图沿盖与座的结合面剖开，表达轴瓦与轴承座的装配情况。注意结合面上不画剖面线，被切断零件画出剖面线。

2. 拆卸画法

在装配图中，为了表达清楚机器或部件中的被遮住的零件，可以假想将某些零件拆卸后再投影。采用拆卸画法时，一般应在视图的上方标注"拆去××等"。图 10-4（b）中俯视图的右半部分没有螺柱的断面及剖面符号，属于拆卸画法，在俯视图的上方标注了"拆去轴承盖、上轴衬等"。

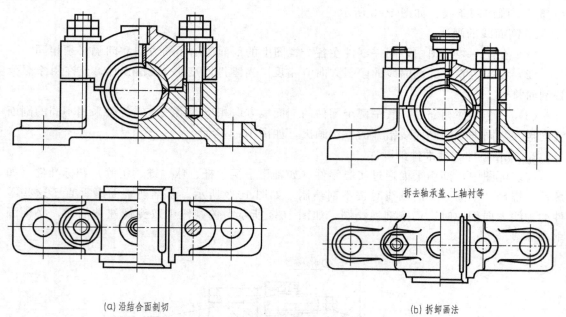

图 10-4　装配图的特殊画法

3. 假想画法

在装配图中，当需要表达运动零件的运动范围、极限位置和相邻辅助零件轮廓线时，可用双点画线画出其外形轮廓，如图 10-5 所示。对于与本部件有关但不属于本部件的相邻部件，可用双点画线表示其与本部件的连接关系。

4. 夸大画法

在装配图中，为了表达清楚较小的间隙与薄垫片时，在无法按其实际尺寸画出时，允许该部分不按比例而夸大画出，即将薄部加厚，细部加粗，间隙加宽；对于厚度、直径不超过 2mm 的被剖切薄、细零件，其剖面线可以涂黑表示，如图 10-3 所示。

5. 简化画法

对于装配图中若干相同的零件组（如螺栓连接等）可仅详细地画出一组，其余的零件组只需以细点画线表示中心位置，如图 10-6 所示。在装配图中，零件的工艺结构（如倒角、圆角、退刀槽等）可允许不画。滚动轴承可按国家标准规定的简化画法画出，在同一轴上相同型号的轴承，在不致引起误解时

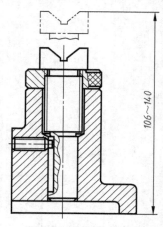

图 10-5　假想画法

可只完整地画出一个。

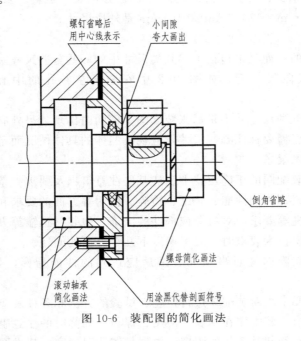

图 10-6　装配图的简化画法

项目三　识读并标注装配图的尺寸、技术要求、序号和明细栏

任务一　识读并标注装配图的尺寸和技术要求

- **知识目标**：掌握装配图尺寸标注类型及技术要求撰写注意事项。
- **技能目标**：能区分出装配、定位、性能等尺寸。

一、装配图的尺寸注法

装配图和零件图的作用不同，对尺寸标注的要求也不同，不需要标注出每个零件的全部尺寸。在装配图中，一般只需要标注下列几种尺寸。

1. 性能（规格）尺寸

表示机器或部件的工作性能和规格的尺寸。它是设计、了解和选用机器或部件的主要依据。如图 10-2 中的 $\phi 20$mm 就是表明该安全阀性能和规格的尺寸。

2. 装配尺寸

表示零件之间装配关系和工作精度的尺寸。装配尺寸主要有配合尺寸和相对位置尺寸。装配尺寸是指凡是有配合要求的结合部位，都应标注配合类型及配合尺寸，如传动零件与轴头、轴承内孔与轴颈、轴承外圈与箱座孔等，如图 10-2 中阀帽与阀盖的配合尺寸 $\phi 26$H9/f9 和阀体与阀门的配合尺寸 $\phi 34$H7/g6。相对位置尺寸是相关联的零件或部件间较重要的相对位置的尺寸，如装配图中连接螺栓之间的定位尺寸等。

3. 安装尺寸

将部件安装到机座上所需要确定的尺寸。如图 10-2 中的尺寸 $4 \times \phi 9$mm、$4 \times$M6、$\phi 60$mm 和 $\phi 56$mm 是安装尺寸。

4. 外形尺寸

表示机器或部件总长、总宽、总高的尺寸。它为包装、运输、安装和厂房设计提供依据。如图 10-2 中 $\phi 77mm$、173.5mm 和 104mm 是外形尺寸。

5. 其他重要尺寸

在设计中已确定的，而又未包括上述几类尺寸中的一些重要尺寸。如：主要零件的重要尺寸、运动零件的极限尺寸等。如图 10-2 中安全阀左右孔的中心线与高度基准面的 43mm、20mm。

必须指出，上述五种尺寸并不是每张装配图上都同时出现，另外有时同一个尺寸可能兼有几种意义。因此究竟需要标注哪些尺寸，应视装配体的具体情况而定。

二、装配图的技术要求

用文字或符号在装配图的正确位置上表述某些注意事项及要求和条件等内容统称为技术要求。具体包括机器或部件的性能、装配、检验、使用等方面的要求和条件等，如装配时应保证的精确度、密封性等要求，对机器或部件的涂饰、包装、运输等方面的要求等。

一般对装配体提出技术要求时，要考虑以下几个方面的问题。

(1) 装配要求。装配时注意事项和装配后应达到的性能指标，如装配方法、装配精度等。

(2) 检验和调试要求。对装配体进行检验、试验的方法和条件及应达到的指标。

(3) 安装使用要求。装配体在安装、使用、保养、维修时的注意事项及要求。编制装配图的技术要求时，可参阅同类产品的图样，根据具体情况确定。技术要求中的文字注写应准确、简练，一般写在明细栏的上方或图纸下方空白处，内容太多时也可另写成技术要求文件作为图样的附件。

任务二　识读并绘制装配图的零件序号及明细栏

- **知识目标**：掌握装配图的零件序号注法和明细栏画法。
- **技能目标**：能画出并填写合格的明细栏。

装配图的零件序号和明细栏介绍如下。

为了便于读图、管理图样和组织生产，装配图上的所有零部件都必须进行编号，并填写明细栏。

1. 零部件的序号及编排方法

序号是装配图中对所有零部件按一定顺序的编号。对装配图中的零部件进行序号编排应按 GB/T 10609.2—2009 的规定进行。序号的编排方法：

(1) 装配图中的每一种零部件（包括标准件）只编一个序号。装配图零部件序号应与明细栏中的序号相一致。

(2) 如图 10-7 (a) 所示，指引线的一端在零部件的可见轮廓内画一圆点，另一端画一水平线或圆。序号字高应比尺寸数字大一号或大两号。

(3) 在指引线附近注写序号，序号比图中尺寸数字高度大两号，如图 10-7 (b) 所示。

同一装配图中编注序号的形式应一致。

对于较薄的零件或涂黑的剖面，可在指引线末端画一箭头，并指向该零件的轮廓，如图 10-7 (c) 所示。

序号的指引线相互不能相交，也不能与剖面线平行，必要时，指引线可以画成折线，但只允许转折一次，如图 10-7 (d) 所示。

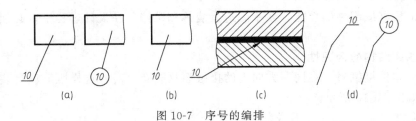

图 10-7 序号的编排

（4）对于一组螺纹紧固件或装配关系清楚的零件组，允许采用公共指引线，如图 10-8 所示。

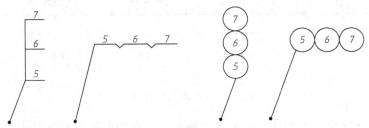

图 10-8 组件的编排

（5）序号应按顺时针或逆时针顺序在视图的周围编写，并沿水平和铅垂方向排列整齐，以便于查找，如图 10-2 所示。

2. 明细栏

明细栏是机器或部件中全部零部件的详细目录，其内容包括：零件的序号、名称、数量、材料、备注。明细栏一般画在标题栏的上方，序号自下而上填写，如位置有限时，可将明细栏分段画标题栏的左方继续填写。明细栏中的零件序号应与装配图中所编序号一致，因此，在绘制装配图时，应先在装配图上编写零件序号，然后再填写明细栏。明细栏的形式如图 10-9、图 10-2 所示。

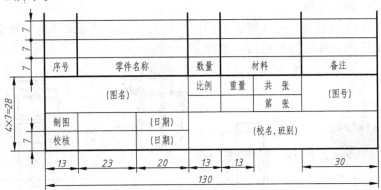

图 10-9 装配图的明细栏

项目四　认识并绘制装配的工艺结构

- **知识目标**：掌握装配体上各种装配工艺结构的设计与画法。

- **技能目标**：能识读并绘制各种装配工艺结构。

为了保证机器或部件的性能，便于制造、装拆和维修，在设计过程中，必须考虑装配结构的合理性。

一、接触面结构的合理性

（1）两个零件接触时，在同一方向上的接触面只能有一对，这样既能满足装配要求，也便于制造，如图 10-10 所示。

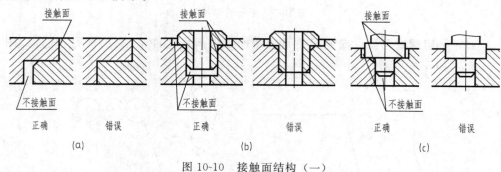

图 10-10 接触面结构（一）

（2）为了保证轴肩端面和孔端面的良好接触，应在轴肩处加工退刀槽或在孔的端面加工内倒角，如图 10-11 所示。

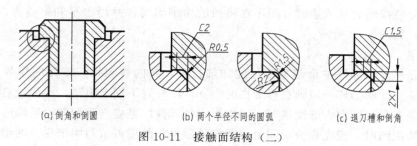

图 10-11 接触面结构（二）

二、防松结构的合理性

由于机器工作时的振动，一些螺纹紧固件可能发生松动，导致产生严重事故，因此，在实际工程中需要采用合理的防松结构，如图 10-12 所示。

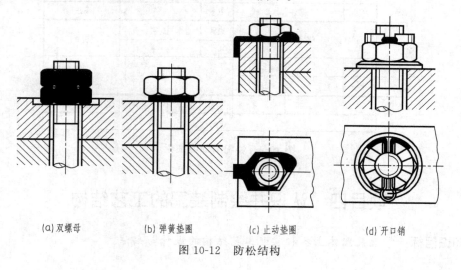

图 10-12 防松结构

三、便于装拆的合理性

为了便于装拆，对于采用销钉连接的结构，应将销孔加工成通孔；对应螺纹连接装置，应留出装拆时所需要的扳手活动空间和留出螺钉活动空间，必要时，需加手孔或采用双头螺柱连接，如图 10-13 所示。

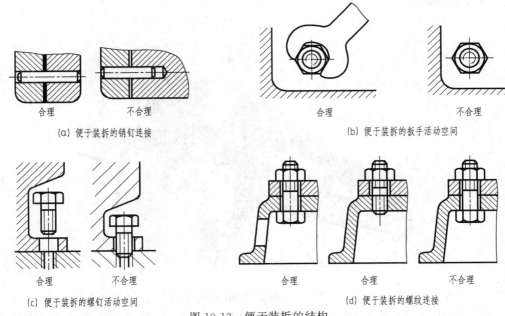

图 10-13　便于装拆的结构

项目五　识读并绘制装配图

任务一　识读装配图并拆画零件图

- 知识目标：
1. 了解读装配图的基本要求。
2. 掌握由装配图拆画零件图的方法和读装配图的方法和步骤。
- 技能目标：能读懂简单的装配图。

在生产中，将零件装配成部件，或改进、维修旧设备时，经常要阅读和分析包括装配图和全部零件图的成套图样。只有将装配图与零件图反复对照分析，搞清楚各个零件的结构形状和作用，才能对装配图所表达的内容更深入地理解。

一、读装配图的基本要求
（1）了解机器或部件的名称、用途、性能和工作原理。
（2）弄清各零件的作用，零件之间的相对位置和装配关系等。
（3）读懂各零件的结构形状和作用。
（4）看懂技术要求中的各项内容。

二、读装配图的方法和步骤
下面以图 10-15 所示台虎钳装配图为例说明读装配图的方法和步骤。

1. 概括了解

机用虎钳是安装在机床工作台上，用于夹紧工件，以便进行切削加工的一种通用工具。如图 10-14 为台虎钳的轴测剖视图，台虎钳由 11 种零件组成，其中螺钉 10、圆柱销 7 是标准件，其他是专用件。

2. 分析工作原理

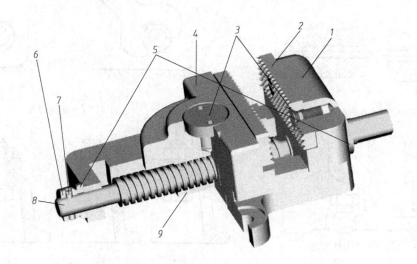

图 10-14　台虎钳轴测剖视图

1—固定的钳座；2—钳口板；3—螺钉；4—活动钳身；5—垫圈；6—环；7—销；8—旋转螺杆；9—螺母块

主视图基本反映了机用虎钳的工作原理：旋转螺杆 8 使螺母块 9 带动活动钳身 4 作水平方向左右移动，夹紧工件进行切削加工。最大装夹厚度为 70mm，图中的细双点画线表示活动钳身的极限位置。主视图反映了主要零件的装配关系：螺母块 9 从固定的钳座 1 的下方空腔装入工字形槽内，再装入螺杆 8，并用垫圈 11、垫圈 5 以及环 6、销 7 螺杆轴向固定；通过螺钉 3 将活动钳身 4 与螺母块 9 连接，最后用螺钉 10 将两块钳口板 2 分别与固定钳座和活动钳身连接。识图时必须对照俯、左视图，并参考轴测装配图。

3. 分析视图

机用虎钳的主要零件是固定钳座、螺杆、螺母块、活动钳身等。它们在结构上以及标注的尺寸之间均有非常密切的联系。要读懂装配图，必须仔细分析有关的零件图，并对照装配图上所反映的零件的作用和零件间的装配关系进行分析。

4. 分析各零件的结构形状

零件的结构形状主要是由零件的作用、与其零件之间的关系和加工工艺要求等因素决定的。根据机用虎钳装配图，分析各零件的结构形状，参见图 10-14 机用虎钳轴测剖视图。

5. 分析尺寸

仔细分析图 10-15 机用虎钳装配图上所标注的尺寸：$\phi 12H8/f7$、$\phi 18H8/f7$、$80H8/h7$、$\phi 20H8/h7$ 是配合尺寸，表示该四处均属于基孔制间隙配合；116mm、$2\times\phi 11$mm 是安装尺寸；205mm、60mm、$80H8/h7$ 是外形尺寸。

6. 归纳总结

在以上分析的基础上，还要从传动方式、装拆顺序、安装方法和技术要求等方面作进一步分析，从而获得对球阀的完整认识。

上述看图的方法和步骤是简单介绍，实际上在看装配图时，几个步骤不能截然分开，而是交替进行的，看图时应灵活掌握。

三、由装配图拆画零件图

1. 拆图的步骤

在设计时，由装配图拆画零件图的过程，称为拆图。拆图的步骤如下。

(1) 读懂装配图，了解机器或部件的工作原理、装配关系和各零件的结构形状。

(2) 根据各零件的结构形状，确定各零件的表达方案。

(3) 根据零件图的内容要求，画出零件工作图，如图 10-16～图 10-24 所示。

2. 拆图时注意事项

(1) 要结合零件本身的结构形状特点来确定该零件的表达方案，而不能盲目照抄装配图中的表达方案。

(2) 在装配图中被省略的零件工艺结构，如倒角、圆角、退刀槽等，在绘制零件图时均应全部画出。

(3) 零件图中的尺寸由装配图上所画的大小直接量取，然后按比例换算并加以圆整。对于标准结构，如倒角、退刀槽、键槽、销孔、螺纹等，由查表确定有关的尺寸。

(4) 根据装配图中的配合尺寸确定零件的尺寸公差；根据表面的工作要求，确定表面粗糙度；根据零件的功能、材料、加工工艺和设计要求，确定其他一些技术要求。通常采用类比法，参照同类零件的技术要求来确定。

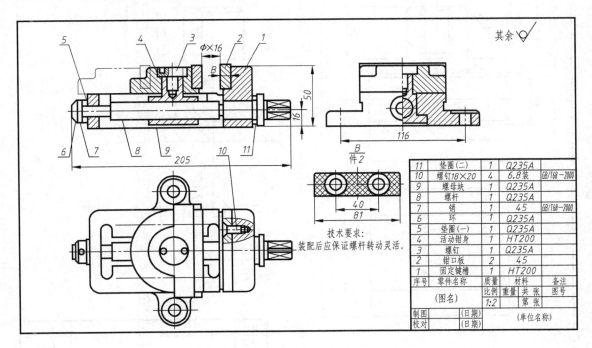

图 10-15　台虎钳装配图

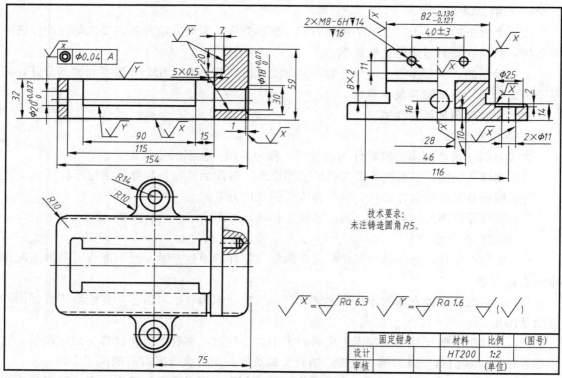

图 10-16 固定钳身

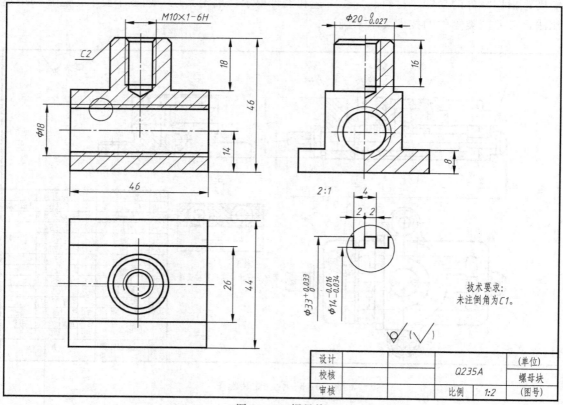

图 10-17 螺母块

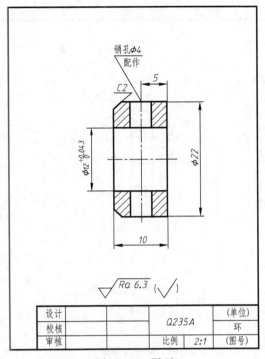

图 10-18 圆环

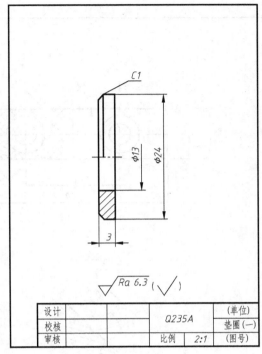

图 10-19 垫圈（一）

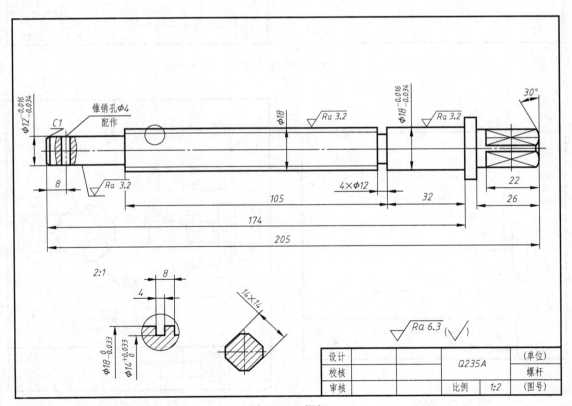

图 10-20 螺杆

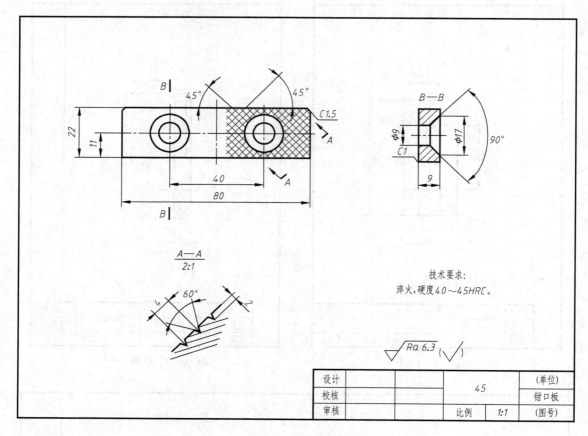

图 10-21 钳口板

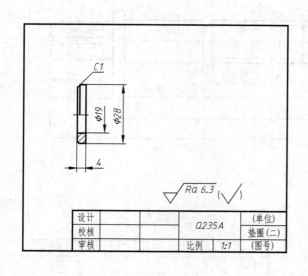

图 10-22 垫圈（二）

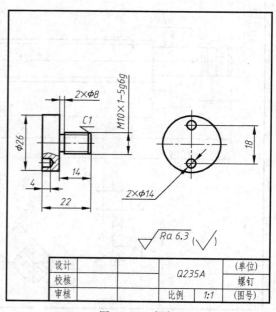

图 10-23 螺钉

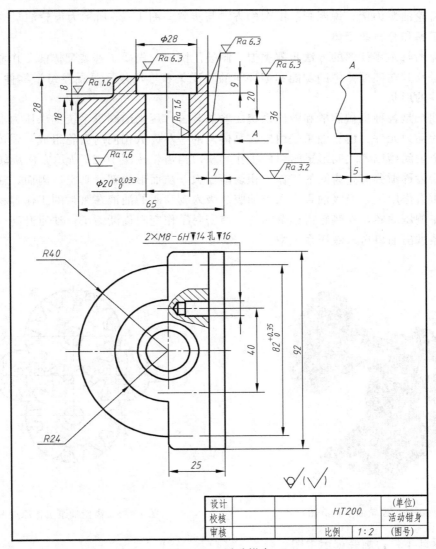

图 10-24 活动钳身

任务二 识读并测绘装配图

- **知识目标**：掌握画装配图的方法和步骤。
- **技能目标**：能根据现有的部件或机器,绘制简单的装配图。

根据现有的部件或机器进行测量,从而绘制所有零件草图,经过整理画出装配图和零件工作图的过程称为装配体测绘。在交流技术、改造、仿造或维修机械设备时,都要进行装配体测绘。装配体测绘是前面所学知识的综合运用,装配体测绘的一般步骤如下。

(1) 分析并拆卸装配体,画装配示意图。

(2) 完成全部非标准件的测绘,画零件草图。

(3) 统计标准件,查表核对,写出代号,记下主要尺寸,列入统计表。

(4) 画装配图。

(5) 画零件工作图。

现以齿轮油泵为例，说明画装配图的方法与步骤。图 10-25 所示为齿轮油泵轴测图。

一、了解和分析装配体

画装配图与画零件图的方法步骤类似。画装配图时，先要了解装配体的工作原理、每种零件的数量及其在装配体中的功能和零件间的装配关系等，并且要看懂每个零件的零件图，想象出零件的形状。

齿轮油泵是各种机械润滑和液压系统的输油装置。用来给润滑系统提供压力油的，是液压系统中的动力元件。齿轮油泵是由装在泵体内的一对齿数相同的齿轮组成，泵体、端盖与齿轮的各个齿间槽三者之间形成密封的工作容积。当齿轮按图 10-26 所示方向旋转时，右侧吸油腔的轮齿逐渐分离。齿间的工作容积逐渐增大，从而形成部分真空。因而，油箱中的油液在大气压力作用下，经吸油管进入吸油腔。吸入到齿间的油液在密封的工作容积中随齿轮旋转带到左侧压油腔，左侧轮齿逐渐啮合。使密封工作空间逐渐缩小，油压升高，将油从齿间挤出，经过出油口送入液压系统中。

图 10-25 齿轮油泵轴测图

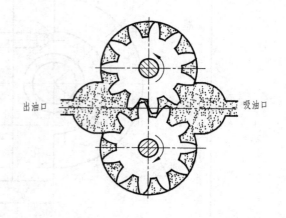

图 10-26 齿轮油泵工作原理图

二、拆卸零件，画装配示意图

1. 拆卸零件

（1）在动手拆卸前，应弄清拆卸顺序和方法，准备好所需要的拆卸工具和量具。

（2）在拆卸过程中，进一步了解齿轮油泵，要记住装配位置，必要时贴上零件的标签，编上顺序号码。

（3）拆卸时须注意以下几点。

① 精密的或重要的零件，不要使用粗笨的重物敲击。

② 精度要求较高的配合部分，不要随便拆卸，以免再装配时发生困难和破坏其原有精度。

③ 对一些重要尺寸，如相对位置尺寸、运动零件的极限位置尺寸、装配间隙等，应先进行测量，以便重新装配部件时，能保持原来的装配要求。

④ 拆下的零件不要乱放，最好把它们装配成小单位，或用扎标签的方法对零件分别进行编号，并妥善保管，避免零件损坏、生锈或丢失。对螺钉、销子、键等容易散失的小零件，拆完后仍可装在相应的孔、槽中，以免丢失和装错位置。拆卸零件时，应注意分析各零件间的装配关系、结构特点，以便对部件性能，有更深入的了解。

2. 绘制装配示意图

为了便于装配体被拆散后能装配复原,以及清楚表达装配体的工作原理和装配关系,常使用简单的线条和规定的符号画出装配示意图,如图 10-27 所示。

(1) 示意图一般用正投影法绘制,并且大多只画一个图形,所有零件尽可能地集中在一个视图上。如果表达不完整,也可增加图形,但各图形间必须符合投影规律。

(2) 为了使图形表达得更清晰,通常是将所测绘部件假想成透明体,即画外形轮廓,又画内部结构。

(3) 有些零件如轴、轴承、齿轮、弹簧等,应按国家标准中的规定符号表示。如果没有规定符号,则该零件用单线条画出它的大致轮廓,以显示其形体的基本特点。

(4) 在装配示意图上编出零件序号,其编号最好按拆卸顺序排列,并且列表填写序号、零件名称、数量、材料等。

(5) 由于标准件是不必绘制零件图的,因此,对部件中的标准件应及时确定其尺寸规格,并将它们的规定标记注写在表上。

(6) 装配示意图中应注明零件的名称、数量、编号等。

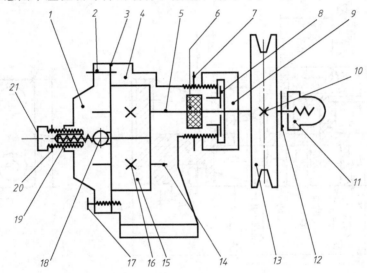

图 10-27 齿轮油泵装配示意图

1—泵盖;2—销 GB/T 119.1—2000-A4×22 (2件);3—垫片;4—泵体;5—主动轴;6—填料;7—螺母 GB/T 6170—2000-M36×1.5;8—压盖;9—压盖螺母;10—键 GB/T 1096—2003-5×18;11—盖形螺母;12—垫圈 GB/T 97.1—2002-12;13—带轮;14—从动轴;15—齿轮 (2件);16—销 GB/T 119.1—2000-A5×32 (2件);17—螺栓 GB/T 5782—2000-M6×20 (6件);18—阀球;19—弹簧;20—螺母 GB/T 6170—2000-M20×1.5;21—调节螺钉

三、测绘零件及画零件草图

零件草图是根据实物,通过目测估计各部分的尺寸比例,徒手画出的零件图(即徒手目测图),然后在此基础上把测量的尺寸数字填入图中,如图 10-28~图 10-39 所示。

(1) 了解零件的作用,分析零件的结构,确定视图表达方案。

(2) 在草图上画图框、标题栏,画各视图的中心线、轴线和基准线,画各视图的外形轮廓。注意各视图间要留有标注尺寸等内容的地方。

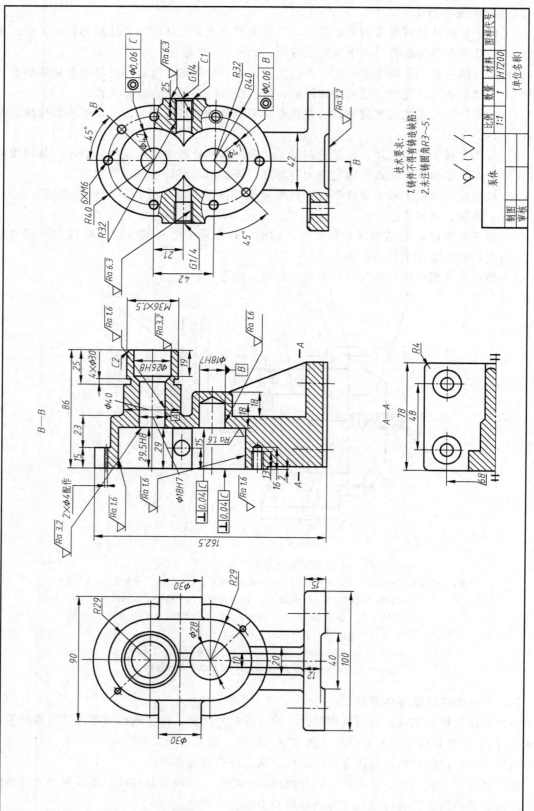

图 10-28 泵体

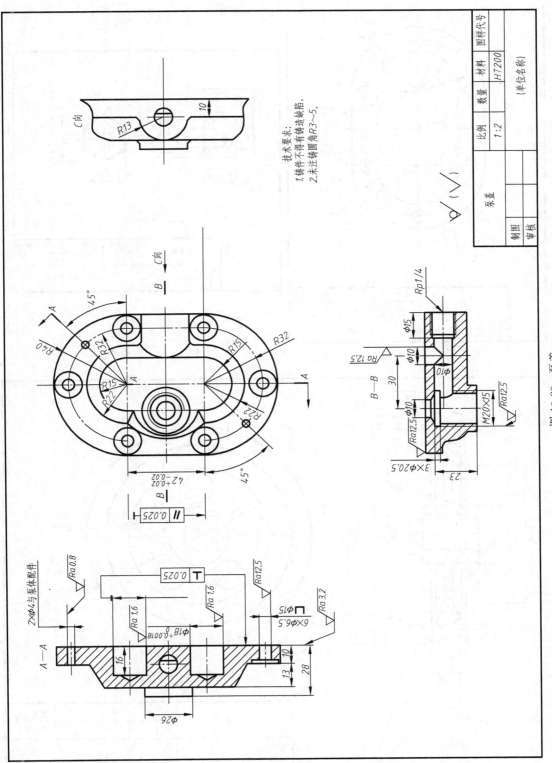

图 10-29 泵盖

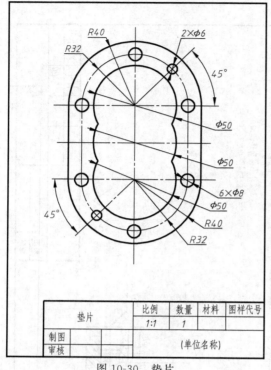

图 10-30 垫片

图 10-31 调节螺钉

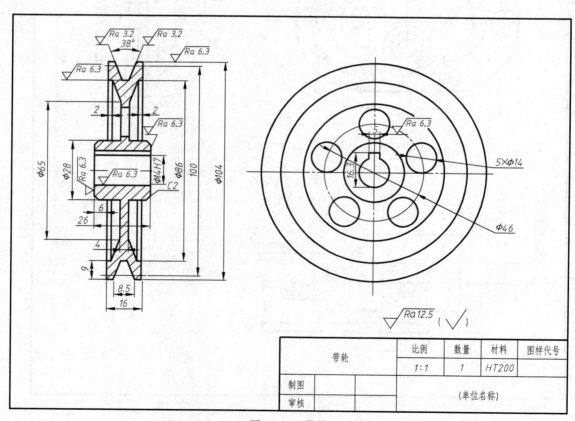

图 10-32 带轮

（3）根据确定的视图表达方案，画全视图、剖视等，擦去多余图线，校对后描深。注意画视图必须分画底稿和描深两步进行。仔细检查不要漏画细部结构。如倒角、小圆孔、圆角等，但铸造上的缺陷不应反映在视图上。

（4）考虑并画出标注零件尺寸的全部尺寸界线和尺寸线。标注尺寸时，可再次检查零件结构形状是否表达完整、清晰。

（5）测量零件尺寸，并逐个填写尺寸数字，注写零件表面粗糙度代号，填写标题栏，最后完成零件草图。

（6）标准件不画草图，但要测出主要尺寸，辨别型式，查阅有关标准后列表备查。

四、画装配图

1. 确定表达方案

（1）主视图的选择。选择较全面明显地反映工作原理、装配关系及主要结构的方向作为主视图，主视图多采用剖视图，以表达部件的内部结构。

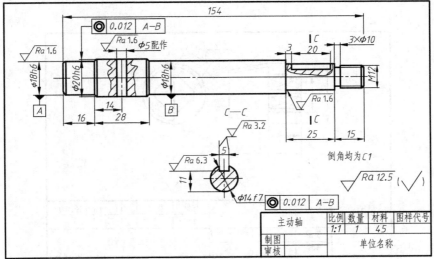

图 10-33　主动轴

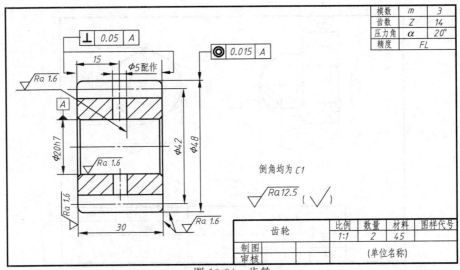

图 10-34　齿轮

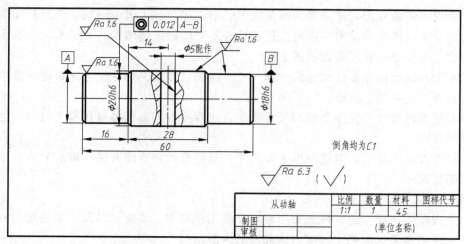

图 10-35 从动轴

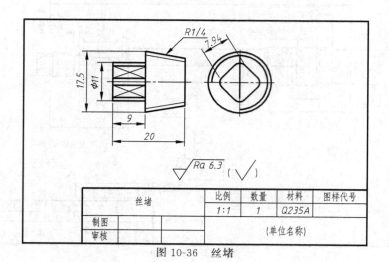

图 10-36 丝堵

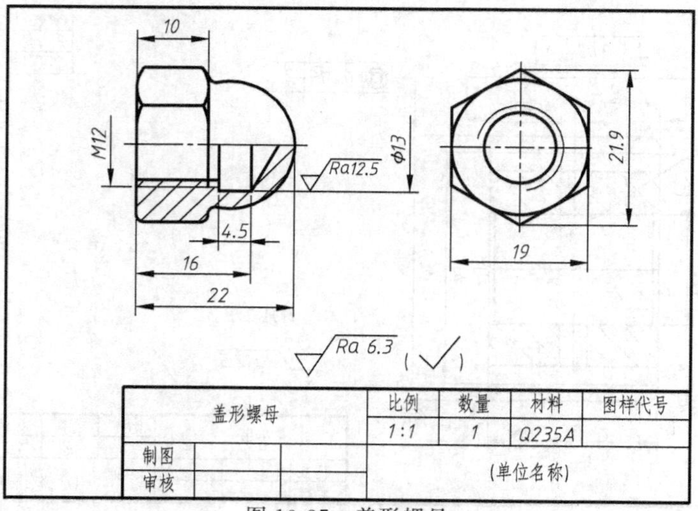

图 10-37 盖形螺母

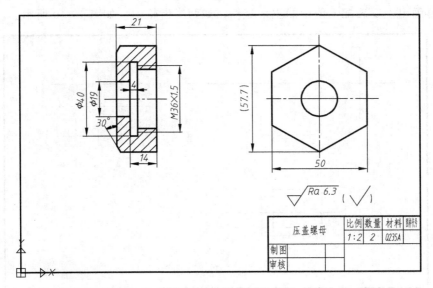

图 10-38 压盖螺母

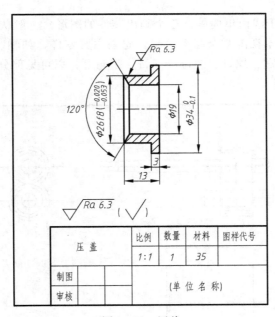

图 10-39 压盖

（2）其他视图的选择。其他视图的选择以进一步准确、完整、简便地表达各零件间的结构形状及装配关系为原则，补充表达主视图上没有表示出来或者没有表示清楚而又必须表示的内容，装配体上的每一种零件至少应在视图中出现一次。

2. 确定绘图比例和图纸幅面

在表达方案确定以后，根据部件的总体尺寸、复杂程度和视图数量确定绘图比例、图纸幅面。布图时，应同时考虑标题栏、明细栏、零件编号、标注尺寸和技术要求等所需的位置。

3. 画图

（1）先画出各视图的主要轴线、对称线和作图基准，如轮轴的轴线、底板的底平面、对称线等，再画出主要装配干线中的主干零件，如两个齿轮轴，如图 10-40 所示。

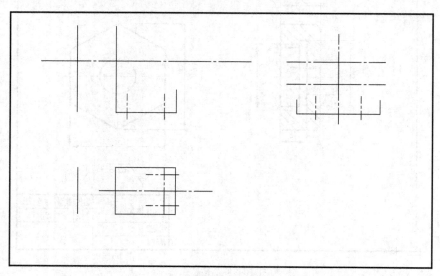

图 10-40　装配图的画图步骤（一）

（2）围绕主要装配干线由里向外，逐个画出零件的图形。一般从主视图入手，兼顾各视图的投影关系，几个基本视图结合起来绘制。先画主要零件，如轴、齿轮、泵体、泵盖等，后画次要零件，如销、键、螺钉、螺母、弹簧、带轮等；以可见部分为主，被遮挡部分可不画出，如图 10-41 所示。

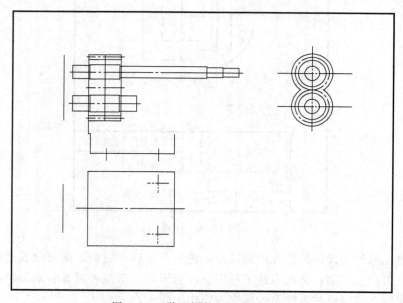

图 10-41　装配图的画图步骤（二）

（3）校核、描深、画剖面线。

（4）标注尺寸、编排序号。

（5）填写技术要求、明细栏、标题栏，完成全图，图 10-42 所示为完成后的齿轮油泵装配图。

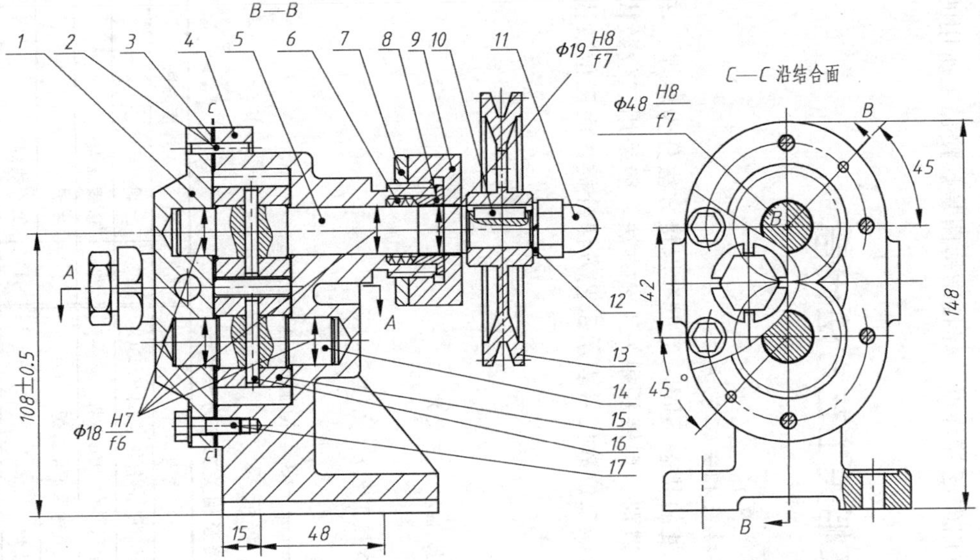

A—A 拆去齿轮、轴等零件

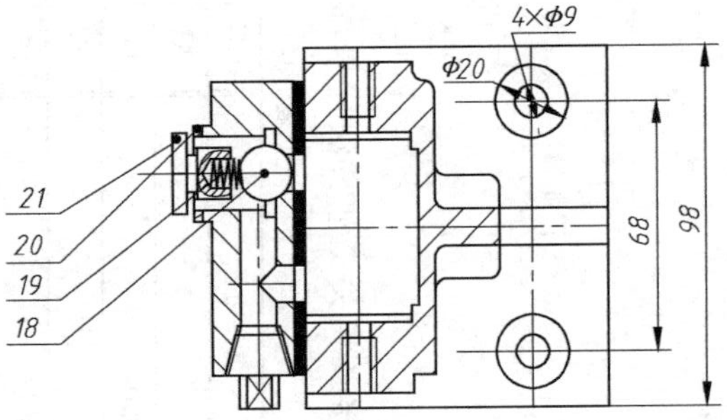

技术要求：

1. 装配后用手转动齿轮时，应均匀灵活，无卡阻现象。
2. 装配泵盖时，调整好泵体的间隙在0.08～0.15mm范围内。
3. 8kgf/cm²试车时，不应有漏油现象。

序号	零件名称	数量	材料	备注
21	调节螺钉	1	Q235A	
20	螺母M20×1.5	1		GB/T6170—2000
19	弹簧	1	65M	
18	阀球	1	Q235A	
17	螺栓M6×20	6		GB/T5782—2000
16	销A5×32	2		GB/T119.1—2000
15	齿轮	2	35	
14	从动轴	1	45	
13	带轮	1	HT200	
12	垫圈	1		GB/T97.1—2002
11	盖形螺母	1	Q235	
10	键5×18	1		GB/T1096—2003
9	压盖螺母	1	Q235	
8	压盖	1	Q235	
7	螺母M36×1.5	1		GB/T6170—2000
6	填料	若干	石棉	
5	主动轴	1	45	
4	泵体	1	HT200	
3	垫片	1	工艺用纸	
2	销A4×22	2		GB/T119.1—2000
1	泵盖	1	HT200	

齿轮油泵		比例	重量	共张 第张	图号
制图	(日期)	(单位名称)			
校核	(日期)				

图 10-42 齿轮油泵装配图

模块十一　识读与绘制焊接结构图

- 知识目标：
1. 了解焊接及相关工艺方法代号。
2. 了解焊接结构图的内容和特点。
3. 掌握焊缝的标注方法。
4. 掌握焊缝的图形表示法及符号表示法。
- 技能目标：
1. 能读懂焊接结构图。
2. 能绘制简单焊接结构图。

焊接就是通过加热或加压，或两者并用，用或不用填充材料，使焊件达到结合的一种加工工艺方法，具有工序简单、连接可靠、应用广泛等特点。焊接结构图是焊接加工所用的一种技术图样。

项目一　焊接及相关工艺方法代号

- 知识目标：了解焊接及相关工艺方法代号。
- 技能目标：熟悉常用代号所表示的焊接及相关工艺方法。

焊接方法很多，按照焊接过程中金属所处的状态不同，可以把焊接方法分为熔焊、压焊和钎焊三类，每种工艺方法可通过代号加以识别。焊接及相关工艺方法一般采用三位数代号表示。其中，一位数代号表示工艺方法大类，二位数代号表示工艺方法分类，而三位数代号表示某种工艺方法。

举例说明：

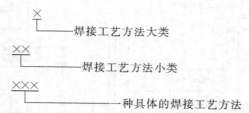

常用焊接及相关工艺方法代号如表 11-1 所示。

表 11-1　常用焊接及相关工艺方法代号

代号	焊接方法	代号	焊接方法	代号	焊接方法
1	电弧焊	135	熔化极非惰性气体保护电弧焊(MAG)	22	缝焊
111	焊条电弧焊	14	非熔化极气体保护电弧焊	221	搭接缝焊
12	埋弧焊	141	钨极惰性气体保护电弧焊(TIG)	3	气焊
121	单丝埋弧焊	15	等离子弧焊	311	氧乙炔焊
13	熔化极气体保护电弧焊	2	电阻焊	4	压力焊
131	熔化极惰性气体保护电弧焊	21	点焊	42	摩擦焊

续表

代号	焊接方法	代号	焊接方法	代号	焊接方法
7	其他焊接方法	82	电弧切割	9	硬钎焊、软钎焊及钎接焊
74	感应焊	83	等离子弧切割	91	硬钎焊
8	切割和气刨	84	激光切割（MIG）	94	软钎焊
81	火焰切割	86	火焰气刨	97	钎接焊

项目二 识读并掌握焊缝的表示法

•**知识目标：**
1. 掌握焊缝的图示法。
2. 掌握焊缝的符号表示法。

•**技能目标：** 能用图形、符号表示焊缝。

用焊接方法连接的接头称为焊接接头，常见的焊接接头有对接接头、T形接接头、角接接头和搭接接头等四种，如图 11-1 所示。在焊接结构图中，常用图形或符号表示焊缝。

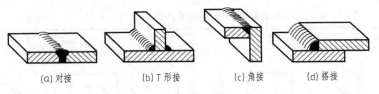

(a) 对接　　(b) T形接　　(c) 角接　　(d) 搭接

图 11-1 常见焊接接头形式

一、焊缝的图示法

国家标准规定，在技术图样中，一般按 GB 324—88 规定的图形或焊缝符号表示焊缝。需在图样中简易地绘制焊缝时，可用视图、剖视图或断面图表示，如图 11-2 所示。也可用轴测图示意表示。

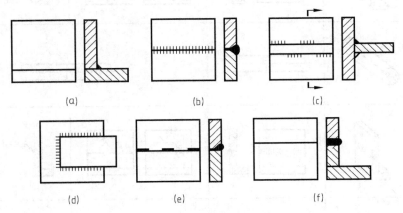

图 11-2 焊缝的图示法示例

用图示法表示焊缝，应注意以下几点。
(1) 在视图中，可用栅线表示可见焊缝，栅线段为细实线段，允许徒手绘制，也可以用

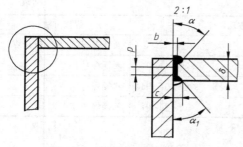

图 11-3 焊缝的局部放大图

特粗线（宽度为粗实线的 2～3 倍）表示可见焊缝，但在同一图样中，只能采用一种画法。

（2）在剖视图或断面图中，焊缝的金属熔焊区通常应涂黑表示，如图 11-2（a）～（c）、(e)、(f) 所示。

（3）必要时，可用局部放大图将焊缝部分放大表示，并标注有关的尺寸与符号，如图 11-3 所示（图中各尺寸符号的含义见表 11-6）。

二、焊缝的符号表示法

在图样上用来标注焊缝形式、焊缝尺寸、焊缝位置等的符号称为焊缝符号。当焊缝分布比较简单时，可不必画出焊缝，只在焊缝处标注焊缝符号。焊缝符号一般由基本符号、辅助符号、补充符号、指引线和焊缝尺寸符号组成，焊接方法一般不标注，在需要时可以在引出线尾部用文字或代号说明。

1. 基本符号

基本符号是表示焊缝横剖面形状的符号。它采用近似于焊缝横断面形状的符号来表示，如表 11-2 所示。

表 11-2 常见焊缝基本符号及应用实例（摘自 GB/T 324－2008）

名称	符号	示意图	图示法	标注法
卷边焊缝	八			
I 形焊缝	‖			
V 形焊缝	V			
单边 V 形焊缝	V			

续表

名称	符号	示意图	图示法		标注法			
带钝边V形焊缝	Y							
带钝边单边V形焊缝	Y							
带钝边U形焊缝	Y							
带钝边J形焊缝	Y							
角焊缝	▷							
塞焊缝或槽焊缝	⊓							
点焊缝	○							

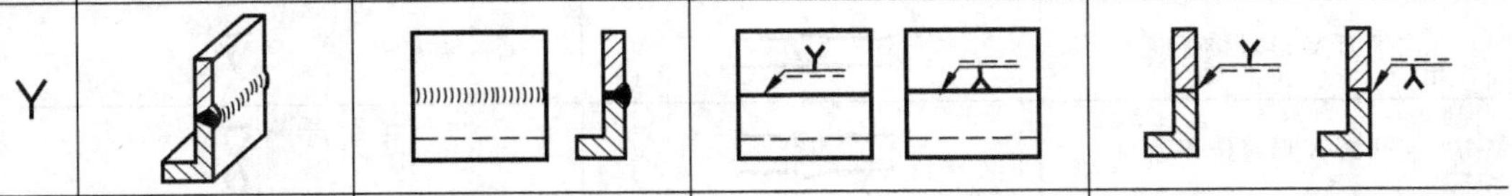

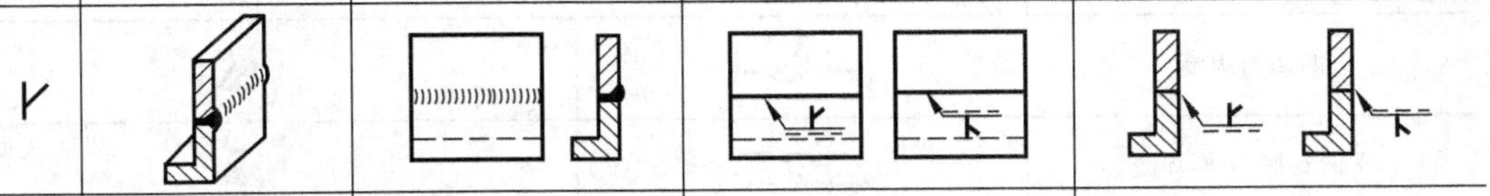

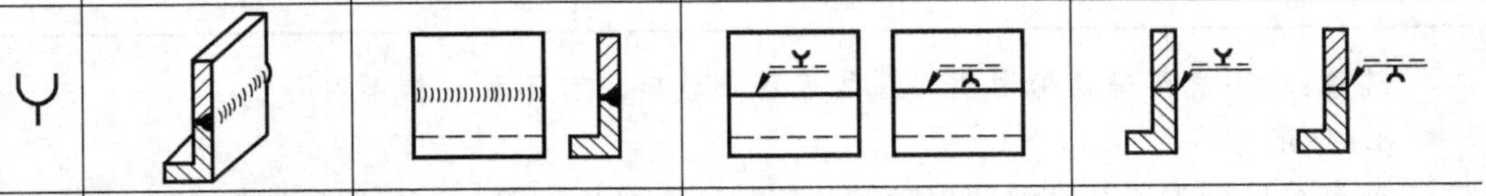

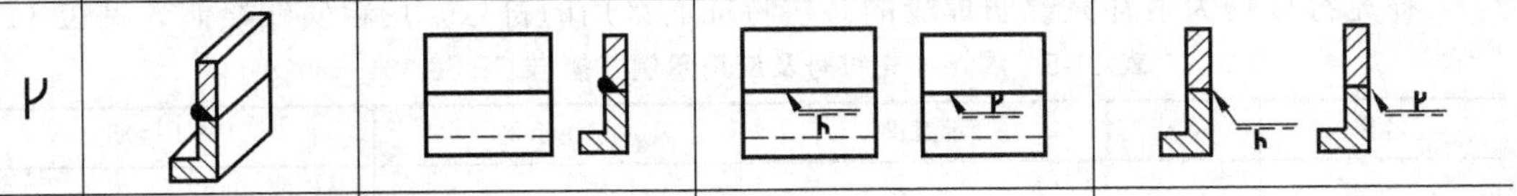

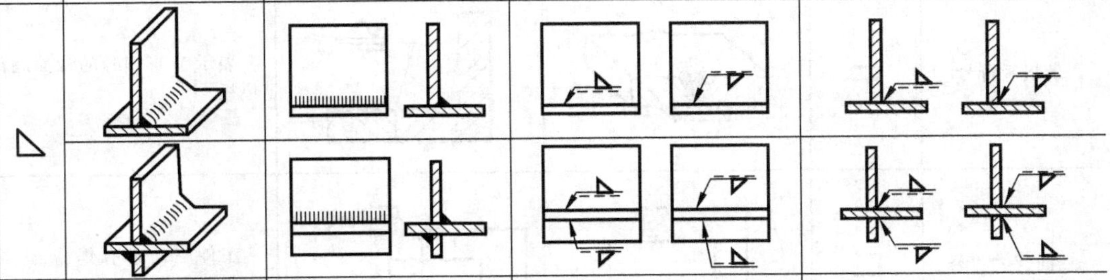

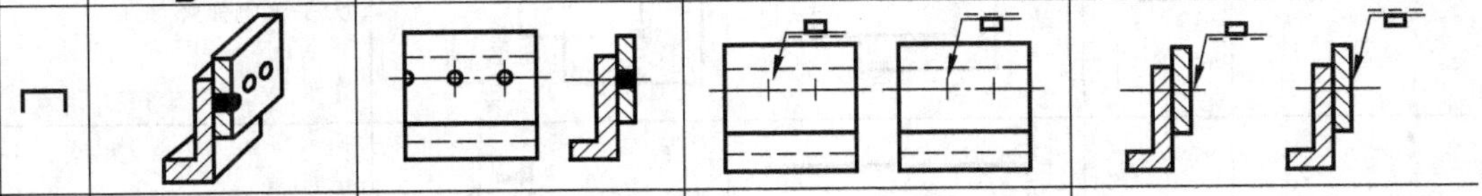

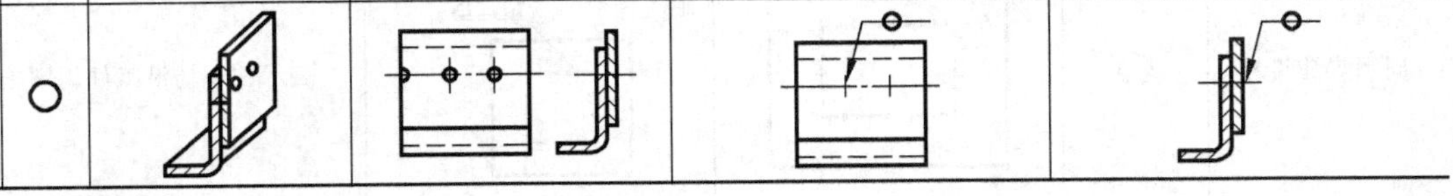

2. 辅助符号

辅助符号是表示焊缝表面形状特性的符号，用粗实线绘制，见表11-3。辅助符号的应用示例如表11-4所示。

表11-3 焊缝辅助符号（摘自 GB/T 324—2008）

符号	名称	示意图	符号	说明
1	平面符号		—	焊缝表面齐平（一般通过加工）
2	凹面符号	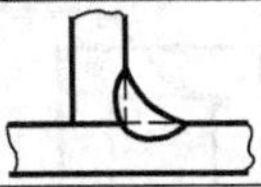	⌣	焊缝表面凹陷
3	凹面符号		⌢	焊缝表面凸起

表 11-4　焊缝辅助符号应用示例（摘自 GB/T 324—2008）

名　称	示　意　图	符　号
平面 V 形对接焊缝		
凸面 X 形对接焊缝		
凹面角焊缝		
平面封底 V 形焊缝		

注意：不需要确切地说明焊缝的表面形状时，可不加注辅助符号。

3. 补充符号

补充符号是为了补充说明焊缝的某些特征而采用的符号，用粗实线绘制，见表 11-5。

表 11-5　焊缝补充符号及应用示例（摘自 GB/T 324—2008）

名称	符号	示意图	标注示例	说明
带垫板符号	▭			表示 V 形焊缝的背面底部都有垫板
三面焊缝符号	⊏			工件三面带有焊缝、焊接方法为手工电弧焊
周围焊缝符号	○			表示在现场沿工件周围施焊
现场符号	▶			表示在现场或工地上进行焊接
尾部符号	＜			标注焊接方法等

4. 指引线

指引线一般由带有箭头的箭头线和两条基准线（一条为实线，另一条为虚线）构成，如图 11-4 所示。必要时可在基准线的实线末端加一尾部符号，进行其他说明用（如焊接方法等）。

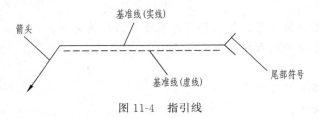

图 11-4　指引线

5. 焊缝尺寸符号

焊缝尺寸符号是用字母代表焊缝尺寸的要求，如图 11-5 所示。焊缝尺寸符号的含义如表 11-6 所示。

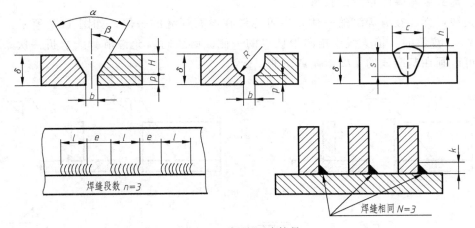

图 11-5　焊缝尺寸符号

表 11-6　焊缝尺寸符号含义（摘自 GB/T 324—2008）

符号	名称	符号	名称	符号	名称	符号	名称
δ	工件厚度	c	焊缝宽度	h	余高	e	焊缝间距
α	坡口角度	R	根部半径	β	坡口面角度	n	焊缝段数
b	根部间隙	k	焊脚尺寸	s	焊缝有效厚度	N	相同焊缝数量
p	钝边	H	坡口深度	l	焊缝长度		

注意： 在图样中采用图示法绘出焊缝时，通常应同时标注焊缝符号，如图 11-6 所示。

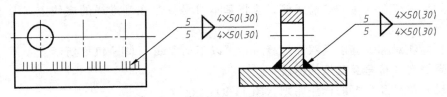

图 11-6　焊缝的图示及符号表示法

注意： 表示焊缝时用图示法标注焊缝符号的关系。

项目三　识读并掌握焊缝符号的标注方法

- 知识目标：
1. 了解指引线与焊缝位置、基本符号与基准线的位置关系。
2. 掌握焊接尺寸符号及数据的标注原则。
- 技能目标：
1. 能进行简单焊缝的标注。
2. 能识读焊缝符号。

为了能将表示焊缝的各种符号在焊接图上有序地标注出来，国标 GB/T 324—2008 对组成焊接符号的指引线箭头、各种符号及数据的书写位置进行了统一的规定，焊接技术人员必须熟练掌握。

一、箭头线与焊缝位置的关系

箭头线可标注在有焊缝的一侧，也可标注在没有焊缝的一侧，如图 11-7 所示。但在标注 V、Y、J 焊缝时，箭头线应指向带坡口的一侧。必要时，允许箭头线弯折一次。基准线的虚线可以画在基准线的实线上侧或下侧。

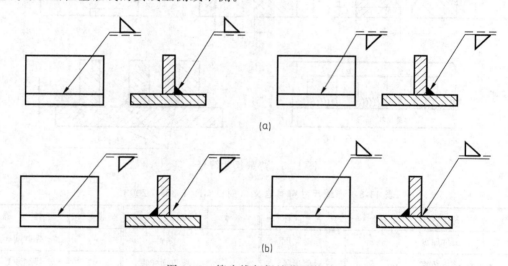

图 11-7　箭头线与焊缝位置的关系

二、基本符号在基准线上的位置

（1）如果焊缝在接头的箭头侧，应将基本符号标注在基准线的实线上，上下方均可，如图 11-7（a）所示。

（2）如果焊缝在接头的非箭头侧，应将基本符号标注在基准线的虚线上，上下方均可，如图 11-7（b）所示。

（3）在标注对称焊缝以及双面焊缝时，可以不加虚线，如图 11-8 所示。

三、焊缝尺寸符号及数据的标注

焊缝尺寸符号及数据的标注原则（图 11-9）：

（1）焊缝横截面上尺寸标注在基本符号的左侧。

（2）焊缝长度方向的尺寸标注在基本符号的右侧。

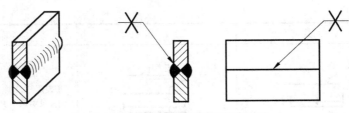

图 11-8 对称、双面焊缝的表示法

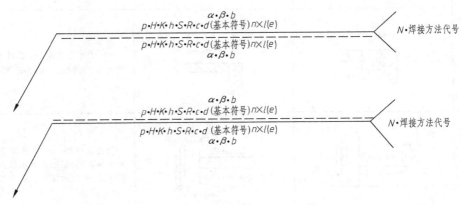

图 11-9 焊缝尺寸的标注原则

（3）坡口角度、坡口面角度、根部间隙等尺寸标注在基本符号的上侧或下侧。
（4）相同焊缝数量符号标注在尾部。
（5）当需要标注的尺寸数据较多，不易分辨时，可在数据前增加相应的尺寸符号。
当箭头线方向变化时，上述原则不变。

四、焊缝符号的标注示例

焊缝符号的标注示例见表 11-7。

表 11-7 焊缝符号的标注示例

接头形式	焊缝形式	标注示例	说 明
对接接头			111 表示用手工电弧焊，V 形焊缝，坡口角度为 α，根部间隙 b，有 n 条焊缝，焊缝长度为 l
T 形接头			⚑ 表示在现场装配时进行焊接 表示双面角焊缝，焊脚高为 K
			$n \times l(e)$ 表示有 n 条断续双面链状角焊缝。l 表示焊缝的长度，e 表示断续焊缝的间距
			Z 表示断续交错焊缝

续表

接头形式	焊缝形式	标注示例	说　明
角接接头	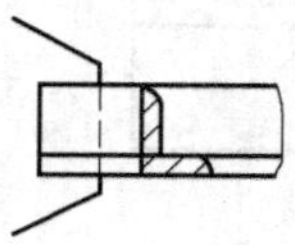	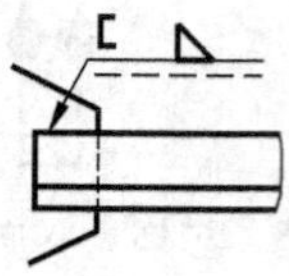	⊏ 表示三面焊接 ⊿ 表示两面角焊缝
角接接头	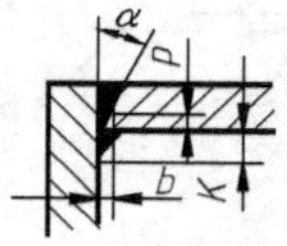	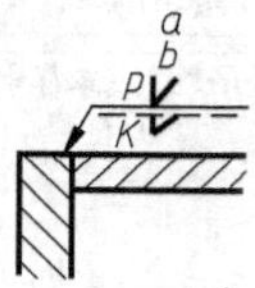	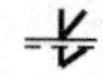 表示双面焊缝，上面为带钝边单边 V 形焊缝，下面为角焊缝
搭接接头	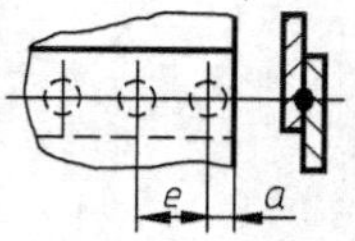	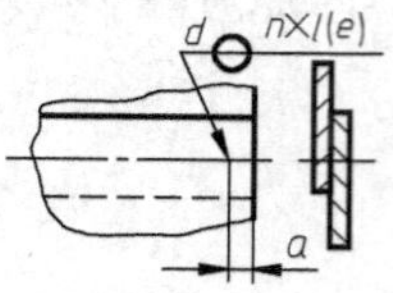	○ 表示点焊。d 表示焊点直径，e 表示焊点的间距，a 表示焊点至板边的间距，n 表示相同焊点个数

注意： 焊缝的表达方法有哪几种？

项目四　识读焊接结构图

- **知识目标：** 掌握焊接结构图的组成及读图方法。
- **技能目标：** 能读懂简单的焊接结构图。

金属焊接件图，除具有完整的零件图内容外，还须把焊接的有关内容（焊接方法、焊缝形式、焊缝尺寸等）及构件明细等表达清楚。读图的基本方法是从标题栏开始，首先了解产品名称及大致用途，构件明细及所用材料，然后分析图形，掌握产品结构，最后结合焊接要求分析、组织具体的施焊工作。

[例 11-1]　读图 11-10 所示端盖的焊接结构。

解： 图 11-10 为一端盖焊接结构图，由底板、加强筋、套筒三个零件组成，图样中表达了各零件的装配和焊接要求。

从图 11-10 中可以看出，该端盖是通过焊接将套筒、底板及加强筋连接起来，其中底板与加强筋之间的焊缝是 T 形接头，套筒与筋板的焊接正面是 Y 形对接接头，反面是单边 Y 形对接接头，各焊缝标注的意义如下：

焊缝标注 ⌐5⊿8，表示焊角尺寸大小为 5mm，T 形接头，在该焊接结构中有 8 处相同焊接形式的焊缝。

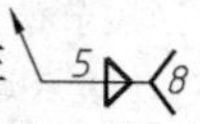

焊缝标注 Y，其中"○"表示四周焊，焊缝坡口形式是 Y 形。

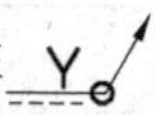

焊缝标注 ⌐V，其中"○"表示四周焊，焊缝坡口形式是单边 Y 形。

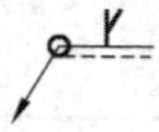

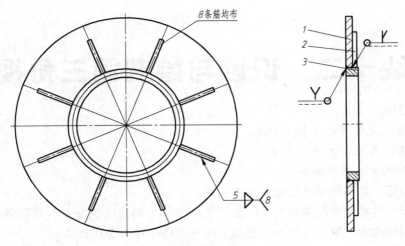

图 11-10 端盖焊接示意图
1—底板；2—加强筋；3—套筒

提示： 试述 ╲5▲5×50(30) 焊缝标注的含义？

模块十二　识读与绘制第三角视图

• 知识目标：
1. 了解第三角视图的概念和形成。
2. 掌握第三角视图的读图方法。
3. 掌握第三角视图的画法。

• 技能目标：能够识读并绘制第三角视图。

国家标准规定机件的视图按正投影法，采用第一角画法。但随着与国际间的交流增多，或按某些合同的规定，第三角视图也是常见的一种机件视图表达方法。

项目一　认识第三角视图

• 知识目标：
1. 了解第三角视图的概念。
2. 掌握第三角视图和第一角视图的异同。

• 技能目标：能区分第一角视图和第三角视图。

一、第三角视图

第三角视图的概念：如图 12-1 所示，把空间分为八个分角，第三角视图将物体放在第三分角内利用正投影进行投射，并使投影面处于观察者与物体之间［人（视线）—投影面—物体］的投影方法，此时所得到的就是第三角视图。

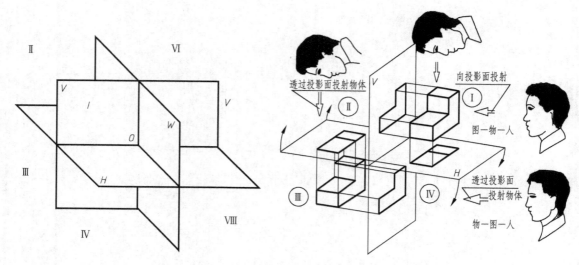

图 12-1　第一角视图与第三角视图

二、第一角视图与第三视图的异同点

相同点：均采用正投影法。

不同点：
（1）第一角视图物体放在第一分角内，第三角视图物体放在第三分角内。
（2）第一角视图投射时是人—物体—投影面（视图）的关系，第三角视图是人—投影面（视图）—物体的关系。

项目二 绘制第三角视图

• 知识目标：
1. 掌握第三角视图的形成。
2. 掌握第三角视图读图和绘图方法。
• 技能目标：能识读和绘制第三角视图。

一、第三角视图的三视图

1. 第三角视图的形成。

第三角视图的形成、展开、视图间的"三等"关系如图 12-2 所示。

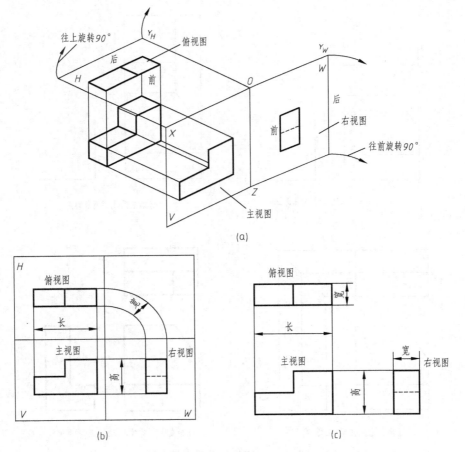

图 12-2 第三角视图的形成、展开、视图间的"三等"关系

2. 第三角视图的展开、视图间的关系

V 面不动，H 面绕 OX 向上旋转 $90°$，把 W 面绕 OZ 向前旋转 $90°$。展开后的结果如图 10-2

(b) 所示。第三角视图仍保持"长对正、高平齐、宽相等"的三等关系，如图12-2 (c) 所示。

二、第三角视图的画法

画第三角视图的方法，具体见图12-3。

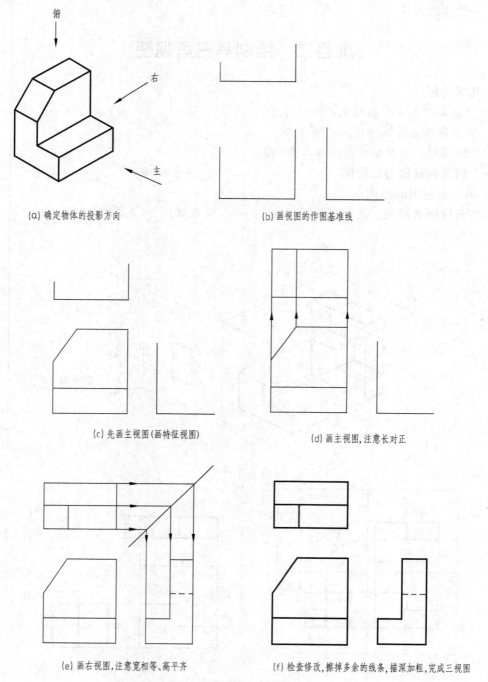

图12-3 第三角视图的画法

三、读第三角视图的方法

读第三角视图，先确定投射方向，弄清楚视图间的方位关系，根据前面学习的读图方法，综合归纳想象出立体形状。

根据第三角的三视图，想象其立体形状。读图方法及步骤如图 12-4 所示。

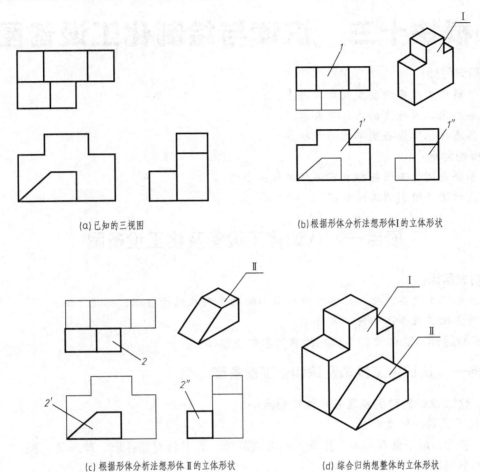

(a) 已知的三视图　　(b) 根据形体分析法想形体Ⅰ的立体形状

(c) 根据形体分析法想形体Ⅱ的立体形状　　(d) 综合归纳想整体的立体形状

图 12-4　第三角视图读图步骤

*模块十三　识读与绘制化工设备图

- **知识目标：**
1. 了解化工设备的类型及结构特点。
2. 熟悉化工设备图的内容与要求。
3. 熟悉画化工设备图草图的步骤。
- **技能目标：**
1. 学会查阅化工设备标准零部件的相关资料。
2. 能识读并绘制化工设备图。

项目一　认识化工设备及化工设备图

- **知识目标：**
1. 熟悉化工设备、化工设备标准化零部件的类型及结构特点、标记方法。
2. 熟悉化工设备图的内容与要求。
- **技能目标：** 能识读化工设备标准化零部件标记。

任务一　认识化工设备及识读化工设备图

一、化工设备的种类及其基本结构特点

1. 化工设备的种类

（1）容器。用于储存原料、中间产品和成品等。其形状有圆柱形、球形等，图13-1（a）为一圆柱形容器。

（2）换热器。用于两种不同温度的物料进行热量交换，其基本形状如图13-1（b）所示。

（3）反应器。用于物料进行化学反应，或者使物料进行搅拌、沉降等单元操作。图13-1（c）为一常用的反应器。

（4）塔器。用于吸收、洗涤、精馏、萃取等化工单元操作。塔器多为立式设备，其基本形状如图13-1（d）所示。

2. 化工设备的结构特点

（1）设备的主体（壳体）一般由钢板卷制而成，如图13-2中储罐的筒体。

（2）设备的总体尺寸与某些局部结构（如壁厚、管口等）尺寸，往往相差很悬殊。如图13-2中储罐的总长为"2805"，而筒体壁厚只有"6"。

（3）壳体上开孔和接管口较多。如图13-2所示的储罐，就有一个人孔和五个接管口。

（4）零件间的连接常用焊接结构。如图13-2中鞍座（件1、件15）与筒体（件5）之间就采用了焊接。

（5）广泛采用标准化、系列化零部件。如图13-2中的法兰（件6）、人孔（件9）、液面计（件4）、鞍座（件1和件15）等，都是标准化的零部件。

模块十三 识读与绘制化工设备图

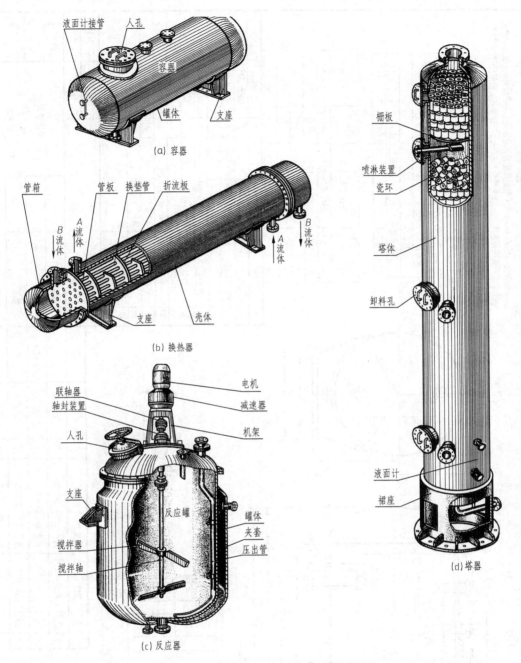

图 13-1 常见的化工设备

二、化工设备图及其内容

表示化工设备的形状、结构、大小、性能和制造要求等内容的图样,称为化工设备图。化工设备图也按正投影原理和国家标准《技术制图》《机械制图》的规定绘制,机械图的各种表达方法都适用于化工设备图。但化工设备有其自身的特点,因此,表达化工设备采用了一些特殊的表达方法。

图 13-2 是一台储罐的化工设备图,包括以下内容。

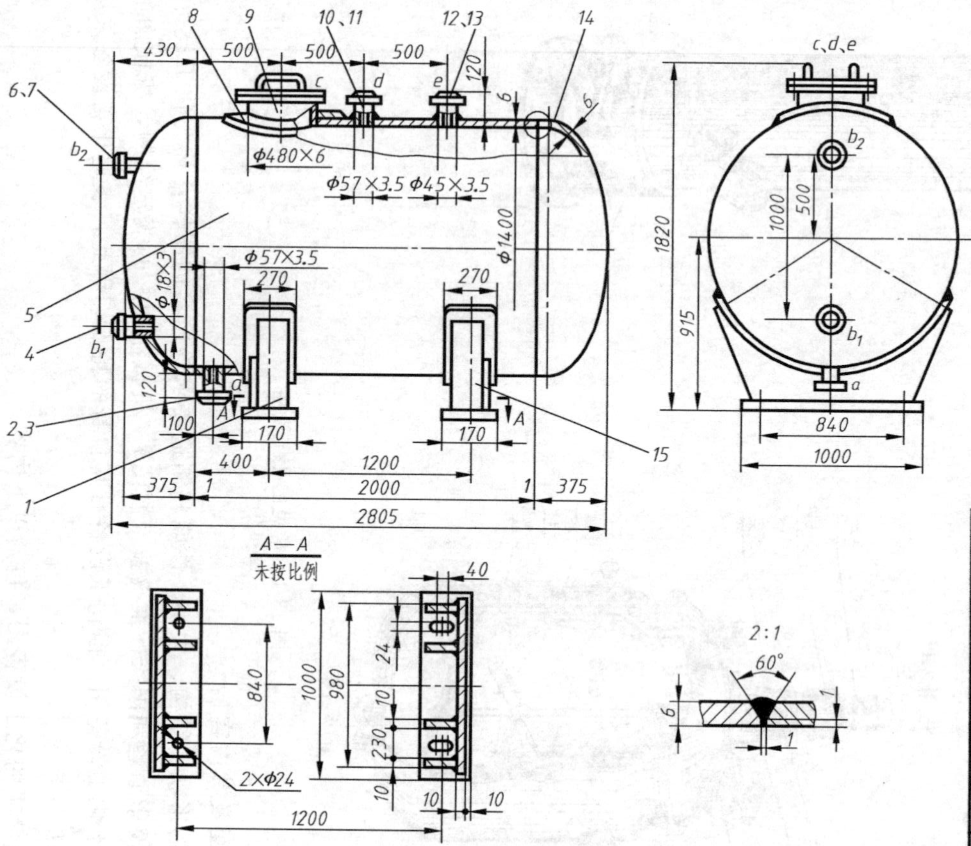

技术要求：

1. 本设备按 JB 741—1988《钢制焊接容器技术条件》进行制造、试验和验收。
2. 本设备全部采用电焊焊接，焊条型号为E4303。焊接头的型式，按GB/T 985—1988规定，法兰焊接按相应标准。
3. 设备制成后，作 0.15MPa 水压试验。
4. 表面涂铁红色酚醛底漆。

技术特性表

物料名称	工作压力/MPa	设计压力/MPa	工作温度/℃	设计温度/℃	腐蚀裕度/mm	容积/m³
	常压	0.5	20~60			3

焊缝系数 φ
容器类别 1

管口表

符号	公称尺寸	连接尺寸、标准	连接面形式	用途或名称
a	50	JB/T81—1994	平面	出料口
b_{1-2}	15	JB/T81—1994	平面	液面计接口
c	450	JB/T21515—1995	平面	人孔
d	50	JB/T81—1994	平面	进料口
e	40	JB/T81—1994	平面	排气口

10	JB/T81—1994	法兰 50-25	1	Q235A		
9	HG21515—1995	人孔 DN450	1	Q235AF		
8	JB/T5736—1995	补强圈 dN450×6-A	2	Q235A		
7	JB/T81—1994	接管 φ18×3	10	Q235A		
6		法兰 1.5-1.6	1	Q235A		
5		筒体 DN1400×6	1	Q235A		
4	HG 5—1368	液面计 R6-1	1			
3		接管 φ57×3.5	10	Q235AF		
2	JB/T 81	法兰 50-25				
1	JB/T 4712	鞍座 B114.00-F				
序号	图号或标准号	名称	数量	材料		备注

15	JB/T 4712—1992	鞍座 B114.00-S	1	Q235A		
14	JB/T 4737—1995	封头 DN1400×6	2	Q235A		
13		接管 φ45×3.5	1	Q235A		
12	JB/T 81—1994	法兰 40-2.5	1			
11		接管 φ57×3.5	1	10		

储罐 φ1400
$V_N = 3m^3$
装配图

比例 1:5 H=2000 t=1000 t=125

制图 / 设计 / 描图 / 审核

共 1 张 第 1 张

图 13-2 储罐装配图

1. 一组视图

用于表达化工设备的工作原理、各零部件间的装配关系和相对位置,以及主要零件的基本形状。

2. 必要的尺寸

化工设备图上的尺寸,是制造、装配、安装和检验设备的重要依据,主要包括以下几类尺寸。

(1) 特性尺寸。反映化工设备的主要性能、规格的尺寸,如图 13-2 中的筒体内径 $\phi1400mm$、筒体长度 2000mm 等。

(2) 装配尺寸。表示零部件之间装配关系和相对位置的尺寸,如图 13-2 中 500mm。

(3) 安装尺寸。表明设备安装所需的尺寸,如图 13-2 中的 1200mm、840mm 等。

(4) 外形(总体)尺寸。表示设备总长、总高、总宽(或外径)的尺寸。

(5) 其他尺寸。包括标准零部件的规格尺寸(如人孔的尺寸 $\phi480mm \times 6mm$),经设计计算确定的尺寸(如筒体壁厚 6mm),焊缝结构形式尺寸等。

标注尺寸时应合理选择基准。化工设备图中常用的尺寸基准有下列几种(图 13-3)。

(1) 设备筒体和封头的中心线。

(2) 设备筒体和封头焊接时的环焊缝。

(3) 设备容器法兰的端面。

(4) 设备支座的底面。

(5) 管口的轴线与壳体表面的交线等。

在化工设备图中,允许将同方向(轴向)的尺寸注成封闭形式,并将这些尺寸数字加注圆括号"( )"或在数字前加"≈",以示参考之意。

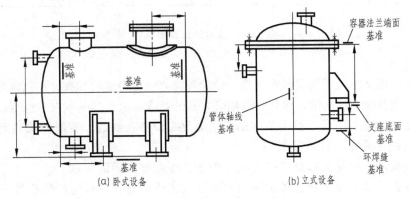

图 13-3　化工设备常用尺寸基准

3. 管口表

管口表用于说明设备上所有管口的用途、规格、连接面形式等,其格式如图 13-4 所示。填写管口表时应注意以下几点。

(1) "符号"栏内用小写字母(与图中管口符号对应)自上而下填写。当管口规格、用途及连接面形式完全相同时,可合并填写,如 $a_{1,2}$。

(2) "公称尺寸"栏内填写管口的公称直径。无公称直径的管口,则按管口实际内径填写。

(3) "连接尺寸、标准"栏内填写对外连接管口的有关尺寸和标准;不对外连接的管口(如人孔、视镜等)不填写具体内容(图 13-2);螺纹连接管口填写螺纹规格。

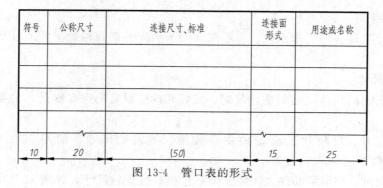

图 13-4 管口表的形式

4. 技术特性表

技术特性表用于表明设备的主要技术特性。其格式有两种，适用于不同类型的设备，如图 13-5 所示。

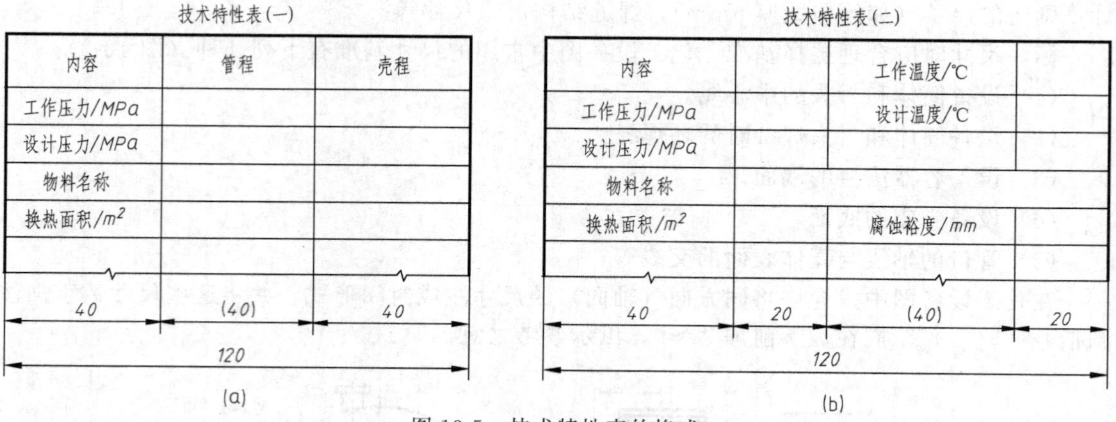

图 13-5 技术特性表的格式

5. 技术要求

技术要求是用文字说明的设备在制造、试验和验收时应遵循的标准、规范或规定，以及对材料、表面处理及涂饰、润滑、包装、运输等方面的特殊要求，其基本内容包括以下几方面。

（1）通用技术条件。通用技术条件是指同类化工设备在制造、装配和检验等方面的共同技术规范，已经标准化，可直接引用。

（2）焊接要求。主要包括对焊接方法、焊条、焊剂等方面的要求。

（3）设备的检验。包括对设备主体的水压和气密性试验，对焊缝的探伤等。

（4）其他要求。设备在机械加工、装配、防腐、保温、运输、安装等方面的要求。

6. 零部件序号、明细栏和标题栏

零部件序号、明细栏和标题栏与机械装配图一致。

任务二　熟悉化工设备图的表达特点

一、化工设备图的表达特点

1. 视图的配置比较灵活

化工设备图的俯（左）视图可以配置在图面上任何位置，但必须注明"俯（左）视图"的字样。

当视图较多时，允许将部分视图画在数张图纸上。但主视图及明细栏、管口表、技术特性表、技术要求应安排在第一张图样上。

化工设备图中允许将零件图与装配图画在同一张图纸上。在化工设备图中已经表达清楚的零件，可以不画零件图。

2. 多次旋转的表达方法

设备壳体四周分布的各种管口和零部件，在主视图中可绕轴旋转到平行于投影面后画出，以表达它们的轴向位置和装配关系，而它们的周向方位以管口方位图（或俯、左视图）为准。如图 13-6 中的人孔 b 和液面计接管口 $a_{1,2}$，在主视图中就是旋转后画出的，它们的周向方位在俯视图中可以看出。

3. 管口方位的表达方法

管口在设备上的分布方位可用管口方位图表示。管口方位图中以中心线表明管口的方位，用单线（粗实线）画出管口，并标注与主视图相同的小写字母，如图 13-7 所示。

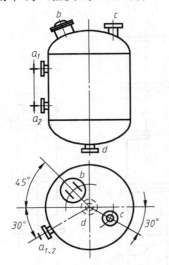

图 13-6　多次旋转的表达方法

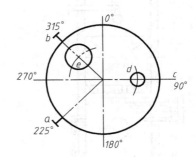

图 13-7　管口方位图

4. 局部结构的表达方法

设备上按选定比例无法表达清楚的细小结构，可采用局部放大图（又称节点图）画出。必要时，还可采用几个视图表达同一细部结构，如图 13-8 所示。

5. 夸大画法

尺寸过小的结构（如薄壁、垫片、折流板等），可不按比例、适当地夸大画出。如图 13-2 中的筒体壁厚，就是夸大画出的。

6. 断开和分段（层）画法

部分结构相同（或按规律变化），总体尺寸很大的设备，为便于布图，可断开画出，如图 13-9 所示。

某些设备（如塔器）形体较长，又不适合用断开画法，则可把整个设备分成若干段（层）画出，如图 13-10 所示。

7. 简化画法

（1）示意画法。已有图样表示清楚的零部件，允许用单线（粗实线）在设备图中表示。如图 13-11 所示的换热器，指引线所指的零部件，均采用单线示意画出。

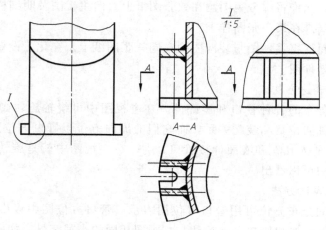

图 13-8　局部放大图

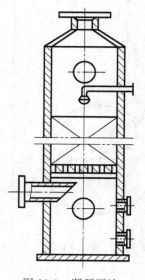

图 13-9　断开画法

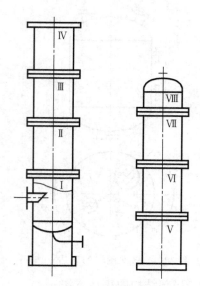

图 13-10　设备分段表示法

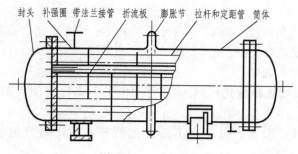

图 13-11　示意画法

（2）管法兰的简化画法。不论管法兰的连接面形式（平面、凹凸面、榫槽面）是什么，均可简化画成如图 13-12 所示的形式。

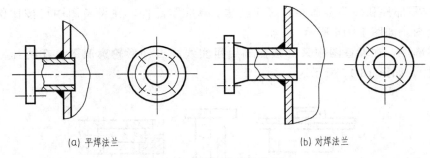

图 13-12　管法兰的简化画法

（3）重复结构的简化画法。

① 螺栓孔和螺栓连接的简化画法。螺栓孔可用中心线和轴线表示，如图 13-13（a）所示。螺栓连接可用符号"×"（粗实线）表示，如图 13-13（b）所示。

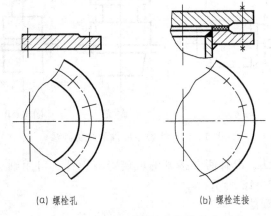

图 13-13　螺栓孔和螺栓连接的简化画法

② 填充物的表示法。设备中材料规格、堆放方法相同的填充物，在剖视图中，可用交叉的细实线表示，并用引出线作相关说明；材料规格或堆放方法不同的填充物，应分层表示，如图 13-14 所示。

③ 管束的表示法。设备中按一定规律排列或成束的密集管子，在设备图中可只画一根或几根，其余管子均用中心线表示，如图 13-15 所示。

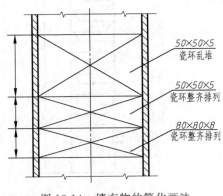

图 13-14　填充物的简化画法

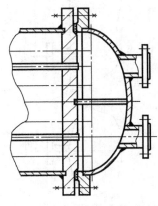

图 13-15　密集管束的画法

④ 标准零部件和外购零部件的简化画法。标准零部件，在设备图中可按比例仅画出其特征外形简图，如图 13-16 所示。

外购零部件，在设备图中只需按比例用粗实线画出外形轮廓简图，在明细栏中应注写"外购"字样，如图 13-17 所示。

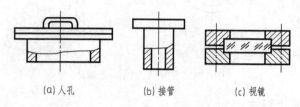

(a) 人孔　　　　(b) 接管　　　　(c) 视镜

图 13-16　标准零部件的简化画法

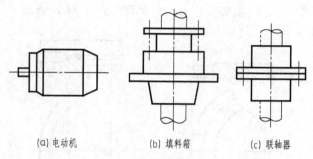

(a) 电动机　　　(b) 填料箱　　　(c) 联轴器

图 13-17　外购零部件的简化画法

⑤ 液面计的简化画法。带有两个接管的玻璃管液面计，可用细点画线和符号"＋"（粗实线）简化表示，如图 13-18 所示。

8. 设备的整体示意画法

设备的完整形状和有关结构的相对位置，可按比例用单线（粗实线）示意画出，并标注设备的总体尺寸和相关结构的位置尺寸，如图 13-19 所示。

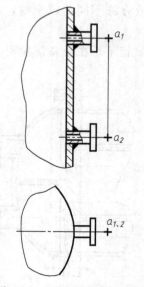

图 13-18　液面计的简化画法

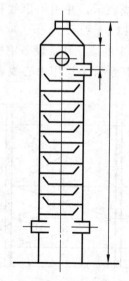

图 13-19　设备整体的示意画法

二、化工设备图中焊缝的表示法

对常压、低压设备，剖视图上的焊缝应画出焊缝的剖面并涂黑，视图中的焊缝可省略不画，如图 13-20 所示。

对中、高压设备或其他设备上重要的焊缝，需用局部放大的剖视图表达其结构形状并标注尺寸，焊缝的横剖面填充交叉线或直接涂黑，如图 13-21 所示。其接头形式及尺寸可按 GB/T 985.1—2008《气焊、焊条电弧焊、气体保护焊和高能束焊的推荐坡口》、GB/T 985.2—2008《埋弧焊的推荐坡口》和 GB 150—1998《钢制压力容器》中的规定选用。

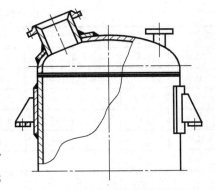

图 13-20　设备图中焊缝的画法

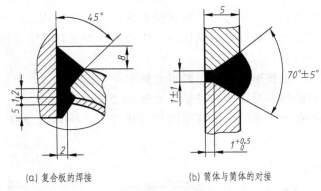

(a) 复合板的焊接　　　(b) 筒体与筒体的对接

图 13-21　焊接接头局部放大图

其他焊缝及相关符号的表示、标注见本教材模块十一。

任务三　认识化工设备常用的标准化零部件

化工设备的零部件大都已经标准化，如筒体、封头、支座、各种法兰等，如图 13-22 所示。下面介绍几种常用的标准件。

一、筒体

筒体是化工设备的主体部分，一般由钢板卷焊成形。其主要尺寸是直径、高度（或长度）和壁厚。卷焊成形的筒体，其公称直径为内径。直径小于 500mm 的筒体，采用无缝钢管制作，其公称直径指钢管的外径。压力容器筒体的直径系列见表 13-1。

筒体的壁厚有经验数据可供选用，见附录。

标记示例：公称直径为 1200 的容器筒体。

筒体　GB/T 9019—2001　DN 1200

在明细栏中，采用 "DN1400×6, $H(L)$ =

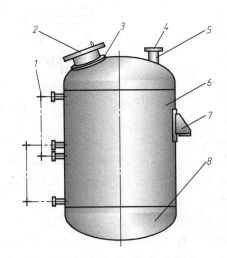

图 13-22　标准化零部件
1—液面计；2—人孔；3—补强圈；4—管法兰；
5—接管；6—筒体；7—支座；8—封头

2000"的形式来表示内径为1400mm，壁厚6mm，高（长）为2000mm的筒体。

表 13-1　压力容器筒体公称直径（摘自 GB/T 9019—2001）　　　　　　　　mm

钢板卷焊（内径）											
300	350	400	450	500	550	600	650	700	750	800	900
1000	1100	1200	1300	1400	1500	1600	1700	1800	1900	2000	2100
2200	2300	2400	2500	2600	2800	3000	3200	3400	3500	3600	3800
4000	4200	4400	4500	4600	4800	5000	5200	5400	5500	5600	5800
6000	—										
无缝钢管（外径）											
159		219		273		325		337		426	

二、封头

封头安装在筒体的两端，与筒体一起构成设备的壳体，参见图13-23。封头与筒体可直接焊接，形成不可拆卸连接，如储罐的筒体与封头；也可焊上容器法兰连接，形成可拆卸连接，如换热器的筒体与封头。

常见的封头有球形、椭圆形、碟形、带折边锥形及平板等形式，如图13-23所示。一般应用最为广泛的是标准椭圆形封头，其长轴为短轴的2倍。JB/T 4746—2002《钢制压力容器用封头》规定：以内径为基准的标准椭圆形封头代号为EHA，以外径为基准的标准椭圆形封头代号为EHB。

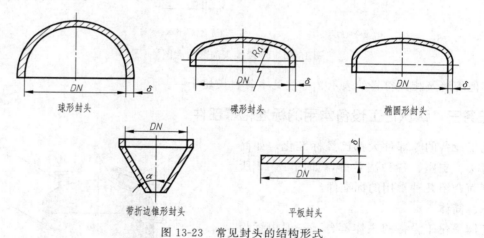

图 13-23　常见封头的结构形式

标记示例：

EHA 1000×12-16MnR　JB/T 4746

表示公称直径1000mm、名义厚度12mm、材质为16MnR的以内径为基准的标准椭圆形封头。

EHB 325×10-20R　JB/T 4746

表示公称直径325mm、名义厚度10mm、材质为20R的以外径为基准的标准椭圆形封头。标准椭圆形封头的规格和尺寸系列见附录。

三、法兰

化工用标准法兰有管法兰和压力容器法兰（又称设备法兰），如图13-24所示。

标准法兰选型的主要参数是公称直径（DN）、公称压力（PN）和密封面形式，管法兰的公称直径为所连接管子的公称直径，压力容器法兰的公称直径为所连接的筒体（或封头）的内径。

1. 管法兰

管法兰主要用于管道的连接。现行的管法兰标准有两个：一个是由国家质量技术监督局批准的管法兰国家标准 GB/T 9112~9124—2000，另一个是化工行业标准 HG 20592~20635—2009《钢制管法兰、垫片、紧固件》。HG 标准包括国际通用的两大管法兰、垫片和紧固件标准系列：PN 系列（欧洲体系）和 Class 系列（美洲体系），其中 HG/T 20592~20614—2009 属 PN 系列标准，HG/T 20615~20635—2009 属 Class 系列标准。HG 标准 PN 系列管法兰共规定了 8 种不同类型的管法兰和 2 种法兰盖，如图 13-25 所示。

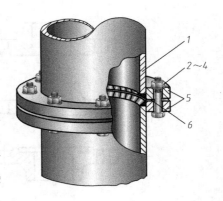

图 13-24 法兰连接
1—筒体（接管）；2—螺栓；3—螺母；
4—垫圈；5—法兰；6—垫片

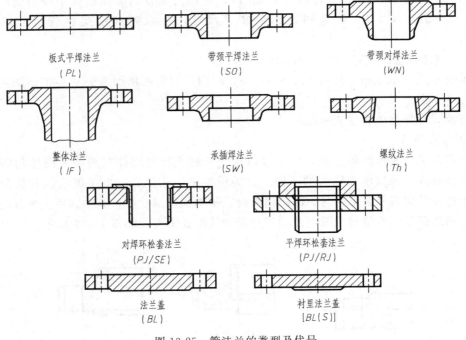

图 13-25 管法兰的类型及代号

HG 标准 PN 系列管法兰的密封面形式主要有突面（RF）、凹凸面（MFM）、榫槽面（TG）、环连接面（RJ）和全平面（FF）5 种，如图 13-26 所示。通常突面和全平面密封的密封面为平面，常用于压力较低的场合；凹凸面密封的密封效果比平面密封好；榫槽面密封的密封效果比凹凸面密封好，但加工和更换较困难；环连密封常用于高压设备上。

管法兰的标记示例：
HG/T 20592 法兰 PL 300(B)-6 RF Q235A

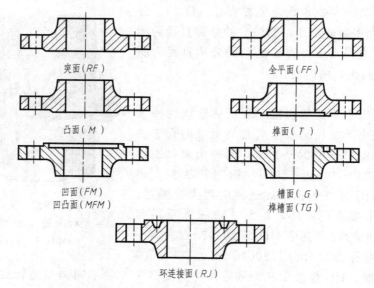

图 13-26 管法兰的密封面形式

表示公称通径 300mm、公称压力 0.6MPa，配用公制管的突面板式平焊钢制法兰，法兰的材料为 Q235A（注：B 系列表示公制管尺寸，A 系列表示英制管尺寸，英制可省略 A）。

HG/T 20592 法兰 WN 40-63 G 316

表示公称通径 40mm、公称压力 6.3MPa，配用英制管的槽面带颈对焊钢制法兰，法兰的材料为 316 钢。

凸面板式平焊钢质法兰规格见附录。

2. 压力容器法兰

压力容器法兰又称设备法兰，用于以内径为公称直径的筒体与封头或筒体与筒体的连接。压力容器法兰根据承载能力的不同，分为甲型平焊法兰、乙型平焊法兰和长颈对焊法兰，其密封面形式有平面型密封、凹凸面密封、榫槽面密封三种。其中，甲型平焊法兰只有平面型与凹凸面型，乙型与长颈法兰则三种密封面形式都有，如图 13-27 所示。

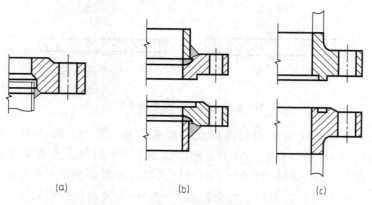

(a)　　　　　　　(b)　　　　　　　(c)

图 13-27 压力容器法兰的结构与密封面形式

压力容器法兰的主要性能参数有公称直径、公称压力、密封面形式、材料和法兰结构形式等。JB/T 4701～4703—2000《压力容器法兰》标准中规定了法兰的分类及代号，见表 13-2。

表 13-2 标准压力容器法兰的分类及代号

	法兰类别		标准号
法兰标准号	甲型平焊法兰		JB/T 4701—2000
	乙型平焊法兰		JB/T 4702—2000
	长颈对焊法兰		JB/T 4703—2000
	密封面形式		代号
密封面形式代号	平面密封面		RF
	凹凸密封面	凹密封面	FM
		凸密封面	M
	榫槽密封面	榫密封面	T
		槽密封面	G
	法兰类型		名称及代号
法兰名称及代号	一般法兰		法兰
	衬环法兰		法兰 C

压力容器法兰标记示例：

法兰 C−FM 800-1.0 JB/T 4701—2000

表示公称直径 800mm、公称压力 1.0MPa 的衬环凹凸密封面甲型平焊法兰的凹面法兰。

  法兰 T 1000-4.0/94—195 JB/T 4703—2000

表示公称直径 1000mm、公称压力 4.0MPa 的榫槽密封面长颈对焊法兰的榫面法兰。其中法兰厚度改为 94mm（标准厚度为 84mm），法兰总高度保持不变，仍然是 195mm。

设备法兰尺寸规格见附录。

四、人孔和手孔

为了安装、检修或清洗设备内件，在设备上通常开设有人孔或手孔，如图 13-28 所示。

手孔大小应使工人戴上手套并握有工具的手能方便地通过，手孔直径标准有 $DN150$ 和 $DN250$ 两种。人孔的大小，应便于人的进出，同时要避免开孔过大影响器壁强度。人（手）孔的结构有多种形式，只是孔盖的开启方式和安装位置不同。常压人孔的有关尺寸见附录。

五、支座

支座用来支承和固定设备，有多种形式。下面介绍两种较常用的支座。

1. 耳式支座（JB/T 4712.3—2007）

耳式支座简称耳座（悬挂式支座），适用于公称直径不大于 4000mm 的立式圆筒形设备，其结构形状如图 13-29 所示。

耳式支座有 A 型（短臂）、B 型（长臂）、C 型（加长臂）三种类型。图 13-30 为 B 型耳式支座示意图。A 型用于不带保温层的设备，B 型和 C 型用于带保温层的设备。基本特征见表 13-3。

耳式支座由两块肋板、一块底板、一块垫板和一块盖板（有些类型无盖板）焊接而成，见图 13-29。肋板与筒体之间加垫板是为了改善支承的局部应力状况。垫板上有螺栓孔，以便用螺栓固定设备。垫板材料一般应与容器材料相同，肋板和底板材料有 4 种，其代号见表 13-4。

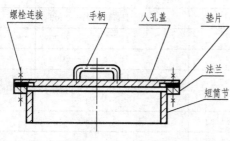

图 13-28 人（手）孔的基本结构

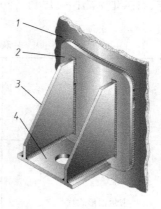

图 13-29 耳式支座
1—筒体；2—垫板；3—肋板；4—底板

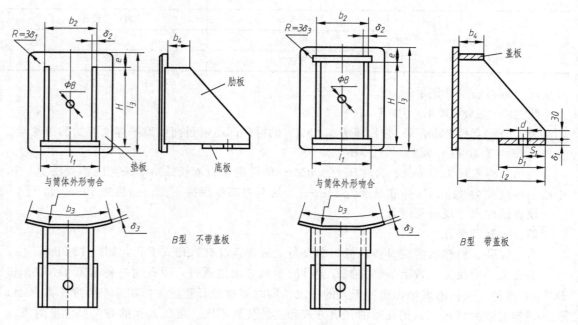

图 13-30 B型耳式支座示意图

表 13-3 耳式支座的型式和特征（摘自 JB/T 4712.3—2007）

型 式		支座号	垫板	盖板	通用公称直径 DN/mm
短臂	A	1～5	有	无	300～2600
		6～8		有	1500～4000
长臂	B	1～5	有	无	300～2600
		6～8		有	1500～4000
加长臂	C	1～3	有	有	300～1400
		4～8			1000～4000

表 13-4 材料代号（摘自 JB/T 4712.3—2007）

材料代号	I	II	III	IV
支座的肋板和底板材料	Q235A	16MnR	0Cr18Ni9	15CrMoR

耳式支座的结构尺寸见附录。

标记示例：

JB/T 4712.3—2007，耳式支座 A3-Ⅰ

材料：Q235A

表示 A 型，3 号耳式支座，支座材料为 Q235A，垫板材料为 Q235A。

JB/T 4712.3—2007，耳式支座 B5-Ⅱ，$\delta_3=12$

材料：16MnR/0Cr18Ni9

表示 B 型，5 号耳式支座，支座材料为 16MnR，垫板材料为 0Cr18Ni9，垫板厚度 12mm。

2. 鞍式支座（JB/T 4712.1—2007）

鞍式支座用于卧式设备，其结构如图 13-31 所示。

鞍式支座分为轻型（代号 A）、重型（代号 B）两种类型。重型鞍座又有五种型号，代号为 BⅠ~BⅤ（图 13-32）。每种类型的鞍座又分为 F 型（固定式）和 S 型（滑动式）。F 型与 S 型常配对使用。鞍式支座的结构尺寸见附录。

鞍式支座标记示例：

JB/T 4712.1—2007，鞍座 BⅤ 325-F。

材料栏内注：Q235A。

表示公称直径 325mm，120°包角，重型不带垫板的标准尺寸的弯制固定式鞍座，鞍座材料为 Q235A。

图 13-31 鞍式支座

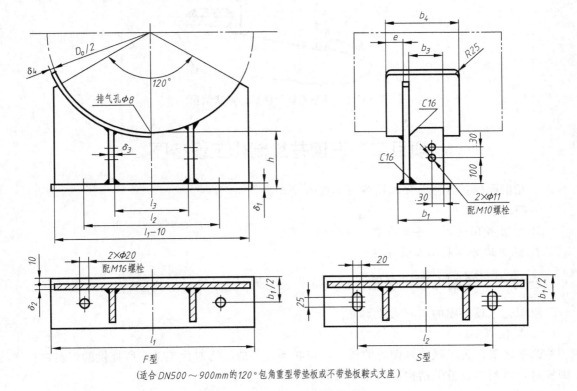

（适合 DN500~900mm 的 120°包角重型带垫板或不带垫板鞍式支座）

图 13-32 BⅠ型焊制鞍式支座

JB/T 4712.1—2007，鞍座 BⅡ 1600-S，$h=400$，$\delta_4=12$，$l=60$。
材料栏内注：Q235A/0Cr18Ni9。

表示公称直径1600mm，150°包角，重型滑动式鞍座，鞍座材料为Q235A，垫板材料为0Cr18Ni9，鞍座高度为400mm，垫板厚度为12mm，滑动长孔长度为60mm。

六、补强圈

设备壳体开孔过大时用补强圈来增加强度。补强圈上有一个小螺纹孔，焊后通入压缩空气，以检查焊缝的气密性。JB/T 4736—2002《补强圈》规定了补强圈的规格、尺寸和内侧坡口的形式，基本结构如图13-33所示。补强圈的形状应与被补强部分壳体的形状相符合（图13-34）。补强圈的结构尺寸见附录。

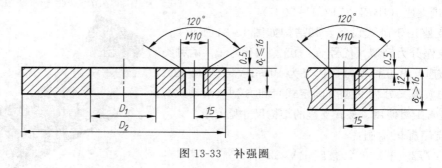

图 13-33 补强圈

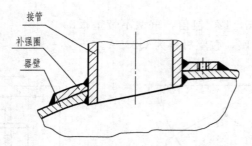

图 13-34 补强圈被焊接后的形状结构

项目二　识读并绘制化工设备图

- **知识目标**：熟悉画化工设备图草图的步骤。
- **技能目标**：

1. 学会查阅化工设备标准零部件的相关资料。
2. 能识读并绘制化工设备图。

任务一　绘制化工设备图

绘制化工设备图的步骤大致如下。

1. 复核资料

画图之前，为了减少画图时的错误，应联系设备的结构对化工工艺所提供的资料进行详细核对，以便对设备的结构做到心中有数。

2. 作图

(1) 选定表达方案。通常对立式设备采用主、俯两个基本视图，而卧式设备采用主、左两个基本视图，来表达设备的主体结构和零部件间的装配关系。再配以适当的局部放大图，补充表达基本视图尚未表达清楚的部分。主视图一般采用全剖视（或者局部剖视），各接管用多次旋转的方法画出。

(2) 确定视图比例，进行视图布局。按设备的总体尺寸确定基本视图的比例并选择好图纸的幅面。

化工设备图的视图布局较为固定，可参照有关立式设备和卧式设备的装配图进行。

(3) 画视图底稿和标注尺寸。布局完成后，开始画视图的底稿。画图时，一般按照"先画主视后画俯视；先画外件后画内件；先定位后定形；先主体后零部件的顺序进行"。

视图的底稿完成后，即可标注尺寸。

(4) 编写各种表格和技术要求。完成明细栏、管口表、技术特性表、技术要求和标题栏等内容。

(5) 检查、描深图线。底稿完成后，应对图样进行仔细全面检查，无误后再描深图线。

[例 13-1] 绘制图 13-35 所示储槽的化工设备图。

技术特性表

设计压力	0.25MPa
设计温度	200℃
物料名称	酸
容积	6.3m^3

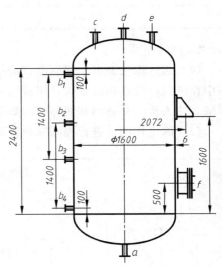

管口表

符号	公称尺寸	连接尺寸标准	连接面形式	用途或名称
a	50	JB/T 81—1994	平面	出料口
$b_{1\sim4}$	15	JB/T 81—1994	平面	液面计口
c	50	JB/T 81—1994	平面	进料口
d	40	JB/T 81—1994	平面	放空口
e	50	JB/T 81—1994	平面	备用口
f	500	JB/T 577—1979	平面	人孔

注：各接管口的伸出长度均为 120mm。

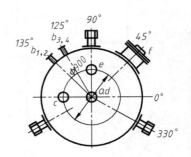

图 13-35 储槽示意图

绘制储槽步骤如下。

1. 复核资料

由工艺人员提供的资料，须复核以下内容。

(1) 设备示意图，如图 13-35 所示。

(2) 设备容积：$V_g = 6.3\text{m}^3$。

(3) 设计压力：0.25MPa。

(4) 设计温度：200℃。

(5) 管口表：见表 13-5。

表 13-5 储槽管口表

符　号	公称尺寸/mm	连接面形式	公称压力/MPa	用　途	备　注
a	DN50	平面	PN0.25	出料口	
$b_{1\sim4}$	DN15	平面	PN0.25	液面计口	
c	DN50	平面	PN0.25	进料口	
d	DN40	平面	PN0.25	放空口	
e	DN50	平面	PN0.25	备用口	
f	DN500	平面	PN0.25	人孔	

2. 具体作图

(1) 选择表达方案。根据储槽的结构，可选用两个基本视图（主、俯视图），并在主视图中作剖视以表达内部结构，俯视图表达外形及各管口的方位。此外，还用一个局部放大图详细表达人孔、补强圈和筒体间的焊缝结构及尺寸。

(2) 确定比例、进行视图布局。选用 1：10 的比例，视图布局如图 13-36（a）所示。

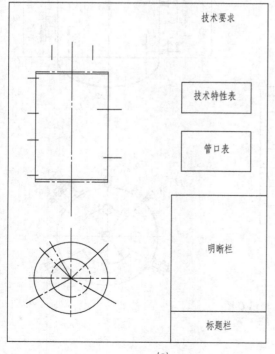

(a)

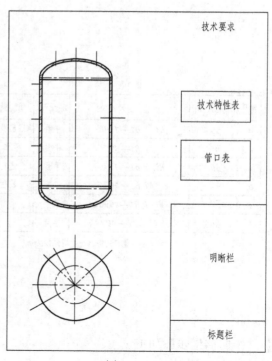

(b)

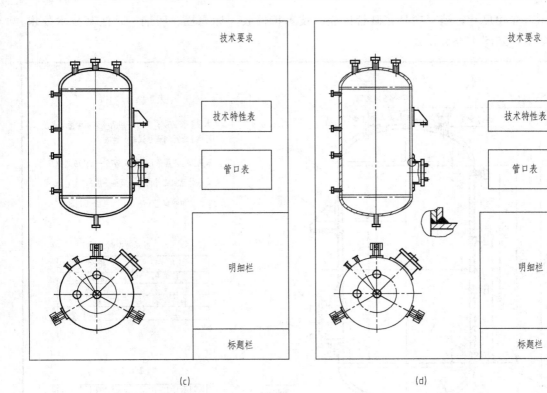

图 13-36 储槽装配图的作图步骤

(3) 画视图底稿。画图时，从主视图开始，画出主体结构即筒体、封头，如图 13-36 (b) 所示。在完成壳体后，按装配关系依次画出接管口、支座（支座尺寸见图 13-37）等外件的投影，如图 1-36 (c) 所示。最后画局部放大图，如图 13-36 (d) 所示。

(4) 检查校核，修正底稿，加深图线。

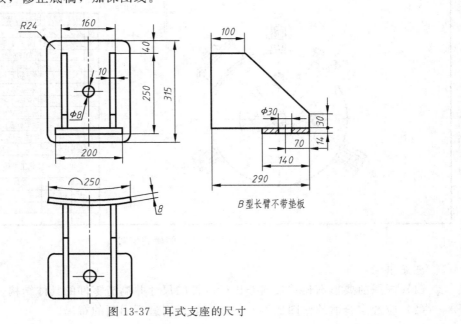

图 13-37 耳式支座的尺寸

(5) 标注尺寸，编写序号，画管口表、技术特性表、标题栏、明细栏，注写技术要求，完成全图，如图 13-38 所示。

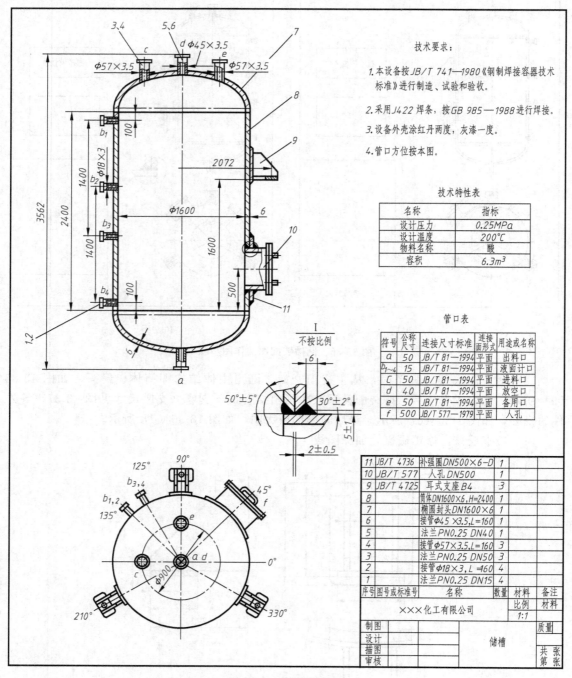

图 13-38 储槽装配图

注意事项：
(1) 画图前要根据相关资料查出标准件的尺寸并搞清零件的具体结构。
(2) 应选定合适的作图比例，并按一般规则进行图面的布局。

(3) 虽然本任务作的是草图，但作图时不得草率，必须完全按化工设备图的所有内容和要求作图，即使图线也应尽量画得符合国家标准。

任务二　识读化工设备图

一、识读化工设备装配图的基本要求

(1) 弄清设备的用途、工作原理、结构特点和技术特性。
(2) 搞清各零部之间的装配关系和有关尺寸。
(3) 了解零部件的结构、形状、规格、材料及作用。
(4) 搞清设备上的管口数量及方位。
(5) 了解设备在制造、检验和安装等方面的标准和技术要求。

二、阅读化工设备装配图的方法和步骤

1. 概括了解

从标题栏了解设备名称、规格、绘图比例等内容；从明细栏和管口表了解各零部件和接管口的名称、数量等；从技术特性表及技术要求中了解设备的有关技术信息。

2. 详细分析

(1) 分析视图。分析设备图上有哪些视图，各视图采用了哪些表达方法，这些表达方法的目的是什么。

(2) 分析各零部件之间的装配连接关系。从主视图入手，结合其他视图分析各零部件之间的相对位置及装配连接关系。

(3) 分析零部件结构。对照图样和明细栏中的序号，逐一分析各零部件的结构、形状和尺寸。标准化零部件的结构，可查阅有关标准。

有图样的零部件，则应查阅相关的零部件图，弄清楚其结构。

(4) 分析技术要求。通过阅读技术要求，可了解设备在制造、检验、安装等方面的要求。

3. 归纳总结

通过详细分析后，将各部分内容综合归纳，从而得出设备完整的结构形状，进一步了解设备的结构特点、工作特性和操作原理等。

[例 13-2] 读图 13-39 所示列管式固定管板换热器图。

读图步骤：

读列管式固定管板换热器装配图（图 13-39）。

1. 概括了解

从标题栏、明细栏、技术特性表等可知，该设备是列管式固定管板换热器，用于使两种不同温度的物料进行热量交换，壳体内径为 $DN800$，换热管长度为 3000mm，换热面积 $F = 107.5 m^2$，绘图比例 1∶10，由 28 种零部件所组成，其中有 11 种标准件。

管程内的介质是水，工作压力为 0.45MPa，操作温度为 40℃，壳程内的介质是甲醇，工作压力为 0.5MPa，操作温度为 67℃。换热器共有 6 个接管，其用途、尺寸见管口表。

该设备采用了主视图、$A—A$ 剖视图、4 个局部放大图和 1 个示意图，另外，画有件 20 的零件图。

2. 详细分析

(1) 视图分析。主视图采用局部剖视，表达了换热器的主要结构，各管口和零部件在轴线方向的位置和装配情况；为省略中间重复结构，主视图还采用了断开画法；管束仅画出了

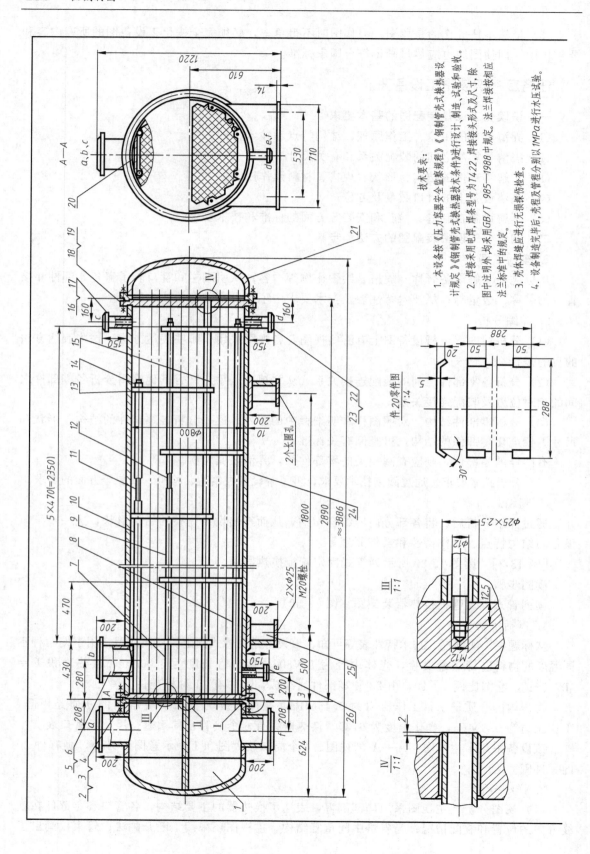

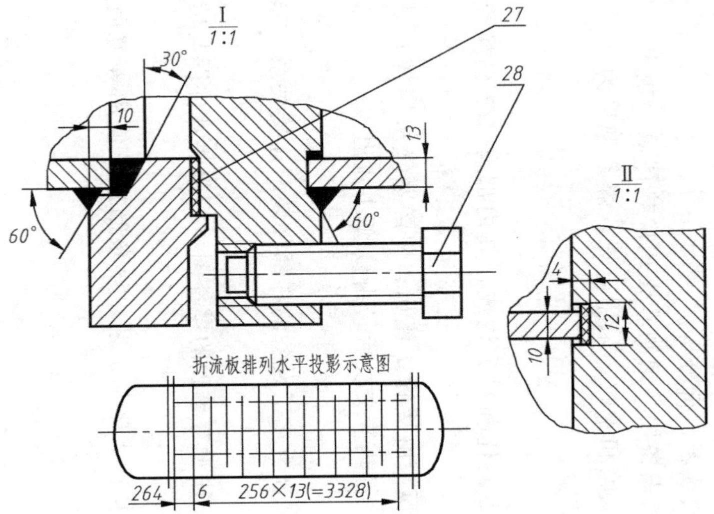

模块十三 识读与绘制化工设备图

技术特性表

名称	管程	壳程
设计压力/MPa	0.6	0.6
工作压力/MPa	0.45	0.5
设计温度/℃	100	100
操作温度/℃	4.0	67
物料名称	循环水	甲醇
程数	Ⅱ	Ⅰ
腐蚀裕度/mm	1.5	2
焊缝系数 φ	0.85	0.85
容器类别	Ⅰ	
换热面积/m²	107.5	

管口表

符号	公称尺寸	连接尺寸、标准	连接面形式	用途或名称
a	200	PN1 DN200 JB/T81	平面	冷却水出口
b	200	PN1 DN200 JB/T81	平面	甲醇蒸气入口
c	20	PN1 DN20 JB/T81	凹面	放气口
d	70	PN1 DN70 JB/T81	凸面	甲醇物料出口
e	20	PN1 DN20 JB/T81	凸面	排净口
f	200	PN1 DN200 JB/T81	平面	冷却水入口

28	S20-056-3	顶丝 M20	8		Q235A	
27	JB/T 4704	垫片 800-0.6	1		耐油橡胶石棉板	
26	JB/T 81	法兰 20-10	1		Q235A	
25	JB/T 4712	鞍座 B1800-F-S	2		Q235AF	
24		筒体 φ800	1		16MnR	l=2908
23	JB/T 81	法兰 70-10	1			
22		接管 φ76×4	1	10		
21	JB/T 4737	椭圆封头 DN800×10	1		Q235A	
20	S20-056-1	防冲板	1		Q235A	
19	JB/T 4704	垫片 800-0.6	1		耐油橡胶石棉板	
18	S20-056-2	后管板	1		16MnR	
17	JB/T 81	法兰 20-10	1		Q235A	

16		接管 φ25×3	2		10	l=155
15		换热管 φ25×2.5	472		10	l=3000
14	GB/T 41	螺母 M12	16			
13	S20-056-3	折流板	14		Q235A	t=10
12	S20-056-3	拉杆 φ12	6		10	l=2800
11	S20-056-3	拉杆 φ12	6		10	l=2320
10		定距管 φ25×2.5	8		10	l=930
9		定距管 φ25×2.5	20		10	l=460
8		定距管 φ25×2.5	2		10	l=856
7		定距管 φ25×2.5	6		10	l=386
6	JB/T 81	法兰 200-10	1		Q235A	
5		接管 φ219×6	1		10	l=217

4	S20-056-2	前管板	1	16MnR	
3	GB/T 41	螺母 M20	48		
2	S20-056-2	螺栓 M20×40	48		
1		管箱	1		
序号	图号或标准号	名称	数量	材料	备注

(设计单位)		固定管板换热器 φ800×3000	比例 1:10	设备总质量 3540kg
制图				S20-056-1
设计				
描图		质量 材料		共3张 第1张
审核				

图13-39 列管式固定管板换热器

一根，其余均用中心线表示。

各管口的周向方位和换热管的排列方式用 $A—A$ 剖视图表达。

局部放大图Ⅰ、Ⅱ表达管板与有关零件之间的装配连接关系。为了表示出件12拉杆的投影，将件9定距管采用断裂画法。示意图表达了折流板在设备轴向的排列情况。

（2）装配连接关系分析。筒体（件24）和管板（件4、件18），封头和容器法兰（两件组合为管箱件1、件21）采用焊接，具体结构见局部放大图Ⅰ；各接管与壳体的连接，补强圈与筒体及封头的连接均采用焊接；封头与管板采用法兰连接；法兰与管板之间放有垫片（件27）形成密封，防止泄漏；换热管（件15）与管板的连接采用胀接，见局部放大图Ⅳ。

拉杆（件12）左端螺纹旋入管板，拉杆上套入定距管用以固定折流板之间的距离，见局部放大图Ⅲ；折流板间距等装配位置的尺寸见折流板排列示意图；管口轴向位置与周向方位可由主视图和 $A—A$ 剖视图读出。

（3）零部件结构形状分析。设备主体由筒体（件24）、封头（件21）、管箱（件1）组成。筒体内径为800mm，壁厚为10mm，材料为16MnR，筒体两端与管板焊接成一体。左右两端封头与设备法兰焊接，通过螺栓与筒体连接。

换热管（件15）共有472根，固定在左、右管板上。筒体内部有弓形折流板（件13）14块，折流板间距由定距管（件9）控制。所有折流板用拉杆（件11、12）连接，左端固定在管板上（见放大图Ⅲ），右端用螺母锁紧。折流板的结构形状需阅读折流板零件图。

鞍式支座和管法兰均为标准件，其结构、尺寸需查阅有关标准确定。

管板另有零件图，其他零部件的结构形状读者自行分析。

（4）了解技术要求。从技术要求可知，该设备按《钢制管壳式换热器设计规定》《钢制管壳式换热器技术条件》进行设计、制造、试验和验收，采用电焊，焊条型号为T422。制造完成后，要进行焊缝无损探伤检查和水压试验。

3．归纳总结

由上面的分析可知，换热器的主体结构由筒体和封头构成，其内部有472根换热管和14块折流板。

设备工作时，冷却水从接管 f 进入换热管，由接管 a 流出；甲醇蒸气从接管 b 进入壳体，经折流板曲折流动，与管程内的冷却水进行热量交换后，由接管 d 流出。

三、注意事项

（1）看图时应根据读图的基本要求，着重分析化工设备的零部件装配连接关系、非标准零件的形状结构、尺寸关系以及技术要求。

（2）化工设备中结构简单的非标准零件往往没有单独的零件图，而是将零件图与装配图画在一张图纸上。

（3）应联系实际分析技术要求。技术要求要从化工工艺、设备制造及使用等方面进行分析。

模块十四　识读与绘制展开图

- 知识目标：
1. 了解展开图的概念、分类。
2. 掌握各种展开图的画法。
- 技能目标：掌握展开图的画法。

项目一　认识展开图

- 知识目标：了解展开图的概念、分类。
- 技能目标：会选择展开方法。

一、展开图的概念
将零件表面展开在一个平面上所得的图形。

二、展开法分类
1. 平行线展开法

适用于棱柱体和圆柱体的表面展开。从图14-1看出，圆柱体的表面展开图是一个矩形，高 H 即圆柱的高度，长是圆柱体的底圆周长。

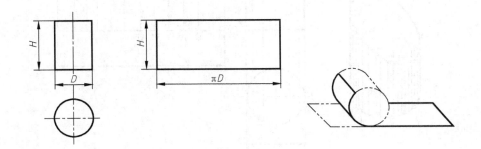

图 14-1　圆柱体的表面展开图

如果圆柱体的上底面与轴线不垂直，则可根据表面点的投影方法，找出数个点，然后圆滑地连成曲线。

2. 放射线展开法

放射线展开法适用于圆锥体的制作，如锥管类工件。

项目二　绘制展开图

- 知识目标：掌握各种展开图的画法。
- 技能目标：能绘制常用结构展开图。

任务一 识读并绘制直角弯头表面展开图

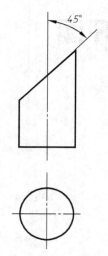

图14-2 斜口圆筒

常见的直角弯头是两个圆筒交成直角,每个圆筒的截平面与轴线45°,如图14-2所示。

[**例14-1**] 将图14-2所示的直角弯头表面展开。

解:由于圆筒表面的每根素线都平行并垂直于底圆,所以可以用平行线法作图(图14-3)。

步骤:

(1)先将底圆分成若干等分(将圆周12等分),得分点1、2、3、…、7;过各分点在主视图上作相应的素线$1'—1'$、$2'—2'$、$3'—3'$、…、$7'—7'$。

(2)将底圆在左视图位置展成一条直线,其长度等于πD,然后将其12等分,得分点Ⅰ、Ⅱ、Ⅲ、…、Ⅶ。

(3)根据投影关系,主视图上的$1'—1'$应该与表面展开图Ⅰ—Ⅰ高平齐,$2'—2'$与Ⅱ—Ⅱ高平齐……$7'—7'$与Ⅶ—Ⅶ高平齐。这样就求得了展开图中的点Ⅰ、Ⅱ、Ⅲ、…、Ⅶ。

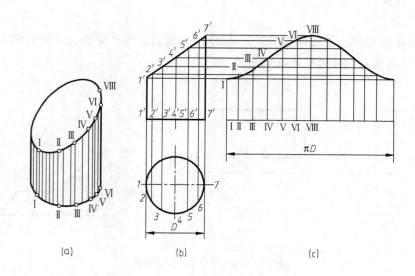

图14-3 斜口圆筒的表面展开图画法

(4)依次圆滑地连接各点,就得到了前半面圆筒的表面展开图。然后可以根据对称性将圆筒的后半面表面展开。

另外,如果圆筒体需要焊接,下料时应注意留出焊缝空隙,若是薄铁皮卷边连接,则要注意留出一定的余量。

[**例14-2**] 将图14-4所示的直角弯头表面展开。

图14-4所示为一个两节直径相等的直角弯头。它相当于两个斜口圆筒的组合。所以一个直角弯头的表面展开图实际上就是两个斜口圆筒的表面展开图。其作法同45°斜口圆筒的表面展开画法。作一个组合的弯头时,可下两块同样大小的料,但需注意接口的部位要留出

一定余量。

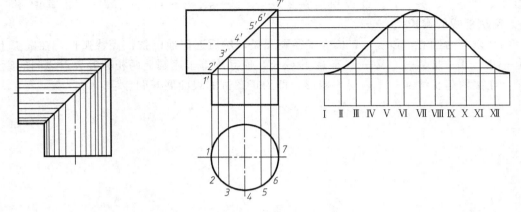

图 14-4 直角弯头的表面展开图画法

任务二　识读并绘制正圆锥的表面展开图

圆锥体展开图用放射线展开法展开。

[例 11-3] 作正圆锥的表面展开图。

解：如图 14-5 所示的正圆锥，它的表面展开图是一个扇形。该扇形的半径等于主视图中轮廓素线的实长，而扇形的弧长则等于俯视图上的圆周长 πD。

作图步骤：

（1）画出正圆锥的主、俯视图，如图 14-5 所示。

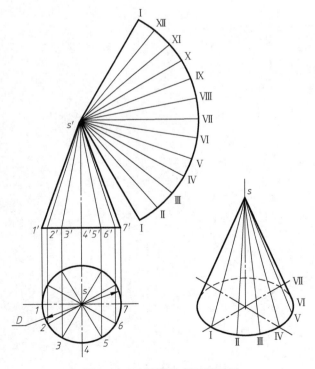

图 14-5 正圆锥的表面展开图

(2) 将俯视图的圆周分成 12 等分,按投影关系在主视图上找出 1、2、3、…、7 的对应投影 $1'$、$2'$、$3'$、…、$7'$。过锥顶连接 $1'—s'$、$2'—s'$、$3'—s'$、…、$7'—s'$,其中 $s'—7'$、$s'—1'$反映素线的实长。

(3) 以 s' 为圆心,以 $s'—7'$ 长为半径画圆弧,然后近似地以弦长代替弧长,在圆弧上量取Ⅰ—Ⅱ、Ⅱ—Ⅲ、…、Ⅻ—Ⅰ等 12 段弦长,使其均等于底圆上两相邻等分点之间的距离;最后,连接两起止线 $s'—Ⅰ$,得一扇形,即为正圆锥的表面展开图。

附 录

附录 A 螺 纹

附表1 普通螺纹直径与螺距（摘自 GB/T 192、193、196—2003） mm

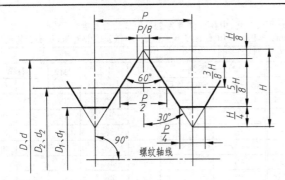

D—内螺纹大径
d—外螺纹大径
D_2—内螺纹中径
d_2—外螺纹中径
D_1—内螺纹小径
d_1—外螺纹小径
P—螺距

标记示例：
M10-6g（粗牙普通外螺纹、公称直径 d＝M10、右旋、中径及大径公差带均为 6g、中等旋合长度）
M10×1LH-6H（细牙普通内螺纹、公称直径 D＝10、螺距 P＝1、左旋、中径及小径公差带均为 6H、中等旋合长度）

公称直径(D、d)			螺距(P)		粗牙螺纹小径(D_1、d_1)
第一系列	第二系列	第三系列	粗牙	细 牙	
4	—	—	0.7	0.5	3.242
5	—	—	0.8		4.134
6	—	—	1	0.75、(0.5)	4.917
—	—	7			5.917
8	—	—	1.25	1、0.75、(0.5)	6.647
10	—	—	1.5	1.25、1、0.75、(0.5)	8.376
12	—	—	1.75	1.5、1.25、1、(0.75)、(0.5)	10.106
—	14	—	2		11.835
—	—	15		1.5、(1)	13.376
16	—	—	2	1.5、1、(0.75)、(0.5)	13.835
—	18	—	2.5	2、1.5、1、(0.75)、(0.5)	15.294
20	—	—			17.294
—	22	—			19.294
24	—	—	3	2、1.5、1、(0.75)	20.752
—	—	25	—	2、1.5、(1)	22.835
—	27	—	3	2、1.5、1、(0.75)	23.752
30	—	—	3.5	(3)、2、1.5、1、(0.75)	26.211
—	33	—		(3)、2、1.5、(1)、(0.75)	29.211
—	—	35		1.5	33.376
36	—	—	4	3、2、1.5、(1)	31.670
—	39	—			34.670

注：1. 优先选用第一系列，其次是第二系列，第三系列尽可能不用。
2. 括号内尺寸尽可能不用。
3. M14×1.25 仅用于火花塞，M35×1.5 仅用于滚动轴承锁紧螺母。

附表2 梯形螺纹（摘自 GB/T 5796.1～4—1986） mm

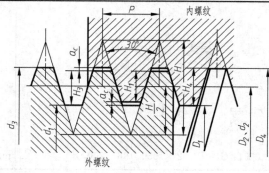

d——外螺纹大径（公称直径）
d_3——外螺纹小径
D_4——内螺纹大径
D_1——内螺纹小径
d_2——外螺纹中径
D_2——内螺纹中径
P——螺距
a_c——牙顶间隙

标记示例：
Tr40×7-7H（单线梯形内螺纹，公称直径 $d=40$，螺距 $P=7$，右旋，中径公差带为7H，中等旋合长度）
Tr60×18(P9)LH-8e-L（双线梯形外螺纹，公称直径 $d=60$，导程 $S=18$，螺距 $P=9$，左旋，中径公差带为8e，长旋合长度）

梯形螺纹的基本尺寸

d 公称系列		螺距 P	中径 $d_2=D_2$	大径 D_4	小径		d 公称系列		螺距 P	中径 $d_2=D_2$	大径 D_4	小径	
第一系列	第二系列				d_3	D_1	第一系列	第二系列				d_3	D_1
8	—	1.5	7.25	8.3	6.2	6.5	32	—	6	29.0	33	25	26
—	9	2	8.0	9.5	6.5	7	—	34		31.0	35	27	28
10	—		9.0	10.5	7.5	8	36	—		33.0	37	29	30
—	11	3	10.0	11.5	8.5	9	—	38	7	34.5	39	30	31
12	—		10.5	12.5	8.5	9	40	—		36.5	41	32	33
—	14		12.5	14.5	10.5	11	—	42		38.5	43	34	35
16	—	4	14.0	16.5	11.5	12	44	—		40.5	45	36	37
—	18		16.0	18.5	13.5	14	—	46	8	42.0	47	37	38
20	—		18.0	20.5	15.5	16	48	—		44.0	49	39	40
—	22	5	19.5	22.5	16.5	17	—	50		46.0	51	41	42
24	—		21.5	24.5	18.5	19	52	—		48.0	53	43	44
—	26		23.5	26.5	20.5	21	—	55	9	50.5	56	45	46
28	—		25.5	28.5	22.5	23	60	—		55.5	61	50	51
—	30	6	27.0	31.0	23.0	24	—	65	10	60.0	66	54	55

注：1. 优先选用第一系列的直径。
2. 表中所列的螺距和直径，是优先选择的螺距及与之对应的直径。

附表3 管螺纹 mm

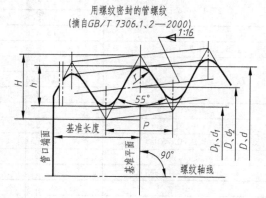

用螺纹密封的管螺纹（摘自GB/T 7306.1,2—2000）

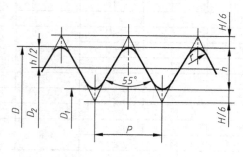

非螺纹密封的管螺纹（摘自GB/T 7307—2001）

标记示例：
R1½（尺寸代号 1½，右旋圆锥外螺纹）
Rc1¼-LH（尺寸代号 1¼，左旋圆锥内螺纹）
Rp2（尺寸代号 2，右旋圆柱内螺纹）

标记示例：
G1½-LH（尺寸代号 1½，左旋内螺纹）
G1¼-A（尺寸代号 1¼，A级右旋外螺纹）
G2B-LH（尺寸代号 2，B级左旋外螺纹）

续表

尺寸代号	基面上的直径(GB/T 7306) 基本直径(GB/T 7307)			螺距 P	牙高 h	圆弧半径 r	每25.4mm内的牙数 n	有效螺纹长度(GB/T 7306—2000)	基准长度(GB/T 7306—2000)
	大径 $d=D$	中径 $d_2=D_2$	小径 $d_1=D_1$						
1/16	7.723	7.142	6.561	0.907	0.581	0.125	28	6.5	4.0
1/8	9.728	9.147	8.566						
1/4	13.157	12.301	11.445	1.337	0.856	0.184	19	9.7	6.0
3/8	16.662	15.806	14.950					10.1	6.4
1/2	20.955	19.793	18.631	1.814	1.162	0.249	14	13.2	8.2
3/4	26.441	25.279	24.117					14.5	9.5
1	33.249	31.770	30.291					16.8	10.4
1¼	41.910	40.431	28.952					19.1	12.7
1½	47.803	46.324	44.845						
2	59.614	58.135	56.656					23.4	15.9
2½	75.184	73.705	72.226	2.309	1.479	0.317	11	26.7	17.5
3	87.884	86.405	84.926					29.8	20.6
4	113.030	111.551	110.072					35.8	25.4
5	163.830	136.951	135.472					40.1	28.6
6	163.830	162.351	160.872						

附录 B 常用标准件

附表 4 六角头螺栓   mm

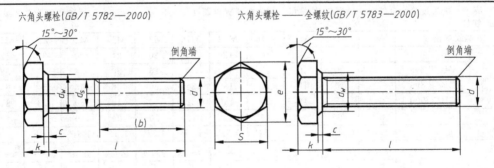

标记示例:

螺纹规格 $d=$ M12、公称长度 $l=$ 80mm、性能等级为 8.8 级、表面氧化、产品等级为 A 级的六角头螺栓:螺栓 GB/T 5782 M12×80

螺纹规格 $d=$ M12、公称长度 $l=$ 80mm、性能等级为 8.8 级、表面氧化、全螺纹、产品等级为 A 级的六角头螺栓:螺栓 GB/T 5783 M12×80

螺纹规格	d	M4	M5	M6	M8	M10	M12	M16	M20	M24	M30	M36	M42	M48
	$l \leqslant 125$	14	16	18	22	26	30	38	46	54	66	78	—	—
b 参考	$125 < l \leqslant 200$	—	—	—	28	32	36	44	52	60	72	84	96	108
	$l > 200$							57	65	73	85	97	109	121
	c_{max}	0.4		0.5			0.6			0.8			1	
	k_{max}	2.925	3.65	4.15	5.45	6.58	7.68	10.18	12.715	15.215	—	—	—	—
	d_{smax}	4	5	6	8	10	12	16	20	24	30	36	42	48

续表

螺纹规格	d	M4	M5	M6	M8	M10	M12	M16	M20	M24	M30	M36	M42	M48
	s_{max}	7	8	10	13	16	18	24	30	36	46	55	65	75
e_{min}	A	7.66	8.79	11.05	14.38	17.77	20.03	26.75	33.53	39.98	—	—	—	—
	B	—	8.63	10.89	14.2	17.59	19.85	26.17	32.95	39.55	50.85	60.79	72.02	82.6
d_{wmin}	A	5.88	6.88	8.28	11.63	14.63	16.63	22.49	28.19	33.61	—	—	—	—
	B	5.74	6.74	8.74	11.47	14.47	16.47	22	27.7	33.25	42.75	51.11	59.95	69.45
l 范围	GB/T 5782	25~40	25~50	30~60	35~80	40~100	45~120	55~160	65~200	80~240	90~300	110~360	130~400	140~400
	GB/T 5783	8~40	10~50	12~60	16~80	20~100	25~100	35~100	40~100	40~100	40~100	40~100	80~500	100~500
l 系列	GB/T 5782				20~65(5 进位)、70~160(10 进位)、180~400(20 进位)									
	GB/T 5783				8、10、12、16、18、20~65(5 进位)、70~160(10 进位)、180~500(20 进位)									

注：1. P ——螺距。末端应倒角，对螺纹规格 $d \leqslant M4$ 为辗制末端（GB/T 2）。
2. 螺纹公差带：6g。
3. 产品等级：A 级用于 $d = 1.6 \sim 24$ mm 和 $l \leqslant 10d$ 或 $\leqslant 150$ mm（按较小值）；
　　　　　　　B 级用于 $d > 24$ 或 $l < 10d$ 或 > 150 mm（按较小值）的螺栓。

附表 5　双头螺柱

mm

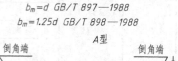

$b_m = d$　GB/T 897—1988
$b_m = 1.25d$　GB/T 898—1988
$b_m = 1.5d$　GB/T 899—1988
双头螺柱——$b_m = 2d$　GB/T 900—1988

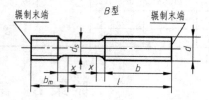

标记示例：
两端均为粗牙普通螺纹，$d=10$ mm，$l=50$ mm，性能等级为 4.8 级、B 型、$b_m=d$：螺柱　GB/T 897　M10×50
旋入一端为粗牙普通螺纹，旋母一端为螺距 $P=1$ mm 的细牙普通螺纹，$d=10$ mm，$l=50$ mm，性能等级为 4.8 级、A 型、$b_m=d$：螺柱　GB/T 897　AM10-M10×1×50
旋入一端为过渡配合的第一种配合，旋母一端为粗牙普通螺纹，$d=10$ mm，$l=50$ mm，性能等级为 8.8 级，B 型、$b_m=d$：螺柱　GB/T 897　GM10-M10×50-8.8

螺纹规格 d		M5	M6	M8	M10	M12	M16	M20	M24	M30	M36	M42	M48
b_m	GB/T 897	5	6	8	10	12	16	20	24	30	36	42	48
	GB/T 898	6	8	10	12	15	20	25	30	38	45	52	60
	GB/T 899	8	10	12	15	18	24	30	36	45	54	63	72
	GB/T 900	10	12	16	20	24	32	40	48	60	72	84	96
d_s		5	6	8	10	12	16	20	24	30	36	42	48
x		1.5P	1.5P	1.5P	1.5P	1.5P	1.5P	1.5P	1.5P	1.5P	1.5P	1.5P	1.5P
$\dfrac{l}{b}$		$\dfrac{16\sim22}{10}$ $\dfrac{25\sim50}{16}$	$\dfrac{20\sim22}{10}$ $\dfrac{25\sim30}{14}$ $\dfrac{32\sim75}{18}$	$\dfrac{20\sim22}{12}$ $\dfrac{25\sim30}{16}$ $\dfrac{32\sim90}{22}$	$\dfrac{25\sim28}{14}$ $\dfrac{30\sim38}{16}$ $\dfrac{40\sim120}{26}$ $\dfrac{130}{32}$	$\dfrac{25\sim30}{16}$ $\dfrac{32\sim40}{20}$ $\dfrac{45\sim120}{30}$ $\dfrac{130\sim180}{36}$	$\dfrac{30\sim38}{20}$ $\dfrac{40\sim55}{30}$ $\dfrac{60\sim120}{38}$ $\dfrac{130\sim200}{44}$	$\dfrac{35\sim40}{25}$ $\dfrac{45\sim65}{35}$ $\dfrac{70\sim120}{46}$ $\dfrac{130\sim200}{52}$	$\dfrac{45\sim50}{30}$ $\dfrac{55\sim75}{45}$ $\dfrac{80\sim120}{54}$ $\dfrac{130\sim200}{60}$	$\dfrac{60\sim65}{40}$ $\dfrac{70\sim90}{50}$ $\dfrac{95\sim120}{60}$ $\dfrac{130\sim200}{72}$ $\dfrac{210\sim250}{85}$	$\dfrac{65\sim75}{45}$ $\dfrac{80\sim110}{60}$ $\dfrac{120}{78}$ $\dfrac{130\sim200}{84}$ $\dfrac{210\sim300}{91}$	$\dfrac{70\sim80}{50}$ $\dfrac{85\sim110}{70}$ $\dfrac{120}{90}$ $\dfrac{130\sim200}{96}$ $\dfrac{210\sim300}{109}$	$\dfrac{80\sim90}{60}$ $\dfrac{95\sim110}{80}$ $\dfrac{120}{102}$ $\dfrac{130\sim200}{108}$ $\dfrac{210\sim300}{121}$
l 系列		16、(18)、20、(22)、25、(28)、30、(32)、35、(38)、40、45、50、(55)、60、(65)、70、(75)、80、(85)、90、(95)、100、110、120、130、140、150、160、170、180、190、200、210、220、230、240、250、260、280、300											

注：1. 括号内的规格尽可能不采用。
2. P 为螺距。
3. $d_s \approx$ 螺纹中径（仅适用于 B 型）。

附表6 六角螺母

mm

1型六角螺母(GB/T 6170—2000)　六角螺母　C级(GB/T 41—2000)

允许制造的型式

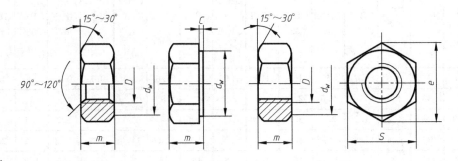

标记示例：

螺纹规格 D=M12、性能等级为10级、不经表面处理、产品等级为A级的1型六角螺母：

螺母　GB/T 6170　M12

螺纹规格 D=M12、性能等级为5级、不经表面处理、产品等级为C级的六角螺母：

螺母　GB/T 41　M12

螺纹规格 D		M4	M5	M6	M8	M10	M12	M16	M20	M24	M30	M36	M42	M48
c		0.4	0.5			0.6			0.8				1	
$s_{\max}$		7	8	10	13	16	18	24	30	36	46	55	65	75
$e_{\min}$	A、B级	7.66	8.79	11.05	14.38	17.77	20.03	26.75	32.95	39.55	50.85	60.79	72.02	82.6
	C级	—	8.63	10.89	14.2	17.59	19.85	26.17	32.95	39.55	50.85	60.79	72.02	82.6
$m_{\max}$	A、B级	3.2	4.7	5.2	6.8	8.4	10.8	14.8	18	21.5	25.6	31	34	38
	C级	—	5.6	6.1	7.9	9.5	12.2	15.9	18.7	22.3	26.4	31.5	34.9	38.9
$d_{w\min}$	A、B级	5.9	6.9	8.9	11.6	14.6	16.6	22.5	27.7	33.2	42.7	51.1	60.6	69.4
	C级	—	6.9	8.7	11.5	14.5	16.5	22	27.7	33.2	42.7	51.1	60.6	69.4

注：1. A级用于 D≤16 的螺母；B级用于 D>16 的螺母；C级用于螺纹规格为 M5～M64 的六角螺母。

2. 螺纹公差：A、B级为6H，C级为7H；力学性能等级：A、B级为6、8、10级，C级为4、5级。

附表7 螺钉

mm

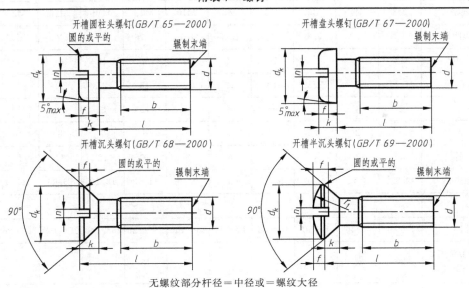

无螺纹部分杆径=中径或=螺纹大径

标记示例：

螺纹规格 d=M5、公称长度 l=20mm、性能等级为4.8级、不经表面处理的开槽圆柱头螺钉：

螺钉　GB/T 65　M5×20

续表

螺纹规格 d	P	b_{min}	n 公称	f GB/T 69	r_f GB/T 69	k_{min} GB/T 65	k_{min} GB/T 67	k_{min} GB/T 68 GB/T 69	d_{kmax} GB/T 65	d_{kmax} GB/T 67	d_{kmax} GB/T 68 GB/T 69	t_{min} GB/T 65	t_{min} GB/T 67	t_{min} GB/T 68	t_{min} GB/T 69	l 范围
M3	0.5	25	0.8	0.7	6	1.8	1.8	1.65	5.6	5.6	5.5	0.7	0.7	0.6	1.2	4～30
M4	0.7	38	1.2	1	9.5	2.6	2.4	2.7	7	8	8.4	1.1	1	1.6	5～40
M5	0.8	38	1.2	1.2	9.5	3.3	3.0	2.7	8.5	9.5	9.3	1.3	1.2	1.1	2	6～50
M6	1	38	1.6	1.4	12	3.9	3.6	33	10	12	11.3	1.6	1.4	1.2	2.4	8～60
M8	1.25	38	2	2	16.5	5	4.8	4.65	13	16	15.8	2	1.9	1.8	3.2	10～80
M10	1.5	38	2.5	2.3	19.5	6	5	16	20	18.3	2.4	2.4	2	3.8	12～80
l 系列	4,5,6,8,10,12,(14),16,20,25,30,35,40,50,(55),60,(65),70,(75),80															

附表 8　六角圆柱头螺钉（GB/T 70.1—2000）　　　mm

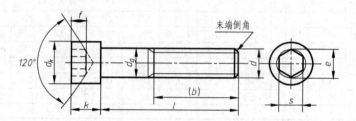

标记示例：
螺纹规格 d＝M5、公称长度 l＝20mm、性能等级为 8.8 级、表面氧化的内六角圆柱头螺钉：
螺钉　GB/T 70.1　M5×20

螺纹规格 d	M3	M4	M5	M6	M8	M10	M12	M14	M16	M20	M24
P（螺距）	0.5	0.7	0.8	1	1.25	1.5	1.75	2	2	2.5	3
b 参考	18	20	22	24	28	32	36	40	44	52	60
d_{kmin}	5.5	7	8.5	10	13	16	18	21	24	30	36
k_{min}	3	4	5	6	8	10	12	14	16	20	24
t_{min}	1.3	2	2.5	3	4	5	6	7	8	10	12
s 公称	2.5	3	4	5	6	8	10	12	14	17	19
e_{min}	2.87	3.44	4.58	5.72	6.86	9.15	11.43	13.72	16.00	19.44	21.73
d_{min}	=d										
l 范围	5～30	6～40	8～50	10～60	12～80	16～100	20～120	25～140	25～160	30～200	40～200
t≤表中数值时，制出全螺纹	20	25	25	30	35	40	45	55	55	65	80
l 系列	5,6,8,10,12,(14),(16),20,25,30,35,40,45,50,(55),60,(65),70,80,90,100,110,120,130,140,150,160,180,200											

注：括号内规格尽可能不采用。

附表9 紧定螺钉 mm

开槽锥端紧定螺钉(GB/T 71—1985) 开槽平端紧定螺钉(GB/T 73—1985) 开槽长圆柱端紧定螺钉(GB/T 75—1985)

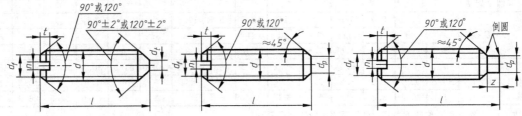

标记示例：
螺纹规格 d = M10、公称长度 l = 20mm、性能等级为14H级、表面氧化的开槽锥端紧定螺钉：
螺钉 GB/T 71 M10×20

螺纹规格 d	P	$d_f\approx$	$d_{t\,max}$	$d_{p\,max}$	n	t	z_{max}	l 公称		
								GB/T 71	GB/T 73	GB/T 75
M3	0.5	螺纹小径	0.3	2	0.4	1.05	1.75	4～16	3～16	5～16
M4	0.7		0.4	2.5	0.6	1.42	2.25	6～20	4～20	6～20
M5	0.8		0.5	3.5	0.8	1.63	2.75	8～25	5～25	8～25
M6	1		1.5	4	1	2	3.25	8～30	6～30	10～30
M8	1.25		2	5.5	1.2	2.5	4.3	10～40	8～40	10～40
M10	1.5		2.5	7	1.6	3	5.35	12～50	10～50	12～50
M12	1.75		3	8.5	2	3.6	6.3	14～60	12～60	14～60

l 系列 4、5、6、8、10、12、(14)、16、20、25、30、40、45、50、(55)、60

附表10 垫圈 mm

平垫圈 A级(摘自GB/T 97.1—2002)　　　　平垫圈 C级(摘自GB/T 95—2002)
平垫圈 倒角型A级(摘自GB/T 97.2—2002)　标准型弹簧垫圈(摘自GB/T 93—1987)

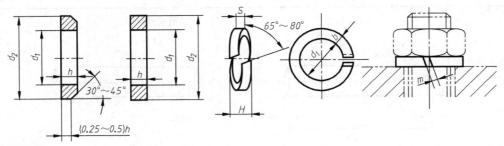

标记示例：
垫圈 GB/T 97.1 8(标准系列、规格8mm、性格等级为140HV、不经表面处理、产品等级为A级的平垫圈)
垫圈 GB/T 93 16(规格16mm、材料为65Mn、表面氧化的标准型弹簧垫圈)

公称尺寸 d (螺纹规格)		4	5	6	8	10	12	14	16	20	24	30	36	42	48
GB/T 97.1(A级)	d_1	4.3	5.3	6.4	8.4	10.5	13.0	15	17	21	25	31	37	—	—
	d_2	9	10	12	16	20	24	28	30	37	44	56	66	—	—
	h	0.8	1	1.6	1.6	2	2.5	2.5	3	3	4	4	5	—	—
GB/T 97.2(A级)	d_1	—	5.3	6.4	8.4	10.5	13	15	17	21	25	31	37	—	—
	d_2	—	10	12	16	20	24	28	30	37	44	56	66	—	—
	h	—	1	1.6	1.6	2	2.5	2.5	3	3	4	4	5	—	—

续表

公称尺寸 d（螺纹规格）		4	5	6	8	10	12	14	16	20	24	30	36	42	48
GB/T 95(C级)	d_1	—	5.5	6.6	9	11	13.5	15.5	17.5	22	26	33	39	45	52
	d_2	—	10	12	16	20	24	28	30	37	44	56	66	78	92
	h	—	1	1.6	1.6	2	2.5	2.5	3	3	4	4	5	8	8
GB/T 93	d_1	4.1	5.1	6.1	8.1	10.2	12.2	—	16.2	20.2	24.5	30.5	36.5	42.5	48.5
	$S=b$	1.1	1.3	1.6	2.1	2.6	3.1	—	4.1	5	6	7.5	9	10.5	12
	H	2.8	3.3	4	5.3	6.5	7.8	—	10.3	12.5	15	18.6	22.5	26.3	30

注：1. A级适用于精装配系列，C级适用于中等装配系列。
2. C级垫圈没有 $Ra\,3.2\mu m$ 和去毛刺的要求。

附表 11　圆柱销　不淬硬钢和奥氏体不锈钢（GB/T 119.1—2000）　mm

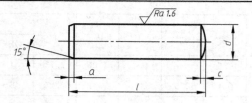

标记示例：
　销　GB/T 119.1 10×100（公称直径 $d=10mm$，长度 $l=100mm$，材料为钢，不经淬火、不经表面处理的圆柱销）
　销　GB/T 119.1 10×100-A1（公称直径 $d=10mm$，长度 $l=100mm$，材料为 A1 组奥氏体不锈钢、表面简单处理的圆柱销）

d公称	2	3	4	5	6	8	10	12	16	20	25
$a\approx$	0.25	0.4	0.5	0.63	0.8	1.0	1.2	1.6	2.0	2.5	3.0
$c\approx$	0.35	0.5	0.63	0.8	1.2	1.6	2.0	2.5	3.0	3.5	4.0
l范围	6~20	8~30	8~40	10~50	12~60	14~80	18~95	22~140	26~180	35~200	50~200
l系列	2、3、4、5、6~32(2 进位)、35~100(5 进位)、120~200(20 进位)										

附表 12　圆锥销（GB/T 117—2000）　mm

A型（磨削）　　　　　　　B型（切削或冷镦）

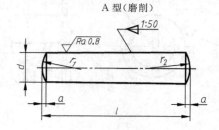 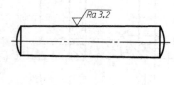

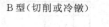

$$r_1\approx d \quad r_2\approx \frac{a}{2}+d+\frac{(0.02l)^2}{8a}$$

标记示例：
　销 GB/T 117 10×60（公称直径 $d=10mm$，公称长度 $l=60mm$，材料为 35 钢，热处理硬度 28~38HRC，表面氧化处理的 A 型圆锥销）

d	2	2.5	3	4	5	6	8	10	12	16	20
$a\approx$	0.25	0.3	0.4	0.5	0.63	0.8	1.0	1.2	1.6	2.0	2.5
l范围	10~35	10~35	12~45	14~55	18~60	22~90	22~120	26~160	32~180	40~200	45~200
l系列	2、3、4、5、6~32(2 进位)、35~100(5 进位)、120~200(20 进位)										

附录 279

附表 13 开口销（摘自 GB/T 91—2000） mm

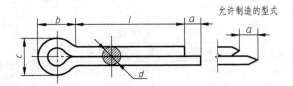

标记示例：

销 GB/T 91 5×50（公称直径 $d=5$、长度 $l=50$、材料为低碳钢、不经表面处理的开口销）

d	公称	0.8	1	1.2	1.6	2	2.5	3.2	4	5	6.3	8	10	12
	max	0.7	0.9	1	1.4	1.8	2.3	2.9	3.7	4.6	5.9	7.5	9.5	11.4
	min	0.6	0.8	0.9	1.3	1.7	2.1	2.7	3.5	4.4	5.7	7.3	9.3	11.1
c_{max}		1.4	1.8	2	2.8	3.6	4.6	5.8	7.4	9.2	11.8	15	19	24.8
b		2.4	3	3	3.2	4	5	6.4	8	10	12.6	16	20	26
a_{max}		1.6			2.5			3.2		4			6.3	
l 范围		5～16	6～20	8～26	8～32	10～40	12～50	14～65	18～80	22～100	30～120	40～160	45～200	70～200
l 系列		4、5、6～32（2 进位）、36、40～100（5 进位）、120～200（20 进位）												

注：销孔的公称直径等于 $d_{公称}$，d_{min}≤（销的直径）≤d_{max}。

附表 14 平键（摘自 GB/T 1095—2003、GB/T 1096—2003） mm

GB/T 1095—2003 平键 键槽的剖面尺寸

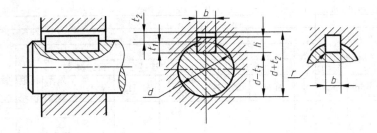

GB/T 1096—2003 普通型 平键

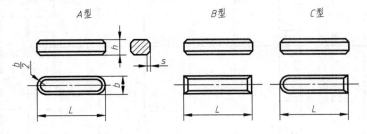

标记示例：

平头普通平键（B 型）$b=16$mm、$h=10$mm、$L=100$mm；GB/T 1096 键 B16×10×100

续表

轴径 d	键尺寸			倒角或倒圆 s	键槽										
	宽度 b	高度 h	长度 L		宽度 b					深度				半径 r	
					基本尺寸	极限偏差				轴 t_1		毂 t_2			
						松连接		正常连接		紧密连接	基本尺寸	极限偏差	基本尺寸	极限偏差	min	max
						轴 H9	毂 D10	轴 N9	毂 JS9	轴和毂 P9						
>6～8	2	2	6～20	0.16～0.25	2	+0.025 0	+0.060 +0.020	−0.004 −0.029	±0.0125	−0.006 −0.031	1.2	+0.1 0	1	+0.1 0	0.08	0.16
>8～10	3	3	6～36		3						1.8		1.4			
>10～12	4	4	8～45		4	+0.030 0	+0.078 +0.030	0 −0.030	±0.015	−0.012 −0.042	2.5		1.8			
>12～17	5	5	10～56	0.25～0.40	5						3.0		2.3			
>17～22	6	6	14～70		6						3.5		2.8		0.16	0.25
>22～30	8	7	18～90		8	+0.036 0	+0.098 +0.040	0 −0.036	±0.018	−0.015 −0.051	4.0		3.3			
>30～38	10	8	22～110		10						5.0		3.3			
>38～44	12	8	28～140	0.40～0.60	12						5.0	+0.2 0	3.3	+0.2 0		
>44～50	14	9	36～160		14	+0.043 0	+0.120 +0.050	0 −0.043	±0.0215	−0.018 −0.061	5.5		3.8		0.25	0.40
>50～58	16	10	45～180		16						6.0		4.3			
>58～65	18	11	50～200													
L（系列）	6,8,10,12,14,16,18,20,22,25,28,32,36,40,45,50,56,63,70,80,90,100,110,125,140,160,180															

注：1. 轴槽、轮毂槽的键槽宽度 b 两侧面粗糙度参数 Ra 值推荐为 1.6～3.2μm。
2. 轴槽底面、轮毂槽底面的表面粗糙度参数 Ra 值为 6.3μm。

附表 15　半圆键（摘自 GB/T 1098—2003、GB/T 1099.1—2003）　　mm

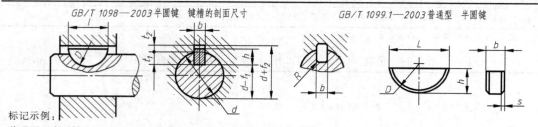

标记示例：
普通型　半圆键 b=6mm, h=10mm, d_1=25mm：GB/T 1099.1　键 6×10×25

键尺寸 b×h×D	倒角或倒圆 s		键槽										
			宽度 b					深度				半径 R	
			基本尺寸	极限偏差				轴 t_1		毂 t_2			
				正常连接		紧密连接	松连接		基本尺寸	极限偏差	基本尺寸	极限偏差	min	max
	min	max		轴 N9	毂 JS9	轴和毂 P9	轴 H9	毂 D10						
1×1.4×4			1.0						1.0		0.6			
1.5×2.6×7			1.5						2.0	+0.1 0	0.8			
2×2.6×7			2.0						1.8		1.0			
2×3.7×10	0.16	0.25	2.0	−0.004 −0.029	±0.0125	−0.006 −0.031	+0.025 0	+0.060 +0.020	2.9		1.0		0.08	0.16
2.5×3.7×10			2.5						2.7		1.2			
3×5×13			3.0						3.8		1.4	+0.1 0		
3×6.5×16			3.0						5.3		1.4			
4×6.5×16			4.0						5.0	+0.2 0	1.8			
4×7.5×19			4.0						6.0		1.8			
5×6.5×16			5.0						4.5		2.3			
5×7.5×19	0.25	0.40	5.0	0 −0.030	±0.015	−0.012 −0.042	+0.030 0	+0.078 +0.030	5.5		2.3		0.16	0.25
5×9×22			5.0						7.0		2.3			
6×9×22			6.0						6.5	+0.3 0	2.8			
6×10×25			6.0						7.5		2.8			
8×11×28	0.40	0.60	8.0	0 −0.036	±0.018	−0.015 −0.051	+0.036 0	+0.098 +0.040	8.0		3.3	+0.2 0	0.25	0.40
10×13×32			10.0						10.0		3.3			

注：1. 轴槽、轮毂槽的键槽宽度 b 两侧面粗糙度参数按 GB/T 1031，选 Ra 值为 1.6～3.2μm。
2. 轴槽底面、轮毂槽底面的表面粗糙度参数按 GB/T 1031，选 Ra 为 6.3μm。

附表16 深沟球轴承（GB/T 276—1994） mm

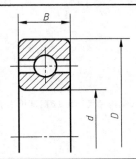

类型代号 6

代号示例：
尺寸系列代号为02、内径代号为06的深沟球轴承：6206

轴承代号		外形尺寸			轴承代号		外形尺寸		
		d	D	B			d	D	B
10系列	6004	20	42	12	03系列	6304	20	52	15
	6005	25	47	12		6305	25	62	17
	6006	30	55	13		6306	30	72	19
	6007	35	62	14		6307	35	80	21
	6008	40	68	15		6308	40	90	23
	6009	45	75	16		6309	45	100	25
	6010	50	80	16		6310	50	110	27
	6011	55	90	18		6311	55	120	29
	6012	60	95	18		6312	60	130	31
	6013	65	100	18		6313	65	140	33
	6014	70	110	20		6314	70	150	35
	6015	75	115	20		6315	75	160	37
	6016	80	125	22		6316	80	170	39
	6017	85	130	22		6317	85	180	41
	6018	90	140	24		6318	90	190	43
	6019	95	145	24		6319	95	200	45
	6020	100	150	24		6320	100	215	47
02系列	6204	20	47	14	04系列	6404	20	72	19
	6205	25	52	15		6405	25	80	21
	6206	30	62	16		6406	30	90	23
	6207	35	72	17		6407	35	100	25
	6208	40	80	18		6408	40	110	27
	6209	45	85	19		6409	45	120	29
	6210	50	90	20		6410	50	130	31
	6211	55	100	21		6411	55	140	33
	6212	60	110	22		6412	60	150	35
	6213	65	120	23		6413	65	160	37
	6214	70	125	24		6414	70	180	42
	6215	75	130	25		6415	75	190	45
	6216	80	140	26		6416	80	200	48
	6217	85	150	28		6417	85	210	52
	6218	90	160	30		6418	90	225	54
	6219	95	170	32		6419	95	240	55
	6220	100	180	34		6420	100	250	58

附表17 圆锥滚子轴承（GB/T 297—1994）   mm

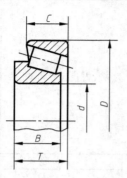

类型代号　代号示例：
　　3　　尺寸系列代号为03、内径代号为12的圆锥滚子轴承：30312

系列	轴承代号	外形尺寸					系列	轴承代号	外形尺寸				
		d	D	T	B	C			d	D	T	B	C
02系列	30204	20	47	15.25	14	12	22系列	32204	20	47	19.25	18	15
	30205	25	52	16.25	15	13		32205	25	52	19.25	18	16
	30206	30	62	17.25	16	14		32206	30	62	21.25	20	17
	30207	35	72	18.25	17	15		32207	35	72	24.25	23	19
	30208	40	80	19.75	18	16		32208	40	80	24.75	23	19
	30209	45	85	20.75	19	16		32209	45	85	24.75	23	19
	30210	50	90	21.75	20	17		32210	50	90	24.75	23	19
	30211	55	100	22.75	21	18		32211	55	100	26.75	25	21
	30212	60	110	23.75	22	19		32212	60	110	29.75	28	24
	30213	65	120	24.75	23	20		32213	65	120	32.75	31	27
	30214	70	125	26.25	24	21		32214	70	125	33.25	31	27
	30215	75	130	27.25	25	22		32215	75	130	33.25	31	27
	30216	80	140	28.25	26	22		32216	80	140	35.25	33	28
	30217	85	150	30.50	28	24		32217	85	150	38.50	36	30
	30218	90	160	32.50	30	26		32218	90	160	42.50	40	34
	30219	95	170	34.50	32	27		32219	95	170	45.50	43	37
	30220	100	180	37	34	29		32220	100	180	49	46	39
03系列	30304	20	52	16.25	15	13	23系列	32304	20	52	22.25	21	18
	30305	25	62	18.25	17	15		32305	25	62	25.25	24	20
	30306	30	72	20.75	19	16		32306	30	72	28.75	27	23
	30307	35	80	22.75	21	18		32307	35	80	32.75	31	25
	30308	40	90	25.25	23	20		32308	40	90	35.25	33	27
	30309	45	100	27.25	25	22		32309	45	100	38.25	36	30
	30310	50	110	29.25	27	23		32310	50	110	42.25	40	33
	30311	55	120	31.50	29	25		32311	55	120	45.50	43	35
	30312	60	130	33.50	31	26		32312	60	130	48.50	46	37
	30313	65	140	36	33	28		32313	65	140	51	48	39
	30314	70	150	38	35	30		32314	70	150	54	51	42
	30315	75	160	40	37	31		32315	75	160	58	55	45
	30316	80	170	42.50	39	33		32316	80	170	61.50	58	48
	30317	85	180	44.50	41	34		32317	85	180	63.50	60	49
	30318	90	190	46.50	43	36		32318	90	190	67.50	64	53
	30319	95	200	49.50	45	38		32319	95	200	71.50	67	55
	30320	100	215	51.50	47	39		32320	100	215	77.50	73	60

附表 18 推力球轴承 (GB/T 301—1995)   mm

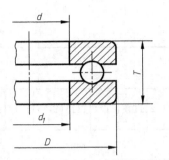

类型代号　代号示例：
5　　　尺寸系列代号为13、内径代号为10的推力球轴承：51310

轴承代号	外形尺寸				轴承代号	外形尺寸			
	d	D	T	$d_{1\min}$		d	D	T	$d_{1\min}$
11 系列 51104	20	35	10	21	13 系列 51304	20	47	18	22
51105	25	42	11	26	51305	25	52	18	27
51106	30	47	11	32	51306	30	60	21	32
51107	35	52	12	37	51307	35	68	24	37
51108	40	60	13	42	51308	40	78	26	42
51109	45	65	14	47	51309	45	85	28	47
51110	50	70	14	52	51310	50	95	31	52
51111	55	78	16	57	51311	55	105	35	57
51112	60	85	17	62	51312	60	110	35	62
51113	65	90	18	67	51313	65	115	36	67
51114	70	95	18	72	51314	70	125	40	72
51115	75	100	19	77	51315	75	135	44	77
51116	80	105	19	82	51316	80	140	44	82
51117	85	110	19	87	51317	85	150	49	88
51118	90	120	22	92	51318	90	155	50	93
51120	100	135	25	102	51320	100	170	55	103
12 系列 51204	20	40	14	22	14 系列 51405	25	60	24	27
51205	25	47	15	27	51406	30	70	28	32
51206	30	52	16	32	51407	35	80	32	37
51207	35	62	18	37	51408	40	90	36	42
51208	40	68	19	42	51409	45	100	39	47
51209	45	73	20	47	51410	50	110	43	52
51210	50	78	22	52	51411	55	120	48	57
51211	55	90	25	57	51412	60	130	51	62
51212	60	95	26	62	51413	65	140	56	68
51213	65	100	27	67	51414	70	150	60	73
51214	70	105	27	72	51415	75	160	65	78
51215	75	110	27	77	51416	80	170	68	83
51216	80	115	28	82	51417	85	180	72	88
51217	85	125	31	88	51418	90	190	77	93
51218	90	135	35	93	51420	100	210	85	103
51220	100	150	38	103	51422	110	230	95	113

附录 C 极限与配合

附表 19 标准公差数值（摘自 GB/T 1800.1—2009）

公称尺寸 /mm		标准公差等级																	
		IT1	IT2	IT3	IT4	IT5	IT6	IT7	IT8	IT9	IT10	IT11	IT12	IT13	IT14	IT15	IT16	IT17	IT18
大于	至	μm											mm						
—	3	0.8	1.2	2	3	4	6	10	14	25	40	60	0.1	0.14	0.25	0.4	0.6	1	1.4
3	6	1	1.5	2.5	4	5	8	12	18	30	48	75	0.12	0.18	0.3	0.45	0.75	1.2	1.8
6	10	1	1.5	2.5	4	6	9	15	22	36	58	90	0.15	0.22	0.36	0.58	0.9	1.5	2.2
10	18	1.2	2	3	5	8	11	18	27	43	70	110	0.18	0.27	0.43	0.7	1.1	1.8	2.7
18	30	1.5	2.5	4	6	9	13	21	33	52	84	130	0.21	0.33	0.52	0.84	1.3	2.1	3.3
30	50	1.5	2.5	4	7	11	16	25	39	62	100	160	0.25	0.39	0.62	1	1.6	2.5	3.9
50	80	2	3	5	8	13	19	30	46	74	120	190	0.3	0.46	0.74	1.2	1.9	3	4.6
80	120	2.5	4	6	10	15	22	35	54	87	140	220	0.35	0.54	0.87	1.4	2.2	3.5	5.4
120	180	3.5	5	8	12	18	25	40	63	100	160	250	0.4	0.63	1	1.6	2.5	4	6.3
180	250	4.5	7	10	14	20	29	46	72	115	185	290	0.46	0.72	1.15	1.85	2.9	4.6	7.2
250	315	6	8	12	16	23	32	52	81	130	210	320	0.52	0.81	1.3	2.1	3.2	5.2	8.1
315	400	7	9	13	18	25	36	57	89	140	230	360	0.57	0.89	1.4	2.3	3.6	5.7	8.9
400	500	8	10	15	20	27	40	63	97	155	250	400	0.63	0.97	1.55	2.5	4	6.3	9.7

附表20 轴的极限偏差（摘自 GB/T 1800.2—2009）

公称尺寸 /mm		常用公差带/μm											
		a	b		c			d				e		
大于	至	11	11	12	9	10	11	8	9	10	11	7	8	9
—	3	-270 -330	-140 -200	-140 -240	-60 -85	-60 -100	-60 -120	-20 -34	-20 -45	-20 -60	-20 -80	-14 -24	-14 -28	-14 -39
3	6	-270 -345	-140 -215	-140 -260	-70 -100	-70 -118	-70 -145	-30 -48	-30 -60	-30 -78	-30 -108	-20 -32	-20 -38	-20 -50
6	10	-280 -370	-150 -240	-150 -300	-80 -116	-80 -138	-80 -170	-40 -62	-40 -76	-40 -98	-40 -130	-25 -40	-25 -47	-25 -61
10	14	-290 -400	-150 -260	-150 -330	-95 -165	-95 -165	-95 -205	-50 -77	-50 -93	-50 -120	-50 -160	-32 -50	-32 -59	-32 -75
14	18													
18	24	-300 -430	-160 -290	-160 -370	-110 -162	-110 -194	-110 -240	-65 -98	-65 -117	-65 -149	-65 -195	-40 -61	-40 -73	-40 -92
24	30													
30	40	-310 -470	-170 -330	-170 -420	-120 -182	-120 -220	-120 -280	-80 -119	-80 -142	-80 -180	-80 -240	-50 -75	-50 -89	-50 -112
40	50	-320 -480	-180 -340	-180 -430	-130 -192	-130 -230	-130 -290							
50	65	-340 -530	-190 -380	-190 -490	-140 -214	-140 -260	-140 -330	-100 -146	-100 -174	-100 -220	-100 -290	-60 -90	-60 -106	-60 -134
65	80	-360 -550	-200 -390	-200 -500	-150 -224	-150 -270	-150 -340							
80	100	-380 -600	-220 -440	-220 -570	-170 -257	-170 -310	-170 -390	-120 -174	-120 -207	-120 -260	-120 -340	-72 -107	-72 -126	-72 -159
100	120	-410 -630	-240 -460	-240 -590	-180 -267	-180 -320	-180 -400							
120	140	-520 -710	-260 -510	-260 -660	-200 -300	-200 -360	-200 -450	-145 -208	-145 -245	-145 -305	-145 -395	-85 -125	-85 -148	-85 -185
140	160	-460 -770	-280 -530	-280 -680	-210 -310	-210 -370	-210 -460							
160	180	-580 -830	-310 -560	-310 -710	-230 -330	-230 -390	-230 -480							
180	200	-660 -950	-340 -630	-340 -800	-240 -355	-240 -425	-240 -530	-170 -242	-170 -285	-170 -355	-170 -460	-100 -146	-100 -172	-100 -215
200	225	-740 -1030	-380 -670	-380 -840	-260 -375	-260 -445	-260 -550							
225	250	-820 -1110	-420 -710	-420 -880	-280 -395	-280 -465	-280 -570							
250	280	-920 -1240	-480 -800	-480 -1000	-300 -430	-300 -510	-300 -620	-190 -271	-190 -320	-190 -400	-190 -510	-110 -162	-110 -191	-110 -240
280	315	-1050 -1370	-540 -860	-540 -1060	-330 -460	-330 -540	-330 -650							
315	355	-1200 -1560	-600 -960	-800 -1170	-360 -500	-360 -590	-360 -720	-210 -299	-210 -350	-210 -440	-210 -570	-125 -182	-125 -214	-125 -265
355	400	-1350 -1710	-680 -1040	-680 -1250	-400 -540	-400 -630	-400 -760							

续表

公称尺寸/mm		常用公差带/μm													
		f					g			h						
大于	至	5	6	7	8	9	5	6	7	5	6	7	8	9	10	11	12
—	3	−6 −10	−6 −12	−6 −16	−6 −20	−6 −31	−2 −6	−2 −8	−2 −12	0 −4	0 −6	0 −10	0 −14	0 −25	0 −40	0 −60	0 −100
3	6	−10 −15	−10 −18	−10 −22	−10 −28	−10 −40	−4 −9	−4 −12	−4 −16	0 −5	0 −8	0 −12	0 −18	0 −30	0 −48	0 −75	0 −120
6	10	−13 −19	−13 −22	−13 −28	−13 −35	−13 −49	−5 −11	−5 −14	−5 −20	0 −6	0 −9	0 −15	0 −22	0 −36	0 −58	0 −90	0 −150
10 14	14 18	−16 −24	−16 −27	−16 −34	−16 −43	−16 −59	−6 −14	−6 −17	−6 −24	0 −8	0 −11	0 −18	0 −27	0 −43	0 −70	0 −110	0 −180
18 24	24 30	−20 −29	−20 −33	−20 −41	−20 −53	−20 −72	−7 −16	−7 −20	−7 −28	0 −9	0 −13	0 −21	0 −33	0 −52	0 −84	0 −130	0 −210
30 40	40 50	−25 −36	−25 −41	−25 −50	−25 −64	−25 −87	−9 −20	−20 −25	−9 −34	0 −11	0 −16	0 −25	0 −39	0 −62	0 −100	0 −160	0 −250
50 65	65 80	−30 −43	−30 −49	−30 −60	−30 −76	−30 −104	−10 −23	−10 −29	−10 −40	0 −13	0 −19	0 −30	0 −46	0 −74	0 −120	0 −190	0 −300
80 100	100 120	−36 −51	−36 −58	−36 −71	−36 −90	−36 −123	−12 −27	−12 −34	−12 −47	0 −15	0 −22	0 −35	0 −54	0 −87	0 −140	0 −220	0 −350
120 140 160	140 160 180	−43 −61	−43 −68	−43 −83	−43 −106	−43 −143	−14 −32	−14 −39	−14 −54	0 −18	0 −25	0 −40	0 −63	0 −100	0 −160	0 −250	0 −400
180 200 225	200 225 250	−50 −70	−50 −79	−50 −96	−50 −122	−50 −165	−15 −35	−15 −44	−15 −61	0 −20	0 −29	0 −46	0 −72	0 −115	0 −185	0 −290	0 −460
250 280	280 315	−56 −79	−56 −88	−56 −108	−56 −137	−56 −186	−17 −40	−17 −49	−17 −69	0 −23	0 −32	0 −52	0 −81	0 −130	0 −210	0 −320	0 −520
315 355	355 400	−62 −87	−62 −98	−62 −119	−62 −151	−62 −202	−18 −43	−18 −54	−18 −75	0 −25	0 −36	0 −57	0 −89	0 −140	0 −230	0 −360	0 −570

续表

公称尺寸/mm		常用公差带/μm												
		js			k			m			n			p		
大于	至	5	6	7	5	6	7	5	6	7	5	6	7	5	6	7
—	3	±2	±3	±5	+4 0	+6 0	+10 0	+6 +2	+8 +2	+12 +2	+8 +4	+10 +4	+14 +4	+10 +6	+12 +6	+16 +6
3	6	±2.5	±4	±6	+6 +1	+9 +1	+13 +1	+9 +4	+12 +4	+16 +4	+13 +8	+16 +8	+20 +8	+17 +12	+20 +12	+24 +12
6	10	±3	±4.5	±7	+7 +1	+10 +1	+16 +1	+12 +6	+15 +6	+21 +6	+16 +10	+19 +10	+25 +10	+21 +15	+24 +15	+30 +15
10	14	±4	±5.5	±9	+9 +1	+12 +1	+19 +1	+15 +7	+18 +7	+25 +7	+20 +12	+23 +12	+30 +12	+26 +18	+29 +18	+38 +18
14	18															
18	24	±4.5	±6.5	±10	+11 +2	+15 +2	+23 +2	+17 +8	+21 +8	+29 +8	+24 +15	+28 +15	+36 +15	+31 +22	+35 +22	+43 +22
24	30															
30	40	±5.5	±8	±12	+13 +2	+18 +2	+27 +2	+20 +9	+25 +9	+34 +9	+28 +17	+33 +17	+42 +17	+37 +26	+42 +26	+51 +26
40	50															
50	65	±6.5	±9.5	±15	+15 +2	+21 +2	+32 +2	+24 +11	+30 +11	+41 +11	+33 +20	+39 +20	+50 +20	+45 +32	+51 +32	+62 +32
65	80															
80	100	±7.5	±11	±17	+18 +3	+25 +3	+38 +3	+28 +13	+35 +13	+48 +13	+38 +23	+45 +23	+58 +23	+52 +37	+59 +37	+72 +37
100	120															
120	140	±9	±12.5	±20	+21 +3	+28 +3	+43 +3	+33 +15	+40 +15	+55 +15	+45 +27	+52 +27	+67 +27	+61 +43	+68 +43	+83 +43
140	160															
160	180															
180	200	±10	±14.5	±23	+24 +4	+33 +4	+50 +4	+37 +17	+46 +17	+63 +17	+51 +31	+60 +31	+77 +31	+70 +50	+79 +50	+96 +50
200	225															
225	250															
250	280	±11.5	±16	±26	+27 +4	+36 +4	+56 +4	+43 +20	+52 +20	+72<:br>+20	+57 +34	+66 +34	+86 +34	+79 +56	+88 +56	+108 +56
280	315															
315	355	±12.5	±18	±28	+29 +4	+40 +4	+61 +4	+46 +21	+57 +21	+78 +21	+62 +37	+73 +37	+94 +37	+87 +62	+98 +62	+119 +62
355	400															

续表

公称尺寸/mm		常用公差带/μm													
		r			s			t			u		v	x	y	z
大于	至	5	6	7	5	6	7	5	6	7	6	7	6	6	6	6
—	3	+14 +10	+16 +10	+20 +10	+18 +14	+20 +14	+24 +14	—	—	—	+24 +18	+28 +18	—	+26 +22	—	+32 +26
3	6	+20 +15	+23 +15	+27 +15	+24 +19	+27 +19	+31 +19	—	—	—	+31 +23	+35 +23	—	+36 +28	—	+43 +35
6	10	+25 +19	+28 +19	+34 +19	+29 +23	+32 +23	+38 +23	—	—	—	+37 +28	+43 +28	—	+43 +34	—	+51 +42
10	14	+31 +23	+34 +23	+41 +23	+36 +28	+39 +28	+46 +28	—	—	—	+44 +33	+51 +33	—	+51 +40	—	+61 +50
14	18	+31 +23	+34 +23	+41 +23	+36 +28	+39 +28	+46 +28	—	—	—	+44 +33	+51 +33	+50 +39	+56 +45	—	+71 +60
18	24	+37 +28	+41 +28	+49 +28	+44 +35	+48 +35	+56 +35	—	—	—	+54 +41	+62 +41	+60 +47	+67 +54	+76 +63	+86 +73
24	30	+37 +28	+41 +28	+49 +28	+44 +35	+48 +35	+56 +35	+50 +41	+54 +41	+62 +41	+61 +48	+69 +48	+68 +55	+77 +64	+88 +75	+101 +88
30	40	+45 +34	+50 +34	+59 +34	+54 +43	+59 +43	+68 +43	+59 +48	+64 +48	+73 +48	+76 +60	+85 +60	+84 +68	+96 +80	+110 +94	+128 +112
40	50	+45 +34	+50 +34	+59 +34	+54 +43	+59 +43	+68 +43	+65 +54	+70 +54	+79 +54	+86 +70	+95 +70	+97 +81	+113 +97	+130 +114	+152 +136
50	65	+54 +41	+60 +41	+71 +41	+66 +53	+72 +53	+83 +53	+79 +66	+85 +66	+96 +66	+106 +87	+117 +87	+121 +102	+141 +122	+163 +144	+191 +172
65	80	+56 +43	+62 +43	+73 +43	+72 +59	+78 +59	+89 +59	+88 +75	+94 +75	+105 +75	+121 +102	+132 +102	+139 +120	+165 +146	+193 +174	+229 +210
80	100	+66 +51	+73 +51	+86 +51	+86 +71	+93 +71	+106 +71	+106 +91	+113 +91	+126 +91	+146 +124	+159 +124	+168 +146	+200 +178	+236 +214	+280 +258
100	120	+69 +54	+76 +54	+89 +54	+94 +79	+101 +79	+114 +79	+110 +104	+126 +104	+136 +104	+166 +144	+179 +144	+194 +172	+232 +210	+276 +254	+332 +310
120	140	+81 +63	+88 +63	+103 +63	+110 +92	+117 +92	+132 +92	+140 +122	+147 +122	+162 +122	+195 +170	+210 +170	+227 +202	+273 +248	+325 +300	+390 +365
140	160	+83 +65	+90 +65	+105 +65	+118 +100	+125 +100	+140 +100	+152 +134	+159 +134	+174 +134	+215 +190	+230 +190	+253 +228	+305 +280	+365 +340	+440 +415
160	180	+86 +68	+93 +68	+108 +68	+126 +108	+133 +108	+148 +108	+164 +146	+171 +146	+186 +146	+235 +210	+250 +210	+227 +252	+335 +310	+405 +380	+490 +465
180	200	+97 +77	+106 +77	+123 +77	+142 +122	+151 +122	+168 +122	+185 +166	+195 +166	+212 +166	+265 +236	+282 +236	+313 +284	+379 +350	+454 +425	+549 +520
200	225	+100 +80	+109 +80	+126 +80	+150 +130	+159 +130	+176 +130	+200 +180	+209 +180	+226 +180	+287 +258	+304 +258	+339 +310	+414 +385	+499 +470	+604 +575
225	250	+104 +84	+113 +84	+130 +84	+160 +140	+169 +140	+185 +140	+216 +196	+225 +196	+242 +196	+313 +284	+330 +284	+369 +340	+454 +425	+549 +520	+669 +640
250	280	+117 +94	+126 +94	+146 +94	+181 +158	+190 +158	+210 +158	+241 +218	+250 +218	+270 +218	+347 +315	+367 +315	+417 +385	+507 +475	+612 +580	+742 +710
280	315	+121 +98	+130 +98	+150 +98	+193 +170	+202 +170	+222 +170	+263 +240	+272 +240	+292 +240	+382 +350	+402 +350	+457 +425	+557 +525	+682 +650	+822 +790
315	355	+133 +108	+144 +108	+165 +108	+215 +190	+226 +190	+247 +190	+293 +268	+304 +268	+325 +268	+426 +390	+447 +390	+511 +475	+626 +590	+766 +730	+936 +900
355	400	+139 +114	+150 +114	+171 +114	+233 +208	+200 +208	+265 +208	+319 +294	+330 +294	+351 +294	+471 +435	+492 +435	+566 +530	+696 +660	+856 +820	+1036 +1000

附表 21 孔的极限偏差(摘自 GB/T 1800.2—2009)

公称尺寸/mm		常用公差带/μm											
		A	B		C	D				E		F	
大于	至	11	11	12	11	8	9	10	11	8	9	6	7	8	9
—	3	+330 +270	+200 +140	+240 +140	+120 +60	+34 +20	+45 +20	+60 +20	+80 +20	+28 +14	+39 +14	+12 +6	+16 +6	+20 +6	+31 +6
3	6	+345 +270	+215 +140	+260 +140	+145 +70	+30 +48	+30 +60	+30 +78	+30 +108	+20 +38	+20 +50	+18 +10	+22 +10	+28 +10	+40 +10
6	10	+370 +280	+240 +150	+300 +150	+170 +80	+62 +40	+76 +40	+98 +40	+130 +40	+47 +25	+61 +25	+22 +13	+28 +13	+35 +13	+49 +13
10	14	+400 +290	+260 +150	+330 +150	+205 +95	+77 +50	+93 +50	+120 +50	+160 +50	+59 +32	+75 +32	+27 +16	+34 +16	+43 +16	+59 +16
14	18														
18	24	+430 +300	+290 +160	+370 +160	+240 +110	+98 +65	+117 +65	+149 +65	+195 +65	+73 +40	+92 +40	+33 +20	+41 +20	+53 +20	+72 +20
24	30														
30	40	+470 +310	+330 +170	+420 +170	+280 +120	+119 +80	+142 +80	+180 +80	+240 +80	+89 +50	+112 +50	+41 +25	+50 +25	+64 +25	+87 +25
40	50	+480 +320	+340 +180	+430 +180	+290 +130										
50	65	+530 +340	+380 +190	+490 +190	+330 +140	+146 +100	+174 +100	+220 +100	+290 +100	+106 +60	+134 +60	+49 +30	+60 +30	+76 +30	+104 +30
65	80	+550 +360	+390 +200	+500 +200	+340 +150										
80	100	+600 +380	+440 +220	+570 +220	+399 +170	+174 +120	+207 +120	+260 +120	+340 +120	+126 +72	+159 +72	+58 +36	+71 +36	+90 +36	+123 +36
100	120	+630 +410	+460 +240	+590 +240	+400 +180										
120	140	+710 +520	+510 +260	+660 +260	+450 +200	+208 +145	+245 +145	+305 +145	+395 +145	+148 +85	+185 +85	+68 +43	+83 +43	+106 +43	+143 +43
140	160	+770 +460	+530 +280	+680 +280	+460 +210										
160	180	+830 +580	+560 +310	+710 +310	+480 +230										
180	200	+950 +660	+630 +340	+800 +340	+530 +240	+242 +170	+285 +170	+355 +170	+460 +170	+172 +100	+215 +100	+79 +50	+96 +50	+122 +50	+165 +50
200	225	+1030 +740	+670 +380	+840 +380	+550 +260										
225	250	+1110 +820	+710 +420	+880 +420	+570 +280										
250	280	+1240 +920	+800 +480	+1000 +480	+620 +300	+271 +190	+320 +190	+400 +190	+510 +190	+191 +110	+240 +110	+88 +56	+108 +56	+137 +56	+186 +56
280	315	+1370 +1050	+860 +540	+1060 +540	+650 +330										
315	355	+1560 +1200	+960 +600	+1170 +800	+720 +360	+299 +210	+350 +210	+440 +210	+570 +210	+214 +125	+265 +125	+98 +62	+119 +62	+151 +62	+202 +62
355	400	+1710 +1350	+1040 +680	+1250 +680	+760 +400										

续表

公称尺寸/mm		常用公差带/μm													
		G		H						JS			K		
大于	至	6	7	6	7	8	9	10	11	12	6	7	8	6	7	8
—	3	+8 +2	+12 +2	+6 0	+10 0	+14 0	+25 0	+40 0	+60 0	+100 0	±3	±5	±7	0 −6	0 −10	0 −11
3	6	+12 +4	+16 +4	+8 0	+12 0	+18 0	+30 0	+48 0	+75 0	+120 0	±4	±6	±9	+2 −6	+3 −9	+5 −13
6	10	+14 +5	+20 +5	+9 0	+15 0	+22 0	+36 0	+58 0	+90 0	+150 0	±4.5	±7	±11	+2 −7	+5 −10	+6 −16
10 14	14 18	+17 +6	+24 +6	+11 0	+18 0	+27 0	+43 0	+70 0	+110 0	+180 0	±5.5	±9	±13	+2 −9	+6 −12	+8 −19
18 24	24 30	+20 +7	+28 +7	+13 0	+21 0	+33 0	+52 0	+84 0	+130 0	+210 0	±6.5	±10	±16	+2 −11	+6 −15	+10 −22
30 40	40 50	+25 +9	+34 +9	+16 0	+25 0	+39 0	+62 0	+100 0	+160 0	+250 0	±8	±12	±19	+3 −13	+7 −18	+12 −27
50 65	65 80	+29 +10	+40 +10	+19 0	+30 0	+46 0	+74 0	+120 0	+190 0	+300 0	±9.5	±15	±23	+4 −15	+9 −21	+14 −32
80 100	100 120	+34 +12	+47 +12	+22 0	+35 0	+54 0	+87 0	+140 0	+220 0	+350 0	±11	±17	±27	+4 −18	+10 −25	+16 −33
120 140 160	140 160 180	+39 +14	+54 +14	+25 0	+40 0	+63 0	+100 0	+160 0	+250 0	+400 0	±12.5	±20	±31	+4 −21	+12 −28	+20 −43
180 200 225	200 225 250	+44 +15	+61 +15	+29 0	+46 0	+72 0	+115 0	+185 0	+290 0	+460 0	±14.5	±23	±36	+5 −24	+13 −33	+22 −50
250 280	280 315	+49 +17	+69 +17	+32 0	+52 0	+81 0	+130 0	+210 0	+320 0	+520 0	±16	±26	±40	+5 −27	+16 −36	+25 −56
315 355	355 400	+54 +18	+75 +18	+36 0	+57 0	+89 0	+140 0	+230 0	+360 0	+570 0	±18	±28	±44	+7 −29	+17 −40	+28 −61

公称尺寸/mm		常用公差带/μm												
		M			N			P		R		S		T	T	U
大于	大于	6	7	8	6	7	8	6	7	6	7	6	7	6	7	7
—	3	−2 −8	−2 −12	−2 −16	−4 −10	−4 −14	−4 −18	−6 −12	−6 −16	−10 −16	−10 −20	−14 −20	−14 −24	—	—	−18 −28
3	6	−1 −9	0 −12	+2 −16	−5 −13	−4 −16	−2 −20	−9 −17	−8 −20	−12 −20	−11 −23	−16 −24	−15 −27	—	—	−19 −31
6	10	−3 −12	0 −15	+1 −21	−7 −16	−4 −19	−3 −25	−12 −21	−9 −24	−16 −25	−13 −28	−20 −29	−17 −32	—	—	−22 −37
10 14	14 18	−4 −15	0 −18	+2 −25	−9 −20	−5 −23	−3 −30	−15 −26	−11 −29	−20 −31	−16 −34	−25 −36	−21 −39	—	—	−26 −44
18 24	24 30	−4 −17	0 −21	+4 −29	−11 −24	−7 −28	−3 −36	−18 −31	−14 −35	−24 −37	−20 −41	−31 −44	−27 −48	— −37 −50	— −33 −54	−33 −54 −40 −61
30 40	40 50	−4 −20	0 −25	+5 −34	−12 −28	−8 −33	−3 −42	−21 −37	−17 −42	−29 −45	−25 −50	−38 −54	−34 −59	−43 −59 −49 −65	−39 −64 −45 −70	−51 −76 −61 −76

续表

公称尺寸/mm		常用公差带/μm													
		M			N			P		R		S		T	U
大于	大于	6	7	8	6	7	8	6	7	6	7	6	7	6	7	7
50	65	−5	0	+5	−14	−9	−4	−26	−21	−35 −54	−30 −60	−47 −66	−42 −72	−60 −79	−55 −85	−86 −106
65	80	−24	−30	−41	−33	−39	−50	−45	−51	−37 −56	−32 −62	−53 −72	−48 −78	−69 −88	−64 −94	−91 −121
80	100	−6	0	+6	−16	−10	−4	−30	−24	−44 −66	−38 −73	−64 −86	−58 −93	−84 −106	−78 −113	−111 −146
100	120	−28	−35	−43	−38	−45	−58	−52	−59	−47 −69	−41 −76	−72 −94	−66 −101	−97 −119	−91 −126	−131 −166
120	140									−56 −81	−48 −88	−85 −110	−77 −117	−115 −140	−107 −147	−155 −195
140	160	−8 −33	0 −40	+8 −55	−20 −45	−12 −52	−4 −67	−36 −61	−28 −68	−58 −83	−50 −90	−93 −118	−85 −125	−137 −152	−110 −159	−175 −215
160	180									−61 −86	−53 −93	−101 −126	−93 −133	−139 −164	−131 −171	−195 −235
180	200									−68 −97	−60 −106	−113 −142	−101 −155	−157 −186	−149 −195	−219 −265
200	225	−8 −37	0 −46	+9 −63	−22 −51	−14 −60	−5 −77	−41 −70	−33 −79	−71 −100	−63 −109	−121 −150	−113 −159	−171 −200	−163 −209	−241 −287
225	250									−75 −104	−67 −113	−131 −160	−123 −169	−187 −216	−179 −225	−317 −263
250	280	−9 −41	0 −52	+9 −72	−25 −57	−14 −66	−5 −86	−47 −79	−36 −88	−85 −117	−74 −126	−149 −181	−138 −190	−209 −241	−198 −250	−295 −347
280	315									−89 −121	−78 −130	−161 −193	−150 −202	−231 −263	−220 −272	−330 −382
315	355	−10 −46	0 −57	+11 −78	−26 −62	−16 −73	−5 −94	−51 −87	−41 −98	−97 −133	−87 −144	−179 −215	−169 −226	−257 −293	−247 −304	−369 −426
355	400									−103 −139	−93 −150	−197 −233	−187 −244	−283 −319	−273 −330	−414 −471

附录 D 化工设备

附表 22 钢管   mm

低压流体输送用焊接钢管(摘自 GB/T 3091—2001)							
公称口径	外径	普通管壁厚	加厚管壁厚	公称口径	外径	普通管壁厚	加厚管壁厚
6	10.0	2.00	2.50	40	48.0	3.50	4.25
8	13.5	2.25	2.75	50	60.0	3.50	4.50
10	17.0	2.25	2.75	65	75.5	3.75	4.50
15	21.3	2.75	3.25	80	88.5	4.00	4.75
20	26.8	2.75	3.50	100	114.0	4.00	5.00
25	33.5	3.25	4.00	125	140.0	4.00	5.50
32	42.3	3.25	4.00	150	165.0	4.50	5.50

续表

低、中压锅炉用钢管（摘自 GB/T 3087—1999）

外径	壁厚	外径	壁厚	外径	壁厚	外径	壁厚	外径	壁厚	外径	壁厚	外径	壁厚	外径	壁厚
10	1.5~2.5	19	2~3	30	2.5~4	45	2.5~5	70	3~6	114	4~12	194	4.5~26	426	11~26
12	1.5~2.5	20	2~3	32	2.5~4	48	2.5~5	76	3.5~8	121	4~12	219	6~26	—	—
14	2~3	22	2~4	35	2.5~4	51	2.5~5	83	3.5~8	127	4~12	245	6~26		
16	2~3	24	2~4	38	2.5~4	57	2.5~5	89	4~8	133	4~18	273	7~26		
17	2~3	25	2~4	40	2.5~4	60	3~5	102	4~12	159	4.5~26	325	8~26		
18	2~3	29	2.5~4	42	2.5~4	63.5	3~5	108	4~12	168	4.5~26	377	10~26		

壁厚尺寸系列	1.5,2,2.5,3,3.5,4,4.5,5,6,7,8,9,10,11,12,13,14,15,16,17,18,19,20,21,22,23,24,25,26

高压锅炉用无缝钢管（摘自 GB/T 5310—1995）

外径	壁厚	外径	壁厚	外径	壁厚	外径	壁厚	外径	壁厚	外径	壁厚	外径	壁厚
22	2~3.2	42	2.8~6	76	3.5~19	121	5~26	194	7~45	325	13~60	480	14~70
25	2~3.5	48	2.8~7	83	4~20	133	5~32	219	7.5~50	351	13~60	500	14~70
28	2.5~3.5	51	2.8~9	89	4~20	146	6~36	245	9~50	377	13~70	530	14~70
32	2.8~5	57	3.5~12	102	4.5~22	159	6~36	273	9~50	426	14~70	—	—
38	2.8~5.5	60	3.5~12	108	4.5~26	168	6.5~40	299	9~60	450	14~70		

壁厚尺寸系列	2,2.5,2.8,3,3.2,3.5,4,4.5,5,5.5,6,(6.5),7,(7.5),8,9,10,11,12,13,14,(15),16,(17),18,(19),20,22,(24),25,26,28,30,32,(34),36,38,40,(42),45,(48),50,56,60,63,(65),70

注：1. 括号内的尺寸不推荐使用。
2. GB/T 3091 适用于常压容器，但用作工业用水及煤气输送等用途时，可用于≤0.6MPa 的场合。
3. GB/T 3087 用于设计压力≤10MPa 的受压元件；GB/T 5310 用于设计压力≥10MPa 的受压元件。

附表 23　内压筒体壁厚（经验数据）　　mm

材料	工作压力/MPa	公称直径 DN																								
		300	(350)	400	(450)	500	(550)	600	(650)	700	800	900	1000	(1100)	1200	1300	1400	(1500)	1600	(1700)	1800	(1900)	2000	(2100)	2200	(2300)	2400	2600	2800	3000
		筒体壁厚																								
Q235A Q235AF	≤0.3	3	3	3	3	3	3	3	4	4	4	4	5	5	5	5	5	6	6	6	6	6	6	6	6	8	8
	≤0.4	3	3	3	3	4	4	5	5	5																	
	≤0.6		4	4	4	4.5	4.5	6	6	6	6	8	8	8	8	10	10	10	10								
	≤1.0	4	4	4.5	4.5	6	6	6	6	8	8	8	10	10	10	12	12	12	12	14	14	16	16				
	≤1.6	4.5	5	6	8	8	8	8	10	10	10	12	12	12	14	14	16	16	18	18	18	20	20	22	24	24	
不锈钢	≤0.3	3	3	3	3	3	3	3	3	3	4	4	4	4	4	5	5	5	5	5	5	5/7	7	7	7		
	≤0.4																										
	≤0.6										5	5	5	5	6	6	6	7	7	7	8	8	9	9			
	≤1.0		4	4	5	5	6	6	6	7	7	8	8	9	9	10	10	12	12	12	14	14	16				
	≤1.6	4	4	5	6	6	8	8	9	10	12	12	12	14	14	16	16	18	18	18	18	20	22	24			

附表 24　EHA 椭圆形封头型式参数（摘自 JB/T 4746—2002）　　　mm

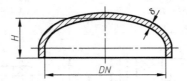

序号	公称直径 DN	总深度 H	内表面积 A/m²	容积 V/m³	序号	公称直径 DN	总深度 H	内表面积 A/m²	容积 V/m³
1	300	100	0.1211	0.0053	27	2200	590	5.5229	1.5459
2	350	113	0.1603	0.0080	28	2300	615	6.0233	1.7588
3	400	125	0.2049	0.0115	29	2400	640	6.5453	1.9905
4	450	138	0.2548	0.0159	30	2500	665	7.0891	2.2417
5	500	150	0.3103	0.0213	31	2600	690	7.6545	2.5131
6	550	163	0.3711	0.0277	32	2700	715	8.2415	2.8055
7	600	175	0.4374	0.0353	33	2800	740	8.8503	3.1198
8	650	188	0.5090	0.0442	34	2900	765	9.4807	3.4567
9	700	200	0.5861	0.0545	35	3000	790	10.1329	3.8170
10	750	213	0.6686	0.0663	36	3100	815	10.8067	4.2015
11	800	225	0.7566	0.0796	37	3200	840	11.5021	6.6110
12	850	238	0.8499	0.0946	38	3300	865	12.2193	5.0463
13	900	250	0.9487	0.1113	39	3400	890	12.9581	5.5080
14	950	263	1.0529	0.1300	40	3500	915	13.7186	5.9972
15	1000	275	1.1625	0.1505	41	3600	940	14.5008	6.5144
16	1100	300	1.3980	0.1980	42	3700	965	15.3047	7.0605
17	1200	325	1.6552	0.2545	43	3800	990	16.1303	7.6364
18	1300	350	1.9340	0.3208	44	3900	1015	16.9775	8.2427
19	1400	375	2.2346	0.3977	45	4000	1040	17.8464	8.8802
20	1500	400	2.5568	0.4860	46	4100	1065	18.7370	9.5498
21	1600	425	2.9007	0.5864	47	4200	1090	19.6493	10.2523
22	1700	450	3.2662	0.6999	48	4300	1115	20.5832	10.9883
23	1800	475	3.6535	0.8270	49	4400	1140	21.5389	11.7588
24	1900	500	4.0624	0.9687	50	4500	1165	22.5162	12.5644
25	2000	525	4.4930	1.1257	51	4600	1190	23.5152	13.4060
26	2100	565	5.0443	1.3508	52	4700	1215	24.5359	1402844

附表 25 管法兰及垫片（摘自 JB/T 81—1994、JB/T 87—1994） mm

凸面板式平焊钢质法兰（摘自JB/T 81—1994）　　管路法兰用石棉橡胶垫片（摘自JB/T 87—1994）

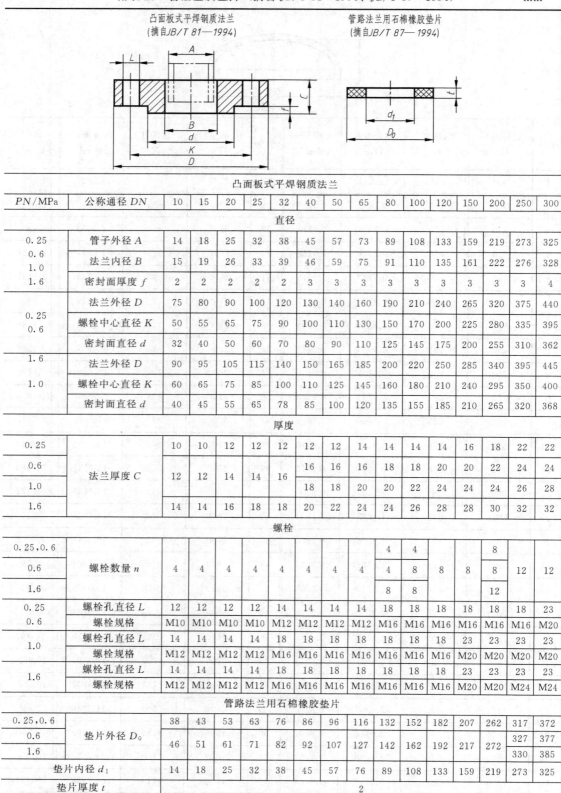

PN/MPa	公称通径 DN	10	15	20	25	32	40	50	65	80	100	120	150	200	250	300
							凸面板式平焊钢质法兰									
							直径									
0.25	管子外径 A	14	18	25	32	38	45	57	73	89	108	133	159	219	273	325
0.6	法兰内径 B	15	19	26	33	39	46	59	75	91	110	135	161	222	276	328
1.0																
1.6	密封面厚度 f	2	2	2	2	2	3	3	3	3	3	3	3	3	3	4
0.25	法兰外径 D	75	80	90	100	120	130	140	160	190	210	240	265	320	375	440
0.6	螺栓中心直径 K	50	55	65	75	90	100	110	130	150	170	200	225	280	335	395
	密封面直径 d	32	40	50	60	70	80	90	110	125	145	175	200	255	310	362
1.6	法兰外径 D	90	95	105	115	140	150	165	185	200	220	250	285	340	395	445
1.0	螺栓中心直径 K	60	65	75	85	100	110	125	145	160	180	210	240	295	350	400
	密封面直径 d	40	45	55	65	78	85	100	120	135	155	185	210	265	320	368
							厚度									
0.25		10	10	12	12	12	12	12	14	14	14	14	16	18	22	22
0.6	法兰厚度 C	12	12	14	14	16	16	16	16	18	18	20	20	22	24	24
1.0							18	18	18	20	20	22	24	24	26	28
1.6		14	14	16	18	20	22	24	24	26	28	28	30	32	32	
							螺栓									
0.25、0.6										4	4		8			
0.6	螺栓数量 n	4	4	4	4	4	4	4	4	4	8	8	8	8	12	12
1.6										8	8		12			
0.25	螺栓孔直径 L	12	12	12	12	14	14	14	14	18	18	18	18	18	18	23
0.6	螺栓规格	M10	M10	M10	M10	M12	M12	M12	M12	M16	M16	M16	M16	M16	M16	M20
1.0	螺栓孔直径 L	14	14	14	14	18	18	18	18	18	18	18	23	23	23	23
	螺栓规格	M12	M12	M12	M12	M16	M16	M16	M16	M16	M16	M16	M20	M20	M20	M20
1.6	螺栓孔直径 L	14	14	14	14	18	18	18	18	18	18	18	23	23	23	23
	螺栓规格	M12	M12	M12	M12	M16	M16	M16	M16	M16	M16	M16	M20	M20	M24	M24
						管路法兰用石棉橡胶垫片										
0.25、0.6		38	43	53	63	76	86	96	116	132	152	182	207	262	317	372
0.6	垫片外径 D_0														327	377
1.6		46	51	61	71	82	92	107	127	142	162	192	217	272	330	385
	垫片内径 d_1	14	18	25	32	38	45	57	76	89	108	133	159	219	273	325
	垫片厚度 t							2								

附表 26　甲型平焊法兰（摘自 JB/T 4701—2000）　　　　　　mm

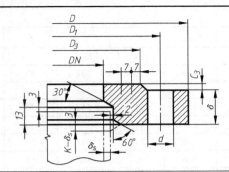

公称直径 DN	法兰							螺柱	
	D	D_1	D_2	D_3	D_4	δ	d	规格	数量
$PN=0.25$MPa									
700	815	780	750	740	737	36	18	M16	28
800	915	880	850	840	837	36	18	M16	32
900	1015	980	950	940	937	40	18	M16	36
1000	1130	1090	1055	1045	1042	40	23	M20	32
1100	1230	1190	1155	1141	1138	40	23	M20	32
1200	1330	1290	1255	1241	1238	44	23	M20	36
1300	1430	1390	1355	1341	1338	46	23	M20	40
1400	1530	1490	1455	1441	1438	46	23	M20	40
1500	1630	1590	1555	1541	1538	48	23	M20	44
1600	1730	1690	1655	1641	1638	50	23	M20	48
1700	1830	1790	1755	1741	1738	52	23	M20	52
1800	1930	1890	1855	1841	1838	56	23	M20	52
1900	2030	1990	1955	1941	1938	56	23	M20	56
2000	2130	2090	2065	2041	2038	60	23	M20	60
$PN=0.60$MPa									
450	565	530	500	490	487	30	18	M16	20
500	615	580	550	540	537	30	18	M16	20
550	665	630	600	590	587	32	18	M16	24
600	715	680	650	640	637	32	18	M16	24
650	765	730	700	690	687	36	18	M16	28
700	830	790	755	745	742	36	23	M20	24
800	930	890	855	845	842	40	23	M20	24
900	1030	990	955	945	942	44	23	M20	32
1000	1130	1090	1055	1045	1042	48	23	M20	36
1100	1230	1190	1155	1141	1138	55	23	M20	44
1200	1300	1290	1255	1241	1238	60	23	M20	52
$PN=1.0$MPa									
300	415	380	350	340	337	26	18	M16	16
350	465	430	400	390	387	26	18	M16	16

续表

公称直径 DN	法兰							螺柱	
	D	D_1	D_2	D_3	D_4	δ	d	规格	数量
PN=1.0MPa									
400	515	480	450	440	437	30	18	M16	20
450	565	530	500	490	487	34	18	M16	24
500	630	590	555	545	542	34	23	M20	20
550	680	640	605	595	592	38	23	M20	24
600	730	690	655	645	642	40	23	M20	24
650	780	740	705	695	692	44	23	M20	28
700	830	790	755	745	742	46	23	M20	32
800	930	890	855	845	842	54	23	M20	40
900	1030	990	955	945	942	60	23	M20	48
PN=1.6MPa									
300	430	390	355	345	342	30	23	M20	16
350	480	440	405	395	392	32	23	M20	16
400	530	490	455	445	442	36	23	M20	20
450	580	540	505	495	492	40	23	M20	24
500	630	590	555	545	542	44	23	M20	28
550	680	640	605	595	592	50	23	M20	36
600	730	690	655	645	642	54	23	M20	40
650	780	740	705	695	692	58	23	M20	44

注：各类密封面的甲型平焊法兰的系列尺寸均符合此表数据。

附表27 常压人孔（摘自 HG/T 21515—2005） mm

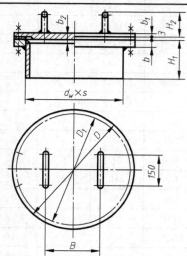

密封面型式	公称直径 DN	$d_w \times s$	D	D_1	B	b	b_1	b_2	H_1	H_2	螺栓螺母 数量	螺栓 直径×长度	总质量 /kg
全平面 (FF型)	(400)	426×6	515	480	250	14	10	12	150	90	16	M16×50	37.0
	450	480×6	570	535	250	14	10	12	160	90	20	M16×50	44.4
	500	530×6	620	585	300	14	10	12	160	90	20	M16×50	50.5
	600	630×6	720	685	300	16	12	14	180	92	24	M16×55	74.0

附表 28　B 型支座系列参数尺寸（摘自 JB/T 4712.3—2007）　　mm

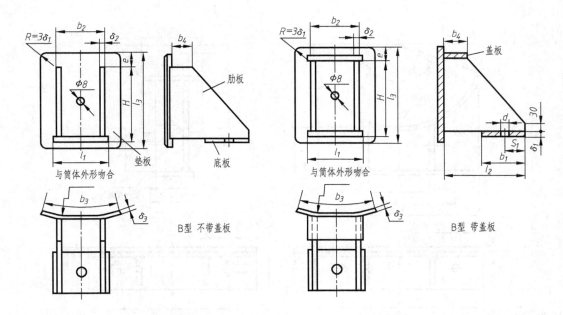

支座号	支座允许载荷 $[Q]$/kN		适用容器公称直径 DN	高度 H	底板				肋板			垫板			盖板		地脚螺栓		支座质量/kg
	Q235A 0Cr18Ni9	16MnR 15CrMoR			l_1	b_1	δ_1	s_1	l_2	b_2	δ_2	l_3	b_3	δ_3	e	b_4	δ_4	d	规格	
1	10	14	300~600	125	100	60	6	30	80	70	4	160	125	6	20	30	—	24	M20	1.7
2	20	26	500~1000	160	125	80	8	40	100	90	5	200	160	6	24	30	—	24	M20	3.0
3	30	44	700~1400	200	160	105	10	50	125	110	6	250	200	8	30	30	—	30	M24	6.0
4	60	90	1000~2000	250	200	140	14	70	160	140	8	315	250	8	40	30	—	30	M24	11.1
5	100	120	1300~2600	320	250	180	16	90	200	180	10	400	320	10	48	30	—	30	M24	21.6
6	150	190	1500~3000	400	320	230	20	115	250	230	12	500	400	12	60	50	12	36	M30	42.7
7	200	230	1700~3400	480	375	280	22	130	300	280	14	600	480	14	70	50	14	36	M30	69.8
8	250	320	2000~4000	600	480	360	26	145	380	350	16	720	600	16	72	50	16	36	M30	123.9

注：表中支座质量是以表中的垫板厚度为 δ_3 计算的，如果 δ_3 的厚度改变，则支座的质量应相应地改变。

附表29 鞍式支座（摘自JB/T 4712.1—2007） mm

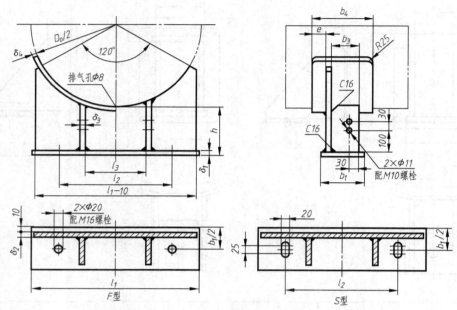

（适合DN500～900mm的120°包角重型带垫板或不带垫板鞍式支座）

公称直径 DN	允许载荷 Q/kN	鞍座高度 h	底板			腹板	肋板			垫板				螺栓间距	鞍座质量/kg		增加100mm高度、增加的质量/kg
			l_1	b_1	δ_1	δ_2	l_3	b_3	δ_3	弧长	b_4	δ_4	e	l_2	带垫板	不带垫板	
500	155		460				250			590				330	21	15	4
550	160		510				275			650				360	23	17	5
600	165		550			8	300		8	710	240		56	400	25	18	5
650	165	200	590	150	10		325	120		770		6		430	27	19	5
700	170		640				350			830				460	30	21	5
800	220		720				400			940				530	38	27	7
						10			10		260		65				
900	225		810				450			1060				590	43	30	8

附表 30 补强圈（摘自 JB/T 4736—2002） mm

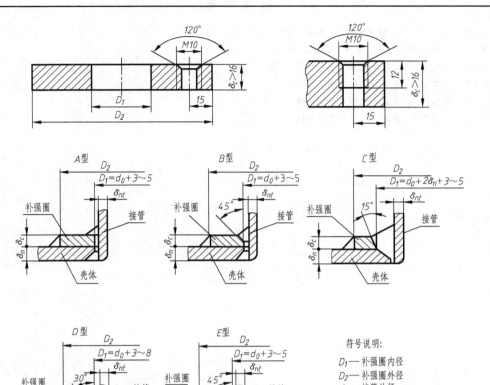

符号说明：
D_1—补强圈内径
D_2—补强圈外径
d_0—接管外径
δ_c—补强圈厚度
δ_n—壳体开孔处名义厚度
δ_{nt}—接管名义厚度

接管公称直径 DN	50	65	80	100	125	150	175	200	225	250	300	350	400	450	500	600
外径 D_2	130	160	180	200	250	300	350	400	440	480	550	620	680	760	840	980
内径 D_1	按补强圈坡口类型确定															
厚度系列 δ_c	4,6,8,10,12,14,16,18,20,22,24,26,28															

参 考 文 献

[1] 曹咏梅,熊放鸣. 化工制图与测绘. 北京:化学工业出版社,2012.
[2] 聂辉文. 机械制图. 长沙:湖南大学出版社,2009.
[3] 任晓耕. 机械制图. 北京:化学工业出版社,2007.
[4] 王其昌. 机械制图. 北京:机械工业出版社,2005.
[5] 金大鹰. 机械制图. 北京:机械工业出版社,2003.
[6] 王幼龙. 机械制图. 北京:高等教育出版社,2005.